21世纪高等教育计算机规划教材

Visual C++ 面向对象程序设计教程

Visual C++ Programming Tutorial

郭有强 马金金 朱洪浩 编著

人民邮电出版社

北 京

图书在版编目（ＣＩＰ）数据

Visual C++面向对象程序设计教程 / 郭有强，马金
金，朱洪浩编著. -- 北京：人民邮电出版社，2019.10
21世纪高等教育计算机规划教材
ISBN 978-7-115-51826-2

Ⅰ．①V… Ⅱ．①郭… ②马… ③朱… Ⅲ．①C++语言
－程序设计－高等学校－教材 Ⅳ．①TP312.8

中国版本图书馆CIP数据核字(2019)第170322号

内 容 提 要

本书全面介绍了面向对象程序设计的编程思想、C++及 Visual C++程序设计技术。全书分为三大部分：第一部分（第 1～2 章）为基础篇，讲授程序设计概述及 C++语法基础内容；第二部分（第 3～7 章）为核心篇，围绕类与对象、继承与派生、多态性与虚函数、运算符重载与类模板、流等内容展开；第三部分（第 8～11 章）为应用篇，讲授 MFC 编程技术、数据库编程、图形绘制等内容。本书注重知识的系统性和连贯性，在内容上循序渐进，注意与后续课程的衔接，合理取舍内容，设计了读者易于学习的教材体系，并以通俗易懂的语言深入浅出地讲解复杂概念；通过精选大量典型例题，帮助读者理解编程思想及相关概念；通过综合实训，帮助读者提高实际编程能力。

本书中所有程序都在 Visual C++ 6.0 开发环境中测试通过。为了配合教学，本书配有《Visual C++面向对象程序设计教程实验指导与习题集》作为辅助教材，并提供全方位的教学资源。本书可作为高等院校程序设计类课程教材，也可作为工程技术人员的参考用书。

◆ 编　著　　郭有强　马金金　朱洪浩
　　责任编辑　李 召
　　责任印制　陈 犇

◆ 人民邮电出版社出版发行　　北京市丰台区成寿寺路 11 号
　　邮编　100164　电子邮件　315@ptpress.com.cn
　　网址　http://www.ptpress.com.cn
　　山东百润本色印刷有限公司印刷

◆ 开本：787×1092　1/16
　　印张：20.5　　　　　　　　2019 年 10 月第 1 版
　　字数：490 千字　　　　　　2019 年 10 月山东第 1 次印刷

定价：59.00 元

读者服务热线：(010)81055256　印装质量热线：(010)81055316
反盗版热线：(010)81055315
广告经营许可证：京东工商广登字 20170147 号

当前，各高校正在开展新工科理念人才培养模式的改革与创新，移动互联、人工智能、大数据和云计算为计算机科学与技术的发展带来了持续的动力，程序设计已经成为许多理工类专业的学生不可缺少的一项基本技能。面向对象程序设计解决问题的方式更符合人类的思维方式，是软件开发领域的主流技术，尽管编程语言不断地推陈出新，但面向对象程序设计方法至今没有实质性改变，且日臻完美。C++为面向对象技术提供全面支持，是主流的面向对象程序设计语言。本书编写的目标是通过总结归纳教学经验，吸收同行和读者提出的建设性意见，结合新工科建设需要，梳理学习过程中晦涩难懂的概念和知识点，使读者全面掌握面向对象程序设计的基本概念和方法，深刻理解面向对象程序设计思想，尽快具备 C++及 Visual C++程序分析能力和设计技能，能够应用面向对象技术来编写程序、开发软件。

本书内容分为三大部分：第一部分基础篇，讲授程序设计概述及 C++语法基础内容；第二部分核心篇，基于 C++讲授面向对象几大特性内容；第三部分应用篇，讲授 MFC 编程技术、数据库编程、图形绘制等内容。

本书特色如下。

一、使读者在比较中学习。

本书通过比较，介绍面向过程和面向对象程序设计的概念和方法，读者可以从中发现思维方式的变化；对许多问题设置多个编程方案，使读者在比较中深刻理解相关设计思想和算法；经常采用正反对比方式，先阐述什么是正确的，然后说明怎样处理是错误的，对编程中常用的以及难以掌握的知识点进行详解。

二、更多地考虑学习者的接受能力和接受方式。

本书采用"提出问题，说明问题，解决问题"的模式，紧密围绕面向对象程序设计几大特征展开讲述；在讲述每部分内容时，先说明讲述这部分内容的理由，使读者对所学概念有充分的理解；采用先例题后理论的模式，用程序例子来说明难懂的抽象概念；每部分都精选大量典型实例，并附带充分的注释。

三、注重编程思维和能力的培养。

本书注重考虑问题的角度和解题思路，重点讲述如何分解问题，从中发现规律，建立解决问题的模型，并映射到合适的数据结构和算法上；不过于纠缠知识点本身，培养读者分析问题、解决问题的能力。

四、内容选择实用性强。

作为应用型教材，本书融汇了 C++面向对象、MFC 编程技术、数据库编程及图形绘制等内容，在讲授过程中注重操作步骤及细节，程序结构规整，步骤明晰，能帮助读者建立明确的程序结构框架概念，具有很强的可模仿性和可实现性。

五、提供教学视频、PPT 课件、例题源代码及实验指导书。

为了让读者更轻松地完成本书的学习，我们精心制作了 45 个教学视频；为方便教师教学，我们编写了配套的教学用书《Visual C++面向对象程序设计教程实验指导与习题集》，提供了上机实验指导、课程设计、习题解答、模拟试题等内容。

本书是安徽省高等学校"十三五"省级规划教材，郭有强统稿，并编写第 5、8、9、10、11 章；马金金编写第 1、2、3、4 章，并负责教学视频、PPT 课件制作以及文字校对工作；朱洪浩编写第 6、7 章，并负责全书例题源代码的测试。本书的 PPT 课件、例题源代码及慕课资源读者可登录安徽省教育厅主管国家精品在线开放课程学习平台下载。

在编写过程中，作者参考和引用了大量文献资料，在此，向被引用文献的作者表示诚挚的谢意。同时，向选用本书的教师和读者表示真挚的感谢，衷心希望得到有关专家和读者的批评和建议。在使用本书时如遇到问题需要与作者商榷，或想索取其他相关资料，请与作者联系。联系方式：bbutguo@163.com。

编　者

2019 年 8 月

目　录

第一部分　基础篇

第二部分 核心篇

第一部分

基础篇

第 **1** 章　初识 C++

【学习目标】

（1）了解程序设计语言及程序设计方法。

（2）掌握面向过程和面向对象编程的特点和不同。

（3）掌握利用 Visual C++ 6.0 集成开发环境调试 C++ 控制台应用程序的方法。

1.1　C++概述

程序设计是给出解决特定问题的程序的过程，是软件构造活动的重要组成部分。程序设计往往以某种程序设计语言为工具。专业的程序设计人员常被称为程序员。随着软件技术的发展，软件系统越来越复杂，逐渐分化出许多专用的软件系统，如操作系统、数据库系统、应用服务器，而且这些专用的软件系统正在成为常规计算环境的一部分。这种情况下软件构造活动的内容越来越丰富，不再只是单纯的程序设计，还包括数据库设计、用户界面设计、接口设计、通信协议设计和复杂的系统配置过程。

1.1.1　程序

一个程序应包括如下信息。

（1）对数据的描述。在程序中要指定数据的类型和数据的组织形式，即数据结构（data structure）。

（2）对操作的描述。程序要包含操作的方法和步骤，也就是算法（algorithm）。

数据是操作的对象，操作的目的是对数据进行加工处理，以得到结果。

因此，著名计算机科学家尼基劳斯·沃思（Nikiklaus Wirth）提出了一个公式。

程序=数据结构+算法

而今天人们更普遍认同的是下面这个公式

程序=算法+数据结构+程序设计方法+语言工具和环境

由此可见，编写程序是让计算机解决实际问题的关键。一般编写计算机程序必须具备两个基本条件：一是掌握一门计算机语言的规则；二是掌握解题的方法和步骤。

1.1.2　程序设计语言

编写程序所使用的语言称为程序设计语言。语言的基础是一组记号和一组规则。根据规则由记号构成的记号串的总体就是语言。程序是通过程序设计语言来实现的。程序设计语言包含语法、语义和语用。语法是程序的结构或形式，亦即构成程序的各个记号之间的组合规则，不涉及这些记号的特定含义，也不涉及使用者。语义是程序的含义，亦即按照各种方法组合起来的记号的特定含义，也不涉及使用者。语用是程序与使用者的关系。

程序设计语言按照发展历程分为机器语言（第一代）、汇编语言（第二代）、高级语言（第三代）和非过程化语言（第四代）。机器语言是用二进制代码表示的、计算机能直接识别和执行的机器指令的集合，具有灵活、直接执行和速度快等特点。汇编语言是面向机器的程序设计语言，使用汇编语言编写的程序，不能被机器直接识别，要由汇编程序翻译成机器语言，保持了机器语言的优点，目标代码简短，占用内存少，执行速度快。高级语言是相对于汇编语言而言的，是较接近自然语言和数学公式的编程语言，基本脱离了机器的硬件系统。高级语言易学易用，通用性强，应用广泛，种类繁多，如流行的 Pascal、C、C++、C#、Java、Python、LISP 等。真正的第四代程序设计语言应该说还没有出现，目前所谓的第四代语言大多是基于某种语言环境具有第四代语言特征的软件工具产品，如 System Z、PowerBuilder、Focus 等。第四代语言是非过程化语言，编码时只需说明"做什么"，不需描述算法细节。数据库查询和应用程序生成器是第四代语言的两个典型应用，用户可以用数据库查询语言（Structured Query Language，SQL）对数据库中的信息进行复杂的操作，应用程序生成器可根据用户的需求"自动生成"高级语言程序。第四代程序设计语言是面向应用、为最终用户设计的一类程序设计语言，它具有缩短应用开发过程、降低维护代价、最大限度地减少调试过程中出现的问题以及对用户友好等优点。

程序设计语言特点不同，适用领域也不同。科学工程需要大量的标准库函数来处理复杂的数值计算，可选用 Fortran、C 等；数据处理与数据库应用，可选用 SQL；实时处理软件一般对性能的要求很高，可选用汇编语言、Ada 等；编写操作系统、编译系统等系统软件时，可选用汇编语言、C、Pascal 和 Ada；如果要创建知识库系统、专家系统、决策支持系统、推理工程、语言识别、模式识别等人工智能领域内的系统，可选用 Prolog、LISP。

高级语言的运行方式有三种：解释执行、编译执行、先编译后解释执行。第一种是通过语言解释程序将源程序解释翻译一句，执行一句，如 Basic、JavaScript、VBScript、PHP、ASP、Perl 和 Python 等，这些语言的共同特点是运行速度慢，但简单。第二种是通过编译程序将源程序编译成二进制目标代码程序，最后执行的是目标代码程序，如 C、C++等。显然，后者程序执行效率高，速度快，并且程序能够脱离语言环境独立运行。第三种是先编译后解释执行，如 Java 和 C#。

从应用角度来看，高级语言可以分为基础语言、结构化语言和专用语言。基础语言也称通用语言，它们历史悠久，流传很广，有大量的已开发的软件库和众多的用户，如 Fortran、COBOL、Basic、ALGOL 等；结构化语言直接支持结构化的控制结构，具有很强的过程结构和数据结构能力，如 Pascal、C、Ada 等；专用语言是为某种特殊应用而专门设计的语言，通常具有特殊的语法形式，这种语言应用范围狭窄，可移植性和可维护性不如结构化程序设计语言，如 APL、Forth、LISP 等。

从对客观系统的描述来看，程序设计语言可以分为面向过程语言和面向对象语言。以"数据结构+算法"程序设计范式构成的程序设计语言，称为面向过程语言，如 Pascal、C 等；以"对象+消息"程序设计范式构成的程序设计语言，称为面向对象语言。所谓面向对象就是基于对象概念，以对象（由数据和容许的操作组成的封装体）为中心，以类和继承为构造机制，来认识、理解、刻画客观世界和设计、构建相应的软件系统，如 Delphi、Visual Basic、C++、Java 等。

1.1.3 程序设计

程序设计是指设计、编制、调试程序的方法和过程。它是目标明确的智力活动。由于程序是软件的本体，软件的质量主要通过程序的质量来体现，在软件研究中，程序设计工作非常重要，内容涉及有关的基本概念、工具、方法以及方法学等。程序设计通常分为分析问题、设计算法、编写程序、运行程序并分析结果、编写程序文档五个阶段。

（1）分析问题

对于接受的任务要进行认真的分析，研究给定的条件，分析最后应达到的目标，找出解决问题的规律，选择解题的方法。

（2）设计算法

设计出解题的方法和具体步骤。算法有优有劣，本书实例中介绍的均为常用的算法。

（3）编写程序

将算法翻译成计算机程序设计语言，对源程序进行编辑、编译和连接。

（4）运行程序并分析结果

运行可执行程序，得到运行结果。能得到运行结果并不意味着程序一定正确，要对结果进行分析，看它是否合理。若不合理则要对程序进行调试，即通过上机发现和排除程序中的故障。

（5）编写程序文档

许多程序是提供给别人使用的，如同正式的产品应当提供产品说明书一样。正式提供给用户使用的程序，必须向用户提供程序说明书，内容应包括：程序名称、程序功能、运行环境、程序的装入和启动、需要输入的数据，以及使用注意事项等。

1.1.4 C++简介

C++语言从 C 语言发展演变而来，除了具备 C 语言的特点外，还具有以下特点。

（1）全面兼容 C 语言，全面支持面向过程的结构化程序设计。C++是 C 的超集，大多数 C 程序代码略做修改或不做修改，就可在 C++编译系统下编译通过。这样，既保护了用 C 语言开发的丰富软件资源，也保护了丰富的 C 语言软件开发人力资源。

（2）全面支持面向对象程序设计。以对象为基本模块，使程序模块的划分更合理，模块的独立性更强，程序的可读性、可理解性、可重用性、可扩充性、可测试性和可维护性等更好，程序结构更加合理。

（3）全面支持面向过程和面向对象的混合编程，充分发挥两类编程技术的优势。

【例 1-1】一个简单的 C++程序。

程序代码如下：

```
//e1_1.cpp
#include <iostream.h>
void main(){
    int a,b,c;
    cin>>a>>b;                    //输入两个整数
    c = max(a,b);
    cout<<"max is"<<c<<endl;      //输出信息
}
int max(int x,int y){ return x>y?x:y; }
```

程序说明：

（1）程序功能是输入两个整数，输出较大的整数。

（2）#include <iostream.h>是 C++的预处理程序指令，指出在程序中包含 iostream.h 这一输入/输出流头文件。采用 C++风格的流输入/输出，从键盘输入数据或将数据输出至屏幕，应将此头文件包括在程序中。

（3）cin 和 cout 分别为输入流对象和输出流对象，>>为抽取运算符，<<为插入运算符。cin>>是把标准输入设备（键盘）接收到的数据存入>>后面的变量；cout<<是将<<后面的字符串、变量值等内容送到标准输出设备（显示器），即在屏幕上显示。

1.2　面向过程和面向对象编程概述

1.2.1　面向过程程序设计

面向过程的程序设计方法诞生于 20 世纪 60 年代，其后风行全球，成为软件开发的基础。

面向过程程序设计采用结构化思想。这种程序设计方法的特点是"就事论事"，按照人们解决问题的习惯进行编程：把大问题细分为许多小任务，分而治之，各个击破。总的设计思路是"自顶向下，逐步求精"。将一个复杂过程分解为若干个有序的基本功能模块（如 M_1、M_2、…），再把每个模块进一步细化（如 $M_{1.1}$、$M_{1.2}$、…，$M_{2.1}$、$M_{2.2}$、…），直到子模块变得清晰，易于实现。每一个模块内部都可以有顺序、选择和循环等三种基本结构。系统功能划分如图 1.1 所示。

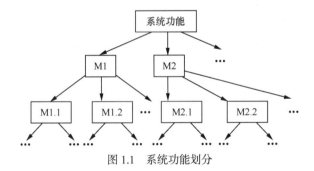

图 1.1　系统功能划分

该方法着眼于过程的模块化，而非数据的模块化，使得数据和相关运算相分离，用公式表示如下。

　　程序 = 模块 1 + 模块 2 + …

　　模块 = 数据结构 + 算法

在面向过程的程序中，所有数据是公开的。一个函数可以使用和改变任意一组数据，而一组数据又可能被多个函数使用。这种数据与运算相分离的结果使数据失去了安全性。一旦数据结构发生变化，相关的算法也必须随之改动。对于相同的数据结构，若操作不同，也要编写不同的程序。因此，面向过程的程序代码重用性不好。程序模块的划分因人而异，缺乏统一的标准，为程序员之间的交流带来诸多不便。另外，面向过程程序设计逐步细化的过程前后关系密切，描述符号不同，一旦前期需求改变，将直接影响后继需求分析的描述，给程序的维护带来诸多不便。

面向过程的程序设计方法本质上是过程驱动的。虽然在处理问题的方法上符合人们思考问题的规律，但它将数据与操作数据的函数分离开来，未能如实地反映客观世界的规律。事实上，客观世界中的事物总是分门别类的，每个类有自己的数据与操作数据的方法，两者是密不可分的。

结构化程序设计是一种程序设计的原则和方法，按照这种原则和方法设计出的程序具有结构清晰、可读性好、易于修改和容易验证等优点。按照结构化程序设计的观点，任何算法都由三种基本结构组成——顺序结构、选择结构和循环结构。

1.2.2　面向对象程序设计

面向对象程序设计的基本思想是现实世界由各种对象组成，任何客观存在的事物都是对象，复杂的对象是由简单对象结合而成的。面向对象程序设计的基石是类和对象。类是具有相同属性结构和操作行为的一组对象共性的抽象，对象是客观事物的属性结构及定义在该结构上的一组操作的结合体。

程序 = 类对象1 + 类对象2 + …

（类）对象 = 数据结构 + 算法

对象之间通过消息和方法机制完成相应的操作。

程序员根据具体情况，先设计一些类，每个类有数据成员和操作这些数据的成员函数。然后，定义各个类的对象，并将数据赋给各个对象。对象的数据是私有的，外界只能通过公有的成员函数访问该对象的数据。这样就保证了数据的安全性，而且程序员也易于对数据进行跟踪。类的继承性使得每一个新类得以继承基类、父类的全部属性和方法，并加入自己特有的属性和方法，从而使得代码的重用成为可能。类对数据结构和算法的绑定，使得程序易于修改和调试，便于程序的维护和扩充。

每个对象是数据和操作代码的完整结合体。各个对象通过消息传递而相互作用。所以，面向对象的程序本质上是事件驱动的。这一点很重要，它使一个原先很复杂的程序变得简单清晰，这种优势在可视化程序设计中极为明显。面向对象各要素之间的关系如图 1.2 所示。

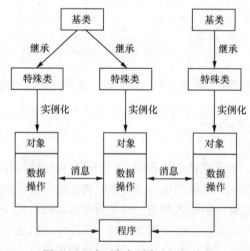

图 1.2　面向对象各要素之间的关系

面向对象程序设计语言有以下 4 个特征：

（1）抽象性——许多实体的共性产生类。

（2）封装性——类将数据和操作封装为用户自定义的抽象数据类型。

（3）继承性——类能被复用，具有继承（派生）机制。

（4）多态性——具有动态联编机制。

C++改进和扩充了C的类型系统，最重要的扩充是支持面向对象的程序设计方法。

面向过程就是分析出解决问题所需要的步骤，然后用函数一步一步实现，使用的时候依次调用函数就可以了；面向对象是把构成问题的事物分解成各个对象，建立对象不是为了完成一个步骤，而是为了描述某个事物在解决问题的步骤中的行为。

面向过程与面向对象之间的对应关系如图1.3所示。

上面概述了面向对象程序设计的思路和特点。学习用面向对象的思路去思考问题，绝不意味着可以忽略面向过程的程序设计方法的学习。恰好相反，只有掌握面向过程的程序设计方法，才能更熟练地编写C++类中的成员函数。而且，简单的程序采用面向过程的设计方法就足够了。

有人认为，C++是一种混合型语言，因为它既可以使用面向对象思想进行程序设计，也可以进行面向过程结构化编程。然而，在大型软件开发项目中，必须使用面向对象的方法去声明类，并在开发过程中使用对象和类。面向对象的程

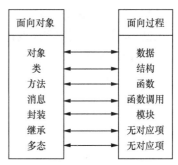

图1.3　面向过程和面向对象之间的对应关系

序设计实现了软件工程的3个主要目标——重用性、灵活性和扩展性，其代码更容易维护、理解和重复使用。

在结构化程序设计中，很多模块是不可重用的，而不断"走回头路"会浪费开发者大量的时间和金钱。在面向对象程序设计中，软件实体（称为类）只要设计得好，就可以在将来的工程中被反复使用。当人们的需求改变时，仅做微量的工作就可以使系统发生相应的变化。使用微软基础类库、微软.NET框架类库，以及由Rogue Wave和其他软件开发公司提供的可重用组件库，更可以大大缩减软件开发工作量。

1.3　面向过程和面向对象的程序设计方法比较

为了呈现C++程序的基本结构，例1-2、例1-3和例1-4分别给出了用面向过程和面向对象的程序设计方法计算圆面积的C++程序。

【例1-2】面向过程程序设计。输入圆的半径，计算并输出该圆的面积。

程序代码如下：

```
//e1_2.cpp
#include <iostream.h>
void main(){
    float r;                    //定义浮点型变量r，用于存放圆的半径
    cout<<"输入圆的半径:";
    cin>>r;                     //从键盘上输入圆的半径送给变量r
    cout<<"半径为"<<r<<"的圆的面积="<<3.14159f * r * r<<'\n';//输出运算结果
}
```

程序运行结果：

输入圆的半径:1.5

半径为 1.5 的圆的面积=7.06858

程序说明：

（1）加入必要的注释，可提高程序的可读性。注释有两种：用/*和*/把注释括起来，可出现在程序的任何位置，可用于多行注释、单行注释，也可用于嵌入注释，对程序进行详细说明；用//表示从此处开始到本行结束为注释，通常用于单行注释。编译器对程序中的注释不做任何处理，注释对目标代码没有任何影响。

（2）C++严格区分大小写字母。在书写程序或编辑程序时，要注意这一点。

【例 1-3】面向过程程序设计。输入圆的半径，计算并输出该圆的面积。

程序代码如下：

```cpp
//e1_3.cpp
#include <iostream.h>
float area(float r){ return 3.14159f * r * r; }          //定义求圆面积函数
void main(){
    float r;                            //定义浮点型变量 r，用于存放圆的半径
    cout<<"输入圆的半径:";               //显示提示信息，提示用户输入数据
    cin>>r;                             //从键盘上输入圆的半径送给变量 r
    cout<<"半径为"<<r<<"的圆的面积="<<area(r)<<'\n';        //输出运算结果
}
```

面向过程程序设计的主要思路是：把一个复杂问题按功能分解成若干个较为简单的子问题，每个子问题通过定义一个函数来解决，如果子问题还不够简单，再继续按功能分解下去，直到所有子问题都能解决为止。这样，解决一个复杂问题就可以通过调用一系列解决子问题的函数来实现。这就是所谓的"自顶向下，逐步求精"的程序设计方法，是"化整为零，各个击破"思想在程序设计中的体现。

【例 1-4】面向对象程序设计。输入圆的半径，计算并输出该圆的面积。

程序代码如下：

```cpp
//e1_4.cpp
#include <iostream.h>
class Circle{                               //定义一个计算圆的面积的类 Circle
private:
    float r;                                //定义成员数据变量 r，用于存放圆的半径
public:
    Circle(float a) { r = a; }              //定义构造函数，用于创建和初始化对象
    ~Circle( ){}                            //定义析构函数，用于清理和撤销对象
    void SetRadius(float a) { r = a; }      //定义成员函数，用于设置圆的半径 r
    float GetRadius(){ return r; }          //定义成员函数，用于获取圆的半径 r
    float Area(){ return 3.14159f * r * r; }//定义成员函数 Area，用于计算圆的面积
};
void main(){
    float r;                                //定义浮点型变量 r，用于存放圆的半径
    cout<<"输入圆的半径:";                   //显示提示信息，提示用户输入数据
    cin>>r;                                 //从键盘上输入圆的半径送给变量 r
    Circle c(r);                            //创建 Circle 类的对象 c
    cout<<"半径为"<<c.GetRadius()<<"的圆的面积="<<c.Area()<<'\n';
}
```

简单地说，对象是现实世界中客观存在的事物，复杂的对象可以由简单对象组成，例如，火车站对象由售票处、行李房、信号灯、站台等对象组成。面向对象程序设计的主要思路是：把一个复杂问题看成一个复杂对象，将一个复杂对象分解成若干个简单对象，每个简单对象通过定义一个类来解决；如果简单对象还不够简单，再继续分解下去，直到所有简单对象都能解决为止。这样，解决一个复杂对象就可以通过使用一系列解决简单对象的类来实现。这也是"自顶向下，逐步求精"的程序设计方法，只不过模块的基本单位是对象而已。

通过定义类来描述对象时，需要定义该对象的数据属性和函数属性，其中数据属性反映对象的状态，函数属性反映对象的行为。数据属性通常是不直接对外的，以最大限度保证对象行为的正常性，这对于由许多对象组成的大型复杂系统来说是至关重要的。函数属性是对象为外界提供服务的接口，函数按功能分解，通常包括建立和初始化对象的构造函数、清理和撤销对象的析构函数、设置和获取数据属性的成员函数，以及解决实际问题的成员函数等。

例 1-4 程序定义了一个圆类 Circle，包括 1 个成员数据变量和 5 个成员函数。为了最大限度地保证成员数据 r 的安全性和正确性，首先将数据成员的对外访问权限设定为私有（private），即不允许外界直接访问；其次，设计了成员函数 SetRadius()和 GetRadius()为外界间接访问圆的半径 r 提供服务。将为外界提供特定服务的成员函数的对外访问权限设定为公有（public）。

在 C++中，类是数据类型，与前面看到的 float 类似，但 float 是 C++预定义的内部简单数据类型，用户可直接使用，而用户自定义的数据类型必须先定义后使用。例如，程序开始部分定义了 Circle 类，main()函数中定义了一个 Circle 类的对象 c。

主函数 main()中有三个对象：输入流对象 cin，用于输入圆的半径；自定义对象 c，通过它可以得到 c 对象自身的面积；输出流对象 cout，用于输出圆的面积。本书第 3 章将对类和对象进行详细介绍。

需要说明的是，用面向对象的程序设计方法设计程序时，对类的定义既要考虑到成员数据的安全性，又要考虑其通用性（能解决一类问题），还要考虑未来的代码可重用性。因此，类的功能通常是自我完善的，即自治的，尽管类的定义看起来有些"臃肿"。

从上面的介绍可以看到，C++支持多种程序设计方法，可以自如应对不同规模的实际问题。

1.4 C++程序开发

1.4.1 C++程序开发过程

C++是编译型语言，C++源程序需要经过编译，再连接生成可执行的程序文件，然后执行。一个 C++程序的具体开发步骤如下。

（1）分析问题，产生解题步骤，即解题算法。

（2）根据解题算法编写 C++源程序。

（3）利用编辑器编辑源程序并保存。C++源程序文件的扩展名为.cpp。

（4）编译源程序，并产生目标程序。在 Windows 操作系统中，目标程序文件的扩展名为.obj。

（5）连接。将一个或多个目标程序与本程序所引用的库函数进行连接后，产生一个可执行文件。在 Windows 操作系统中，可执行文件的扩展名为.exe。

（6）调试程序。运行可执行文件，分析运行结果。若结果不正确，则要修改源程序，并重复以上过程，直至得到正确的结果为止。

（7）优化。进一步提高程序的运行效率，通过改进所用算法缩短程序运行时间，通过合理分配内存减少所用存储空间。

程序从编写到运行通常要经过 4 个阶段：编辑源程序、编译源程序、连接、执行。其上机调试流程如图 1.4 所示。

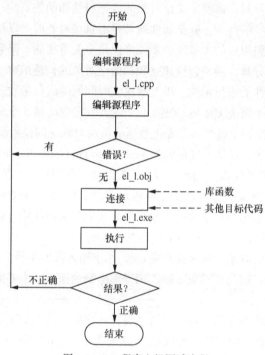

图 1.4　C++程序上机调试流程

以上 4 个阶段的工作是依次进行的，如有错误，就要检查、修改源文件，然后重复这几个步骤。

1.4.2　Visual C++ 6.0 调试 C++程序的操作过程

Visual C++ 6.0 支持创建多种不同类型的工程。不同的工程编译、连接设置不一样，最后生成的文件类型也不一样。最简单的工程是控制台工程，它能生成控制台应用程序（console application）。控制台应用程序只能在 Windows 下的 DOS 窗口内运行，完全采用 DOS 界面，可以使用 C++的输入输出流类进行输入输出，程序的结构也和 DOS 下的软件结构完全一样。控制台应用程序结构简单，是用来练习 C++基本语法的理想工具。下面介绍其创建、编写、调试方法。

使用 AppWizard 建立一个控制台应用程序的步骤如下。

（1）启动集成开发环境，如图 1.5 所示。Visual C++ 6.0 主界面如图 1.6 所示。

（2）选择 File 菜单下的 New 项，出现 New 对话框；选择 Projects 标签，在列表中单击 Win32 Console Application 项；在右侧的 Projects name 编辑框中输入工程的名称（如 test），在 Location 编辑框中指定该工程文件的保存路径，然后单击 OK 按钮，如图 1.7 所示。

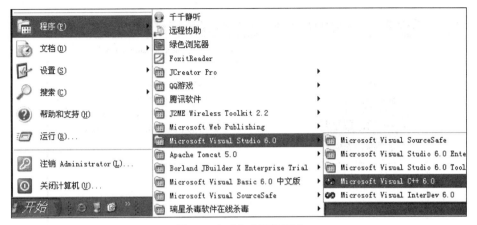

图 1.5 启动集成开发环境

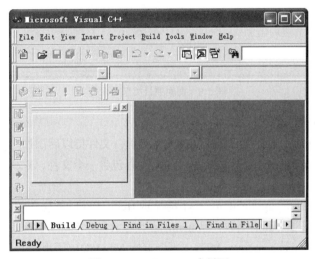

图 1.6 Visual C++6.0 主界面

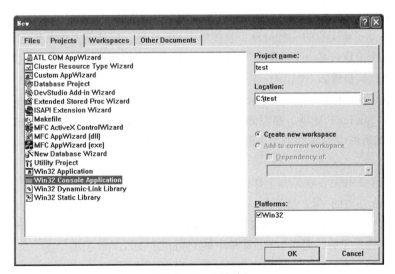

图 1.7 New 对话框

（3）出现一个询问项目类型的对话框，如图 1.8 所示。

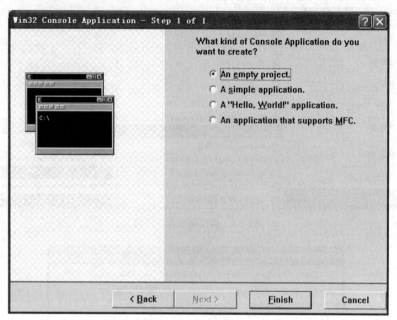

图 1.8　询问项目类型对话框

项目类型各选项的含义如下。

● An empty project：一个没有任何文件的空工程，文件待以后添加。

● A simple application：一个简单的应用程序，工程包含一个文件，该文件内已定义好了 main()函数。

● A "Hello, World!" application：一个能显示 Hello, World 的应用程序，工程已包含一个文件，该文件内已定义好了 main()函数，且 main()函数包含显示 Hello, World 的代码。

● An application that supports MFC：一个支持 MFC 的应用程序，且已定义好了全局对象 theApp。

选取 An empty project 选项后，单击 Finish 按钮，出现 New Project Information 对话框，这个对话框中只是总结了新工程的一些信息，直接单击 OK 按钮，完成新工程的创建。

（4）此时整个工程只是一个"空壳"，需再向工程内添加各种文件。本例只向工程内添加一个 C++源程序文件，其步骤如下。

选取 Project 菜单下的 Add To Project 项，再选择 New 项，出现 New 对话框，选择 Files 标签，再选取 C++ Source File 项，在右侧的 File 编辑框中给文件起个名字，如 hello（扩展名自动为.cpp），其他编辑框中内容不用动（确保 Add to Project 复选框为选中状态），单击 OK 按钮，如图 1.9 所示。

（5）完成以上工作后，在工程工作区中选择 FileView 标签，该页中列出了当前工程的所有文件，单击 test files 左边的+号，再单击 Source files 左边的+号，可以看到 hello.cpp 文件，双击鼠标打开该文件，右侧代码区即为文件的编辑区，在该区域内输入程序代码即可，如图 1.10 所示。

（6）源程序输入完后，选择 Build 菜单下的 Compile hello.cpp 项编译这个文件，如果输入内容没有错误，屏幕下方的输出窗口中将会显示图 1.11 所示内容。

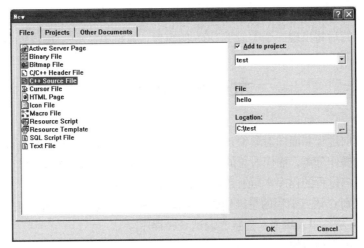

图 1.9　New 对话框

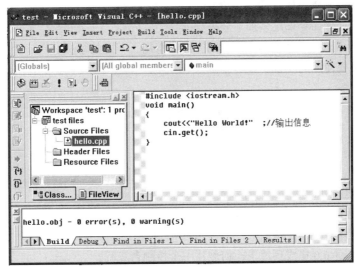

图 1.10　为 hello.cpp 输入代码

```
--------------------Configuration: test - Win32 Debug--
Compiling...
hello.cpp

hello.obj - 0 error(s), 0 warning(s)
```

图 1.11　编译成功结果

　　如果在编译时得到错误或警告信息，可能是源文件出现错误，再次检查源文件，若有错则改正，然后重新编译，直到出现图 1.11 所示信息。

　　（7）因为本程序很简单，只有一个文件，所以编译通过后，就可以进行连接来得到可执行程序了。选择 Build 菜单下的 Build test.exe 项来进行连接。如果连接正确，屏幕下方的输出窗口中将会显示图 1.12 所示内容。

```
--------------------Configuration: test - Win32 Debug-
Linking...

test.exe - 0 error(s), 0 warning(s)
```

图 1.12　连接成功结果

（8）连接成功后，即可运行该程序。选择 Build 菜单下的 Execute test.exe 项（或 Ctrl+F5）执行该文件，程序运行后将出现一个类似于 DOS 的窗口，窗口中显示：Hello World!。

本 章 小 结

本章讨论了面向过程和面向对象编程思想的特点和不同。面向过程的程序设计方法是将数据与施加于数据上的操作分离，面向对象的程序设计方法是将数据和操作代码结合为一体，这更加符合客观实际。面向过程的程序本质上是过程驱动的，面向对象的程序本质上是事件驱动的。通过学习，读者应告别 C 语言编程的思维模式，掌握 C++的思维方式和设计方法，熟练运用 Visual C++ 6.0 集成开发环境编辑、编译、连接、调试 C++程序。

初学者常犯的编程错误如下。

（1）忘记在语句末尾添加分号。

（2）在编译预处理命令末尾多加了分号。

（3）忘记 C++标识符区分大小写，对同一标识符用了不同的写法。

（4）忘记定义要使用的变量。

习 题 1

一、简答题

1. 简述面向过程和面向对象程序设计的基本思路。

2. 面向对象程序设计语言有哪些特征？

3. 简述 C++程序开发的步骤。

4. 在 Visual C++ 6.0 集成环境下，何创建一个控制台工程？

二、编程题

1. 编写程序，打印出三角形的九九乘法表。

2. 有一分数序列：2/1，3/2，5/3，8/5，13/8，21/13，....。求出这个数列的前 20 项之和。

3. 输入一行字符，分别统计出其中英文字母、空格、数字和其他字符的个数。

4. 从键盘读入一行英文句子，统计并输出句子中单词的个数。

5. 打印下面的图形。
```
*****
 *****
  *****
   *****
    *****
```

6. 任意输入两个字符串，第二个作为子串，检查第一个字符串含有几个子串。

第2章 C++对C基本语法的扩充

【学习目标】

（1）熟练掌握输入/输出流对象的使用方法。

（2）理解并掌握重载函数、函数的默认参数、函数模板、内联函数的概念和使用方法。

（3）熟练掌握内存的动态分配与释放方法。

（4）理解引用的概念，并熟练掌握引用作为函数参数和作为函数返回值的使用方法。

（5）掌握const 修饰符的使用方法。

2.1 C++的输入和输出

在前面的 C++程序中，我们已经初步认识了输入输出流对象 cin 和 cout。本节将详细介绍 cin 和 cout 的使用方法。

2.1.1 输入流对象

输入流对象 cin 与标准输入设备（如键盘）相连，当程序需要通过设备输入时，通过抽取运算符>>从 cin 输入流中抽取字符。例如：

```
int m;
cin>>m;
```

表示从键盘读取数据赋给 m。

也可以连续地输入多个变量的值，输入时多个变量值之间用空格隔开或用回车区分即可。举例如下。

```
#include <iostream.h>
void main(){
    int a,b;
    cout<<"请输入两个数字：\n";
    cin>>a>>b;
    int sum=a+b;
    cout<<"两个数的和等于"<<sum<<endl;
}
```

程序运行结果：

请输入两个数字：

两个数的和等于 8

由于输入输出流对象 cin 和 cout 对变量类型的判别进行了封装，所以使用时不必考虑细节问题，所有的工作 cin 和 cout 都会自动完成。因此 C++的输入输出相较于 C 更简洁，更方便。

【例 2-1】利用循环语句显示空心的菱形，如表 2.1 所示。

表 2.1　　　　　　　　　　　　　　　　空心菱形

0	1	2	3	4	5	6	7	8	9
1					*				
2			*			*			
3		*					*		
4	*							*	
5	*								*
1		*					*		
2			*				*		
3				*		*			
4					*				

分析：本题需输出*和␣，利用数学知识可编写程序。

程序代码如下：

```cpp
//e2_3.cpp
#include <iostream.h>
void main(){
    int i,j,n;
    cin>>n;
    //上半部分
    for(i=1;i<=n;i++){
        for(j=1;j<=n+i-1;j++)
            if(j==(n+1-i)||j==(n-1+i)) cout<<"*";
            else cout<<" ";
    cout<<endl;
    }
    //下半部分
    for(i=1;i<n;i++){
        for(j=1;j<=2*n-1-i;j++)
            if(j==(i+1)||j==(2*n-1-i)) cout<<"*";
            else cout<<" ";
    cout<<endl;
    }
}
```

程序运行结果如图 2.1 所示。

【例 2-2】输入两个正整数 m 和 n，求其最大公约数。

分析：假定 m>n，可知 1 是两者的公约数，但不一定是最大的。可以设定变量 i 从 1 到 n，逐一判断 i 是否为两者的公约数，并利用变量 r 暂存，r 最后的值即为 m 和 n 的最大公约数。

程序代码如下：

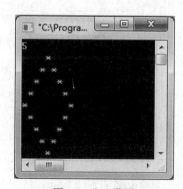

图 2.1　空心菱形

```
//e2_4.cpp
#include <iostream.h>
void main(){
    int m,n,i,r;
    cout<<"please input 2 numbers:\n";
    cin>>m>>n;
    if(m<n){ r=m;m=n;n=r; }                      //该语句确保 m>n
        for(i=1;i<=n;i++) if(m%i==0&&n%i==0)r=i;
    cout<<m<<"和"<<n<<"的最大公约数是: "<<r<<endl;
}
```

程序运行结果：

```
please input two numbers:
7 35
35 和 7 的最大公约数是：7
```

还可以用辗转相除法求最大公约数。算法描述：m 对 n 求余为 r，若 r 不等于 0，则 n 替换 m，r 替换 n，继续求余，直到余数 r=0 为止，此时的 n 为最大公约数。

```
#include <iostream.h>
void main(){
    int m,n,i,r;
    cout<<"please input 2 numbers:\n";
    cin>>m>>n;
    if(m<n){ r=m;m=n;n=r; }                      //该语句确保 m>n
    r=m%n;
    while(r){
        m=n;
        n=r;
        r=m%n;
    }
    cout<<"最大公约数是: "<<n<<endl;
}
```

程序说明：

在辗转相除之前用 if 语句比较 m 和 n 的大小，并将较大数存放在 m 中，较小数存放在 n 中。以本例为基础，再求两数的最小公倍数就十分简单了。

2.1.2　输出流对象

输出流对象 cout 与标准输出设备（如显示器）相连，当程序需要在设备上输出时，就要使用该对象，通过插入运算符<<向 cout 输出流中插入字符，它表示将该运算符右边的数据送到输出设备上。例如：

```
cout<<"this is a C++ program.\n";
```

执行结果是在显示器上输出字符串 this is a C++ program.。

使用输出流对象 cout 也可以连续输出多项内容。例如：

```
cout<<"sum of 3 and 5:\t"<<3+5<<endl;
```

在屏幕上显示

```
sum of 3 and 5:        8
```

上述语句表明 cout 还可以完成表达式的运算，如输出 3+5 的运算结果 8。\t 表示输出一个制表符，即一个 Tab 键。

cout 可以输出任何基本数据类型的变量或常量的值。下面的程序输出整数、浮点数、字符以及常量的值。

```
#include <iostream.h>
void main(){
    int a=10;
    float f=3.2f;
    char c='a';
    cout<<"a="<<a<<"\n";
    cout<<"f="<<f<<endl;
    cout<<"c="<<c<<endl;
    cout<<"2="<<2<<endl;
}
```

程序运行结果：

```
a=10
f=3.2
c=a
2=2
```

下面的输出语句与上例输出结果相同。

```
cout<<"a="<<a<<"\n"<<"f="<<f<<endl<<"c="<<c<<endl<<"2="<<2<<endl;
```

但是这样长的语句看起来很不清楚。为了提高程序的易读性，C++允许把上面的语句分几行来写，下列语句将输出同样的结果。

```
cout<<"a="<<a<<"\n"
    <<"f="<<f<<endl
    <<"c="<<c<<endl
    <<"2="<<2<<endl;
```

其中<<"\n"和<<endl 功能相同。

【例 2-3】使用 cout 输出各种类型的数字。

程序代码如下：

```
//e2_1.cpp
#include <iostream.h>
void main(){
    cout<<"输出一个大数：\t"<<80000<<endl;
    cout<<"输出一个分数：\t\t"<<(float)5/8<<endl;
    cout<<"输出一个特大数：\t"<<(double)8000*7000<<endl;
}
```

程序运行结果：

```
输出一个大数：      80000
输出一个分数：                0.625
输出一个特大数：5.6e+007
```

【例 2-4】打印如下图形。

```
*
***
```

```
*****
*******
*****
***
*
```

打印此类图形要先找出规律性。可以把图分为上下两部分来看。前 4 行规律相同：第 i 行由 2*i–1 个星号组成。后 3 行规律相同：第 i 行由 7–2*i 个星号组成。每行结尾要换行。

利用双重 for 循环，第一层控制行，第二层控制列。

程序代码如下：

```cpp
//e2_2.cpp
#include <iostream.h>
void main(){
    int i,j;
    for(i=1;i<=4;i++){              //打印前 4 行
        for(j=1;j<=2*i-1;j++)
            cout<<"*";
        cout<<endl;
    }
    for(i=1;i<=3;i++){              //打印后 3 行
        for(j=1;j<=7-2*i;j++) cout<<"*";
        cout<<endl;
    }
}
```

程序说明：

第二层循环结束，cout<<endl;语句是必不可少的，它的作用是在每行结尾换行。

2.1.3　字符数组的输入和输出

1. 字符数组的输出方式

（1）用 cout 输出。

格式：cout<<字符串或字符数组名;

如设有 char s[20]={"This is a string."};，则语句 cout<<s;的输出结果为 This is a string.。也可以直接输出字符串，如 cout<<"This is a string."。

（2）用 cout 流对象的 put。

格式：cout.put(字符或字符变量);

利用这种方法，每次只能输出一个字符；要输出整个字符串，应采用循环的方法。举例如下。

```cpp
#include <iostream.h>
void main(){
    char s[20]={"This is a string."};
    int i=0;
    while(s[i]!='\0')
    {
        cout.put(s[i]);
        i++;
    }
}
```

（3）用 cout 流对象的 write 方法。

格式：cout.write(字符串或字符数组名，n);

其作用是输出字符数串中的前 n 个字符。举例如下。

```
#include <iostream.h>
void main(){
    char s[20]={"This is a string."};
    cout.write(s,4);
}
```

程序运行结果：This

① 输出的字符不包括结束符'\0'。

② 输出字符串时，cout 流中用字符数组名，而不是数组元素名。举例如下。

```
cout<<s;                    //用字符数组名，输出一个字符串
cout<<s[4];                 //用数组元素名，输出一个字符
```

③ 如果数组长度大于字符串实际长度，也只输出到'\0'结束。如

```
char s[20]="This is a string.";
cout<<s;
```

也只输出 This is a string. 17 个字符，而不是输出 20 个字符。

④ 如果一个字符数组中有一个以上'\0',则遇到第一个'\0'时输出就结束。

2. 字符数组的输入方式

（1）利用 cin 直接输入。

格式：cin>>字符数组名;

举例如下。

```
#include <iostream.h>
void main(){
    char s[20];
    cin>>s;
    cout<<s;
}
```

当程序运行时，输入 abcde 回车，则输出结果为 abcde；但若输入 ab cde，则输出结果为 ab。可见，当字符串中有空格时，cin 只接收空格之前的部分。也就是说，用这种方法无法接收完整的含有空格的字符串。

（2）利用 cin 流对象的 getline 方法。

格式：cin.getline(字符数组名，输入字符串的最大长度 n);

① 参数 1 是存放字符串的数组名称。

② 参数 2 包括了字符串结束标记'\0',其含义是从输入的字符串前部截取 n-1 个字符存放到字符数组中。

举例如下。

```
#include <iostream.h>
void main(){
    char s[20];
    cin.getline(s,20);
```

```
    cout<<s;
}
```

当程序运行时，输入 abcdef 回车，程序的输出结果为 abcedf；而若输入 ab cdef 回车，则程序的输出结果为 ab cdef。由此可见，用这种方法可以接收含有空格符的字符串。

（3）利用 cin 流对象的 get 方法。

格式 1：cin.get(字符数组名，输入字符串的最大长度 n);

格式 2：[字符变量名=]cin.get();

① 格式 1 中的两个参数的含义与 getline 方法类似。
② 格式 2 表示输入一个字符。如果要保存该字符，则在 cin.get() 的左边写上被赋值的变量名和赋值号=；如果不保存该字符，则只写为 cin.get();。

举例如下。

```
#include <iostream.h>
void main(){
    char s[20],c;
    cin.get(s,10);
    cout<<s;
    c=cin.get();
    cout<<c;
}
```

当程序运行时，输入 ab cdef 回车，程序的输出结果为 ab cdef 和换行。可见，字符串 ab cdef 被接收到字符数组 s 中，而输入过程中的换行符\n 被接收到了变量 c 中。这说明输入过程中的换行符\n 并没有被接收，而仍残留在输入缓冲区中。这一点也是 cin.get 与 cin.getline 之间的区别。

【例 2-5】从键盘输入一个字符串判断是否为"回文"（顺读和倒读都一样，比如 ABCBA，字符串首部和尾部的空格不参与比较）。

分析：定义一个字符数组 str[60] 用来存放字符串。定义两个变量 i,j 作为元素的下标：i 从前面的元素开始，初值为 0；j 从字符串的最后一个元素开始，初值为 strlen(str)-1。利用循环语句从字符串的首尾开始对元素进行逐对比较，比较到中间的位置即可。同时还要注意首尾的空格不参与比较，所以 i 从前面第一个非空格元素开始，j 从后面第一个非空格元素开始。

程序代码如下：

```
//e2_5.cpp
#include <iostream.h>
#include <cstring>
void main(){
    char str[60];
    int i,j;
    cin.get(str,60);
    i=0;
    j=strlen(str)-1;
    while(str[i]==' ') i++;          //寻找前面第一个不是空格的字符
    while(str[j]==' ') j--;          //寻找后面第一个不是空格的字符
    while(i<j && str[i]==str[j])     //前后对应逐个比较
        { i++;j--;}
    if(i<j)
        cout<<"No"<<endl;
    else
```

```
        cout<<"Yes"<<endl;
}
```

程序运行结果：

```
studeduts
Yes
```

2.2 函 数 重 载

2.2.1 为什么要进行函数重载

解决实际问题的时候，一般是编写一个函数实现一种功能。但是有时候要实现的是同一类的功能，只是部分细节不同。例如，求两个数之和，每次求解的数据类型不同，可能是 2 个整型、2 个双精度型或 2 个长整型等。程序设计者往往会分别设计出针对不同参数类型的不同名的函数，函数原型如下。

```
int add1(int x,int y);
double add2(double x,double y);
long add3(long x,long y);
```

在程序中要根据不同的数据类型调用不同的函数 add1、add2 或 add3。如果在一个程序中这种情况较多，对程序设计者来说很不方便。若为它们取相同的名字，会使程序更易阅读和理解，从而方便记忆和使用。

C++允许定义多个函数时使用同一个函数名，这些函数的参数必须有所不同（参数个数或参数类型），这种现象称为函数重载，即对一个函数名重新赋予新的含义。

【例 2-6】分别求两个整数和两个实数的最大值。

程序代码如下：

```
//e2_6.cpp
#include <iostream.h>
int max(int x,int y){ return x>y?x:y; }
float max(float x,float y){ return x>y?x:y; }
void main(){
    int num1,num2;
    float num3,num4;
    cin>>num1>>num2>>num3>>num4;
    cout<<"max(num1,num2)="<<max(num1,num2)<<endl;
    cout<<"max(num3,num4)="<<max(num3,num4)<<endl;
}
```

程序运行结果：

```
23 16 28.5 43.7
max(num1,num2)=23
max(num3,num4)=43.7
```

程序说明：

两次调用 max()函数，系统会根据实际参数找到与之匹配的函数并调用它。

2.2.2　使用函数重载的条件

使用函数重载的条件是：函数名相同，各函数的参数表中参数个数、参数类型或顺序有所不同。例如：

```
类型名 func(double,int);
类型名 func(int,double);              //函数形参顺序不同
类型名 func(int);                     //函数形参数目不同
类型名 func(double,double);           //函数形参类型不同
```

这样就形成了函数的重载。

函数重载与函数的返回值类型无关。举例如下。

```
int func(double,int);
double func(double,int);             //编译出错：不是重载函数
```

2.2.3　重载函数的使用方法

1. 匹配重载函数的顺序

以下两个函数是重载函数。

```
int func(int);
float func(float);
```

在调用 func()函数时，编译器究竟调用哪一个呢？由函数调用时的实参与各个重载函数的形参的匹配情况来决定。

匹配按以下顺序进行。

（1）寻找严格的匹配，如果能找到，调用该函数。

（2）通过内部类型转换寻求匹配，如果能找到，调用该函数。

（3）通过强制类型转换寻求匹配，如果能找到，调用该函数。

2. 不要让功能不同的函数进行重载

重载函数的设计是为了让具有相似功能的操作具有相同的名字，从而提高程序的可读性，方便函数的使用；而如果让没有相似功能的函数进行重载，就失去了意义。

2.2.4　函数的默认参数

当调用函数时，形参从实参那里得到值，因此实参的个数应与形参相同。C++允许在函数声明或函数定义中，为一个或多个参数指定默认值，这样形参就不一定要从实参取值了。这种处理方式给函数调用带来了方便性和灵活性。

【例 2-7】用带有默认参数的函数实现：求 2 个或 3 个正整数中的最大数。

程序代码如下：

```
//e2_7.cpp
#include <iostream.h>
void main(){
    int max(int a,int b,int c=0);
    int a,b,c;
    cin>>a>>b>>c;
    cout<<"max(a,b,c)= "<<max(a,b,c)<<endl;
    cout<<"max(a,b)= "<<max(a,b)<<endl;
```

```
    }
    int max(int a,int b,int c){
        if (b>a) a=b;
        if (c>a) a=c;
        return a;
    }
```

程序运行结果：

```
19 2 56
max(a,b,c)=56
max(a,b)=19
```

程序说明：

（1）如果函数有多个参数，则具有默认值的参数必须排在没有默认值的参数的右边，即任何一个默认参数右侧不得出现非默认参数。举例如下。

```
int max(int a, int b, int c = 46);          //正确
int max(int a, int b = 2, int c);           //错误
```

（2）如果一个文件中既有函数声明，又有函数定义，则只能在函数声明中指定参数的默认值。举例如下。

```
int max(int a , int b, int c=6);            //函数声明
void main(){ … }
int max(int a ,int b, int c){ … }           //函数定义不能再写出默认参数
```

（3）函数的原型可以说明多次，也可以在各个函数原型中设置不同的参数具有默认值，但要注意的是，在一个文件中，函数的同一参数只能在一次声明中指明默认值。例如，下面的定义合法。

```
int max(int a, int b, int c = 7);
int max(int a, int b=3, int c);
```

而下面的定义不合法。

```
int max(int a,int b,int c = 7);
int max(int a,int b,int c = 2);
```

（4）重载函数有默认参数时，可能导致二义性。因为调用函数时如果少写一个参数，系统无法判定调用目标。举例如下。

```
int max(int a,int b,int c=17);              //函数1
int max(int a,int b=2);                     //函数2
int max_num,num1=13,num2=4;
max_num=max(num1,num2);                     //有二义性：无法区分调用函数1还是调用函数2
```

2.3　函数模板与模板函数

函数重载可以实现一个函数名多用，使程序更加易于理解。系统可以根据不同的参数类型来区分函数。这样虽然方便，但书写的函数个数并没有减少，重载的函数代码几乎完全相同。那么，有没有能够减少重复代码的方法呢？

　　为了解决这个问题，C++提供了函数模板，以进一步提高程序代码的可重复利用程度。利用一个函数模板可以生成许多具体的函数（模板的实例化）。函数模板可以用来定义通用函数，其作用类似函数重载，但编码却比函数重载简单得多。利用函数模板生成的函数称为模板函数（或实例化函数）。

　　定义函数模板的形式如下。

```
template <class T>
<类型><函数名>(<参数表>){…}
```

　　template 的含义是"模板"，尖括号中的关键字 class 意为"用户定义的或固有的类型"，后面跟一个类型参数 T，这个类型参数实际上是一个虚拟的类型名。类型参数可以是任何一个合法的标识符，只不过多数人习惯用 T（Type 的第一个字母）。

　　使用函数模板时，系统依据具体调用情况（具体的实参类型）自动生成相应的实例化函数，编译器会根据实参的类型自动确定模板函数中的类型参数，实例化函数中的参数与具体的实参类型一致。

　　【例 2-8】将例 2-6 改为模板形式。

　　程序代码如下：

```
//e2_8.cpp
#include <iostream.h>
template <class T>
T max(T x,T y){ return x>y?x:y; }
void main(){
    int num1,num2;
    float num3,num4;
    cin>>num1>>num2>>num3>>num4;
    cout<<"max(num1,num2)="<<max(num1,num2)<<endl;//调用模板函数，T 被 int 取代
    cout<<"max(num3,num4)="<<max(num3,num4)<<endl;//调用模板函数，T 被 float 取代
}
```

　　程序运行结果：

```
23 16 28.5 43.7
max(num1,num2)=23
max(num3,num4)=43.7
```

　　程序说明：调用 max()函数时，由模板根据实参类型，自动在内存中生成一个模板函数（实例化函数），并执行之。执行的是实例化函数，而非函数的模板。

　　模板中的类型参数可以根据需要确定个数，举例如下。

```
template <class T1,class T2>
```

　　【例 2-9】模板中带有多个参数类型。

```
//e2_9.cpp
#include <iostream.h>
template <class T1,class T2>
T2 max(T1 x,T2 y){ return x>y?x:y; }
void main(){
    int num1,num2;
    float num3,num4;
    cin>>num1>>num2>>num3>>num4;
    cout<<"max(num1,num2)="<<max(num1,num2)<<endl;//调用模板函数，T1、T2 被 int 取代
```

```
        cout<<"max(num3,num4)="<<max(num3,num4)<<endl;//调用模板函数, T1、T2 被 float 取代
    }
```

程序运行结果：

```
23 16 28.5 43.7
max(num1,num2)=23
max(num3,num4)=43.7
```

程序说明：

使用函数模板比函数重载更方便，但应注意它只适用于函数体相同、函数参数个数相同而类型不同的情况，如果参数个数不同，则不能用函数模板。

2.4 内 联 函 数

调用函数时系统有一定的时间和空间开销。在程序转到被调用函数之前，要记录当时执行的指令地址，同时要"保护现场"，数据入"栈"，以便在函数调用之后继续执行指令。"栈"空间用来存放程序的局部数据，是函数内数据的内存空间。在系统中，"栈"空间是有限的，如果频繁大量使用会造成"栈"空间不足导致程序出错。被调函数执行完毕后，数据出"栈"，流程返回到先前记录的地址，根据记下的信息"恢复现场"，同时带回返回值。这些操作都会消耗一定的系统时间。当函数体很小而又需要反复调用时，运行效率与代码重用的矛盾会变得很突出。这时，函数体的运行时间相对比较少，而函数调用所需的栈操作等却要花费比较多的时间。

为了解决上述矛盾，C++提供了一种称作"内联函数"的机制。该机制通过将函数体的代码直接插入到函数调用处（不像函数调用那样需要保护现场等）来节省调用函数的时间开销，这一过程叫作内联函数的扩展。内联函数实际上是一种空间换时间的方案，这样既可以调用函数，又能够提高程序运行效率。

用关键字 inline 可以将函数声明为内联函数（有的书上称为内置函数）。举例如下。

```
#include <iostream.h>
inline int max(int x,int y);
void main(){
    int num1,num2;
    cin>>num1>>num2;
    cout<<"max(num1,num2)="<<max(num1,num2)<<endl;
}
inline int max(int x,int y){
    int z;
    z = (x>y?x:y);
    return z;
}
```

使用内联函数可以节省运行时间，却增加了目标程序的长度。假设要调用 10 次 max()函数，在编译时先后 10 次将 max()的代码复制并插入 main()函数，这样就增加了目标程序中 main()函数的长度。因此，一般只将规模很小（比如 5 条语句以内）而使用频繁的函数（比如实时采集数据的函数）声明为内联函数。

内联函数定义有以下限制。

（1）函数中不能有静态变量。

（2）函数不能太复杂，不能含有循环语句、switch 或 goto 等语句。

（3）函数不能递归。

（4）函数中不能定义数组。

如果出现了上述情况，编译器会自动忽略 inline，将函数编译为一般函数。

内联扩展可节省函数调用的时间开销，它通常用于频繁执行的函数。内联函数从源代码层看有函数的结构，而在编译后却不具备函数的性质。内联函数不是在调用时发生控制转移，而是在编译时将函数体嵌入每一个调用处，即用函数体替换调用处的函数名，类似宏替换。内联函数一般在代码中用 inline 修饰，但最终能否形成内联函数，要看编译器对该函数定义的具体处理。

2.5　内存的动态分配与释放

C++定义了 4 个内存区间：代码区、全局变量与静态变量区、局部变量区（栈区）、动态存储区（堆区或自由存储区）。通常编译器在编译时可以根据变量（或对象）的类型知道所需内存空间的大小，系统会在适当的时候为它们分配确定的存储空间，这种内存分配称为静态存储分配。静态存储分配的缺点是程序无法在运行时根据具体情况灵活调整存储分配情况。有些操作对象在程序运行时才能确定，编译时无法为它们预定存储空间，只能在程序运行时由系统根据要求进行内存分配，这种内存分配称为动态存储分配，所有动态存储分配都在堆区进行。程序运行到需要一个动态分配的变量（或对象）时，必须向系统申请取得堆中的一块所需大小的存储空间，用于存储该变量（或对象）。当不再使用该变量（或对象）时，要显式释放它所占用的存储空间，释放后系统就能对该堆空间进行再次分配，重复使用有限的资源。C++中的运算符 new 和 delete 提供了动态存储分配和释放功能，它们的作用相当于 C 语言的 malloc() 和 free() 函数，但性能更为优越。使用运算符 new 较 malloc() 函数有以下优点。

（1）new 自动计算要分配空间的大小，不使用 sizeof 运算符，比较省事，可以避免错误。

（2）new 自动返回正确的指针类型，不用进行强制指针类型转换。

（3）可以用 new 对分配的对象进行初始化。

2.5.1　new 运算符

new 运算符用来定义动态变量或动态数组，并为其分配内存空间。

（1）定义动态变量，并为其分配内存空间。

格式 1：指针 = new 数据类型;

格式 2：指针 = new 数据类型（初始化值）;

new 操作结果返回一个新开辟内存空间的起始地址，可以赋给一个指针变量。如果内存空间不足，则分配失败，返回 NULL。

格式 1 申请一个指定类型数据的内存空间,如 new int 表示申请一个整型数据的内存空间,new float 表示申请一个浮点型数据的内存空间，new Student 表示申请一个 Student 类型数据的内存空间。举例如下。

```
int * ip = new int;
float * fp = new float;
```

```
Student * sp = new Student;
*ip = 4;                          //通过指针访问所申请的空间
*fp = 20.8;                       //通过指针访问所申请的空间
```

格式 2 带初始化值。如 new int(3)表示申请一个整型数据的内存空间，并且初始化值为 3。举例如下。

```
int * ip;
ip = new int(3);                  //动态开辟一个整型内存空间，初始化值为 3
                                  //其首地址赋给整型指针 ip
if(ip!=NULL)                      //检查分配是否成功
    cout<<*ip;                    //输出结果为 3
float * fp;
fp = new int;                     //错误：指针类型不对
```

（2）定义动态数组。

格式：指针 ＝ new 数组类型[数组长度];

其中，指针类型应与数组类型一致。举例如下。

```
int * ip;
ip = new int[5];//分配一个内存空间，可以存放 5 个整数，ip 指向该空间的起始地址
```

2.5.2　delete 运算符

delete 运算符用来释放动态变量或动态数组所占的内存空间。

（1）释放动态变量所占的内存空间。

格式：delete 指针变量;

举例如下。

```
float * fp;
fp = new float;
...
delete fp;            //释放 fp 所指向的动态内存空间
```

（2）释放动态数组所占的内存空间。

格式：delete [] 指针变量;

举例如下。

```
int * ip;
ip = new int[5];
...
delete [] ip;
```

① new 和 delete 需要配套使用，如果搭配错了，程序运行时将会发生不可预知的错误。用 new [] 申请的空间，必须用 delete [] 释放，反过来，如果用 delete [] 释放一个指针，则这个指针指向的必须是一个由 new[] 动态开辟的数组空间。

② 用 delete 释放一个指针指向的空间时，只能释放一次。

③ 如果在程序中用 new 申请了空间，就应该在程序结束前释放所有申请的空间。这样才能保证堆区内存的有效利用。

④ 如果一个指针的值是 NULL，则释放这个指针不会引起错误。所以，当一个指

针没有指向合法的空间，或者指向的空间已经释放，最好将指针的值设为 NULL，这样可以保证不会错误地使用这个指针。

2.6　引　　用

2.6.1　引用的概念

引用（reference）是 C++对 C 语言的重要扩充。引用名就是某个已存在变量的"别名"(alias)，对引用的操作与对变量的直接操作效果完全相同。声明一个引用的时候，切记要对其进行初始化。引用声明完毕后，相当于目标变量有两个名称，即原名称和引用名，不能再把该引用名作为其他变量的别名。声明一个引用，不是新定义一个变量，只表示该引用名是目标变量的别名，引用本身不是一种数据类型，因此不占存储单元，声明引用时系统也不再分配存储单元。不能建立数组的引用。引用的声明格式如下。

```
引用类型 & 引用 = 变量;
```

其中变量是已被定义存在的变量。引用类型和变量类型必须相同，而且在声明引用时必须同时进行初始化（除非引用作为函数参数或返回值），说明它是哪一个变量的引用。举例如下。

```
int a;
int & ra = a;
```

声明引用只是给一个已经存在的变量再起个名字。引用只是声明，而不是定义（因为"定义"涉及分配存储空间）。

【例 2-10】引用的使用。

程序代码如下：

```
//e2_10.cpp
#include <iostream.h>
void main(){
    int num = 500;
    int & ref = num;
    ref = ref + 100;
    cout<<"num="<<num<<endl;
    num = num + 50;
    cout<<"ref="<<ref;
}
```

程序运行结果：

```
num=600
ref=650
```

2.6.2　使用引用的注意事项

使用引用应注意以下事项。

（1）声明引用时，如果不同时初始化以指明它与哪个已存在变量相关联，则会出现编译错误。举例如下。

```
int a = 10, b = 20;
int & ra;                    //错误, 引用 ra 未被初始化
int & rb = b;                //正确
```

（2）引用声明中的字符&是引用声明符, 除此之外, &表示地址运算符。举例如下。

```
int a = 20;
int & ra = a;                //ra 是 a 的引用, &是引用声明符
int * p;
p=&a;                        //&是地址运算符
```

（3）引用初始化后, 不能改变引用关系, 但是指针可以随时改变所指的对象。举例如下。

```
int a = 20, b = 30;
int & ra = a;                //指定引用 ra 与a 关联, ra = 20
...
ra = b;                      //ra 仍与a 关联, 此时, ra = 30, a = 30
```

（4）不允许对 void 类型变量声明引用。

引用与被引用的变量应具有相同的类型, 但对 void 类型变量声明引用是错误的。举例如下。

```
void a = 10;
void & ra = a;               //错误
```

因为 void 只是语法上的一个类型, 不能建立一个类型为 void 的变量。

（5）不能建立数组的引用。

引用只能是一个变量或对象的引用。数组是某种类型的数据的集合, 其名字表示该数组的起始地址而不是一个变量。所以, 不能建立数组的引用。举例如下。

```
int array [s];
int & ra = array;            //错误, array 只是 array[s] 的起始地址
```

（6）引用与指针不同, 声明引用不是定义变量, 声明指针是定义变量。

（7）指针可以有引用。

指针是变量, 可以有指针的引用。

```
int * p;
int * & rp = p;              //rp 是指针 p 的引用
int b = 10;
rp = &b;                     //正确, rp 是指针 p 的别名, 指向变量 b
```

（8）指针可做数组元素, 引用不可做数组元素。

C++提供引用, 主要用途之一是建立函数参数的引用传递方式。通过引用传递方式, 形参变化能够直接改变实参的值。

（9）不能有 NULL 引用, 引用必须与合法的存储单元关联; 而指针可以是 NULL, 为空指针。

2.6.3　引用作为函数参数

将引用作为函数参数的特点如下。

（1）函数调用过程中, 参数使用引用传递与指针传递的效果是一样的。这时, 被调函数的形参名就是主调函数的实参变量（或对象）的别名, 所以在被调函数中对形参变量（或对象）的操作就是对主调函数中的实参变量（或对象）的操作。

（2）使用引用作为函数的形参，发生调用时不为其分配存储单元；而使用一般变量作为函数的形参，发生函数调用时，需要给形参分配存储单元，如果传递的是对象，还将调用复制构造函数。因此，用引用作为函数的形参比用一般变量作为函数的形参效率高。

（3）使用指针作为函数的形参，发生函数调用时要给形参分配存储单元，使用引用则不需要。因此，用引用作为函数的形参比用指针作为函数的形参效率高。

【例 2-11】用一般变量作为参数，交换两个数。（采用传值方式。）

程序代码如下：

```cpp
//e2_11.cpp
#include <iostream.h>
void swap(int x,int y){
    int t;
    t = x;
    x = y;
    y = t;
}
void main(){
    int a = 1,b = 2;
    cout<<"交换前,a="<<a<<", b="<<b<<endl;
    swap(a,b);
    cout<<"交换后,a="<<a<<", b="<<b<<endl;
}
```

程序运行结果：

```
交换前,a=1, b=2
交换后,a=1, b=2
```

调用函数 swap()时，主函数的变量 a，b 作为实参进栈（副本）。在 swap()函数体内，形参 x 和 y 调换，但主函数中的变量 a，b 并未改变，交换功能未实现。采用传值方式时，实参不受影响。

【例 2-12】用指针变量作为参数，交换两个数。（采用传地址方式。）

程序代码如下：

```cpp
//e2_12.cpp
#include <iostream.h>
void swap(int * x,int * y){
    int t;
    t = *x;
    *x = *y;
    *y = t;
}
void main(){
    int a = 1,b = 2;
    cout<<"交换前,a="<<a<<", b="<<b<<endl;
    swap(&a,&b);
    cout<<"交换后,a="<<a<<", b="<<b<<endl;
}
```

程序运行结果：

```
交换前,a=1, b=2
交换后,a=2, b=1
```

采用传地址方式传递参数，在函数中改变了形参，就是改变了实参，因此交换功能实现。

【例 2-13】用引用作为参数，交换两个数。（采用传引用方式。）

程序代码如下：

```
//e2_13.cpp
#include <iostream.h>
void swap(int & x,int & y){
    int t;
    t = x;
    x = y;
    y = t;
}
void main(){
    int a = 1,b = 2;
    cout<<"交换前,a="<<a<<", b="<<b<<endl;
    swap(a,b);
    cout<<"交换后,a="<<a<<", b="<<b<<endl;
}
```

程序运行结果：

```
交换前,a=1, b=2
交换后,a=2, b=1
```

函数形参是函数调用时实参的引用，在调用过程中改变了形参，就是改变了实参，因此交换功能实现。

比较例 2-12 和例 2-13 可以看出，引用作为形参显得更加自然。引用作为形参，函数调用时实参可以直接用变量名，函数的实现自然；指针作为形参，函数调用时实参用变量的地址，函数体中也需要通过指针间接操作，显得比较麻烦。

引用作为形参，要注意对应的实参必须有一个合法的内存空间，以便对这个空间进行引用。下面的函数调用语句是不对的。

```
swap(12, 34);
swap(a + 4, b + 5);
swap(a, b * 3);
```

引用作为函数参数通常用在以下场合。

（1）如果参数不希望在被调用函数内部被修改，可把参数声明为 const 型的引用。

（2）函数需要返回许多值的场合。函数通过 return 语句只能返回一个数据，多于一个值时，只能借助于引用或指针参数来返回，而引用比指针使用起来更加自然，所以建议在能够用引用参数的地方不用指针参数。

（3）函数的参数是结构或类的对象。当参数是结构类型变量或类类型对象时，一般会占用较多的内存空间，如果按值传递将需要分配较多的栈空间来存放形参的值，且需要进行大量的数据复制操作，会消耗较多的空间和时间。如果设计为按引用传递，就只需要声明一个实参的别名，所有的操作直接在实参空间上进行，程序运行的效率比较高。

2.6.4　函数返回引用

函数的返回值类型声明为引用类型，表示该函数的返回值是一个变量的别名，因此该函数调用可以作为左值对待，可以被赋值。

【例2-14】求两个数中较小值。

程序代码如下：

```
//e2_14.cpp
#include <iostream.h>
int & min(int & i,int & j){          //此函数的返回值是 i 和 j 相比小的那个变量的引用
    if(i<=j)
        return i;
    else
        return j;
}
void main(){
    int a = 3, b= 4;
    cout<<"a="<<a<<"    b="<<b<<endl;
    min(a,b)=5;        //由于函数返回值为引用类型，所以可以为该函数调用结果赋值
                       //为函数赋的值赋给两个参数中的小者，所以 a 变为 5，b 仍为 4
    cout<<"a="<<a<<"    b="<<b<<endl;
    min(a,b) = 0;                      //a 不变，b 变为 0
    cout<<"a="<<a<<"    b="<<b<<endl;
}
```

程序运行结果：

```
a=3      b=4
a=5      b=4
a=5      b=0
```

函数返回值为引用类型，则函数调用可以作为左值对待，而且在内存中不产生返回值的副本。

① 不能返回局部变量的引用。当函数调用结束，局部变量会被销毁，因此返回的引用就成为了"无所指"的引用，程序会进入未知状态。

② 不能返回函数内部 new 分配的内存的引用。

③ 可以返回类成员的引用，但最好使用 const。

④ 流运算符重载返回值声明为引用类型的作用：可以进行连续输出或连续输入操作。

⑤ +、-、*、/四则运算符重载时不能返回引用类型，必须构造一个对象作为返回值。

2.7 const 修饰符

2.7.1 用 const 定义常量

C 语言中使用"#define 变量 变量值"定义一个常量，这种定义方法缺乏类型检测机制。C++提供了使用 const 定义常量的方法，提高了程序的安全性和可靠性。

格式：const 类型说明符 常量 = 常量值；

其中，const 表示常值，类型说明符指出该常量的数据类型。举例如下。

```
const double pi=3.1415926;
const double pi=3.1415926/4;
```

【例 2-15】 已知圆半径 r，求圆周长 c 和圆面积 s 的值。

程序代码如下：

```
//e2_15.cpp
#include <iostream.h>
const float PI = 3.1416f;
void main(){
    float r,c,s;
    cin>>r;
    c=2*PI*r;
    s=PI*r*r;
    cout<<"c="<<c<<"\t"<<"s="<<s<<"\n";
}
```

程序运行结果（从键盘输入 3）：

```
c=18.8496  s=28.2744
```

2.7.2 用 const 限制指针

用 const 限制指针要区分以下三种情况。

（1）const 修饰指针指向的对象。

（2）const 修饰指针的指向。

（3）const 既修饰指针指向的对象，也修饰指针的指向。

1. 常量指针（const 对象）

指向常量的指针称为常量指针（常量的指针）。const 出现在类型说明符的左侧，表示定义了一个指向常量的指针，修饰所指对象为常量，也就是不能通过指针来间接修改所指向的内存空间（所指对象）的值。举例如下。

```
int i;
const int ci = 20;
const int * p1 = &ci;
const int * p2 = &i;
*p1 = 25;                    //错误，p1 为指向常量的指针
*p2 = 25;                    //错误，p2 为指向常量的指针
```

在使用常量指针时，应该注意以下几点。

（1）常量指针只限制指针的间接访问操作，而不限制对指针变量本身的操作。所以，可以改变指针变量本身的值，即指针变量的指向，但不能通过此指针去改变所指对象的值。举例如下。

```
p1 = &i;  p2 = &ci;          //正确
```

（2）常量指针不限制对所指对象本身的操作。举例如下。

```
int i;
const int * p = &i;
*p=30;                       //错误，p 为指向常量的指针
i = 30;                      //正确
```

（3）如果让一个指针指向一个常量，则这个指针必须定义成常量指针。这样可以保证不会通过指针来间接修改常量的值。举例如下。

```
const int i = 30;
```

```
int * p2 = &i;                //错误, 必须将 p2 定义成常量指针
const int * p1 = &i;          //正确
```

2. 指针常量（const 指针）

指针本身是常量时, 该指针称为指针常量。const 出现在指针名的左侧, 表示定义了一个指针常量, 修饰指针的指向为常量, 也就是不能改变指针的指向, 但并不影响所指对象值的变化。定义指针常量时必须进行初始化。举例如下。

```
int i,j;
int * const p = &i;           //定义指针常量, 初始化为指向变量 i
p = &j;                       //错误, 不能改变指针常量的值（即指针的指向）
*p = 8;                       //正确, 所指向的变量值可以改变
```

3. 指向常量的指针常量

指向常量的指针常量有两层意思: 指针指向的量是常量; 指针本身也是常量。所指对象和指针本身的指向两者都不能再改变。

以整型数据为例, 指向常量的指针常量定义格式如下。

```
const int i = 20;
const int * const p = &i;
```

指向常量的指针常量必须在定义时初始化, 其后不能改变指针本身的值, 也不能通过指针来间接改变所指向的量的值。

2.7.3　const 成员函数

我们在后续学习中会接触到类以及成员函数。类的成员函数可以用 const 修饰, 称为 const 成员函数。const 成员函数表示该成员函数只能读对象的成员变量, 而不能修改对象的成员变量。定义 const 成员函数时, 把 const 关键字放在函数头的右侧。有人可能会问: 为什么不将 const 放在函数声明前呢? 因为这样做意味着函数的返回值是常量, 两者意义完全不同。下面是定义 const 成员函数的一个实例。

```
class X{                  //类定义
public:
    int f() const;       //公有成员函数原型声明
private:
    int i;               //私有数据成员定义
};
int X::f() const{        //::是类限定符, 表示函数 f()是属于 X 类的成员函数
    i=2;                 //错误, 不能修改成员变量的值
    return i;
}
```

此例中 f()函数实现时, 函数头中也必须出现关键字 const, 否则编译器会认为类中声明的函数和类体外实现的函数是两个不同的函数。

任何不允许修改成员数据的函数都应该声明为 const 函数, 这样有助于提高程序的可读性和可靠性。

2.8 名 字 空 间

2.8.1 名字空间的作用

名字空间（namespace）指标识符的各种可见范围，用于解决不同文件中的同名变量问题。如C++标准程序库中的绝大多数标识符都被定义在一个名为 std 的名字空间中。

因为标准程序库非常庞大，程序员自己定义的类名或函数名很有可能和标准程序库中的某个名字相同。为了避免这种情况所造成的名字冲突，标准程序库中的一切标识符都被放在名字空间std 中。使用 C++标准程序库的任何标识符时，可以有三种选择。

（1）直接指定名字空间 std。举例如下。

```
std::cout<<std::hex<<3.4<<std::endl;
```

（2）使用 using 关键字。

```
using std::cout;
using std::endl;
然后程序可以写成
cout<<std::hex<<3.4<<endl;
```

（3）使用 using namespace std;。举例如下。

```
#include <iostream>
#include <sstream>
#include <string>
using namespace std;
```

这样，名字空间 std 内定义的所有标识符都有效，就像它们被声明为全局变量一样，以后语句可以写得更简单。

```
cout<<hex<<3.4<<endl;
```

注意，很多程序员不用第（3）种形式（using namespace std;），因为标准名字空间 std 里面定义了很多变量，一不小心就会和自己定义的变量重复，他们更喜欢用第（2）种形式，即用到什么就在前面加上 std::，举例如下。

```
using std::cin;
using std::cout;
using std::endl;
```

名字空间很有用，尤其是在团队合作开发的时候。比如说，把模块分给团队成员去做，a 写了个类 w，b 也写了个类 w，由于没有提前沟通好，他们的类名一样，整合在一起后，调用时就会出现冲突。如果使用名字空间，调用的时候，只要说明是调用 a 类的 w 还是 b 类的 w 就可以区分了。

```
namespace a{ class w{...};}
namespace b{ class w{...};}
    a::w aw;                    //创建 a 定义的 w 类的对象
    aw.get();
    b::w bw;                    //创建 b 定义的 w 类的对象
```

```
bw.get();
```

名字空间概念引入 C++标准的时间相对较晚，有些人对它不够重视，这是错误的。因为早期的 C++实现置于全局空间下，而现在 C++标准程序库里绝大多数标识符都置于名字空间 std 下。为了和早期 C++实现的头文件<iostream.h>加以区别，使用名字空间 std 封装的标准程序库的头文件为<iostream>。头文件<iostream.h>和<iostream>不同；使用<iostream.h>时，用的是全局名字空间，也就是早期 C++实现；使用<iostream>时，该头文件没有定义全局名字空间，必须使用名字空间 std。

2.8.2　定义名字空间

一个名字空间可以包含多种类型的标识符，如变量名、常量名、函数名、结构名、类名、名字空间名等。

1. 定义名字空间

一个名字空间可以在两个地方被定义：全局范围层次或另一个名字空间中（嵌套名字空间）。举例如下。

```
#include <iostream>
namespace NyNames {
    const int MAX_LENGTH = 100;
    int iVali = 100;
    long iVal2 = 200L;
    char cr = 'Z';
    int Add(int i, int j) { return i + j; }
    long Sub(long i, long j) { return i - j; }
}
int main() {
    std::cout << NyNames::Add(NyNames::MAX_LENGTH, NyNames::iVali);
    std::cout << NyNames::Sub(NyNames::iVal2, NyNames::cr);
    return 0;
}
```

2. 嵌套名字空间

名字空间也可以在其他名字空间中定义。在这种情况下，如果仅仅以外部名字空间名称作为前缀，则只能够引用外部名字空间中定义的标识符；如果要引用内部名字空间中定义的标识符，则必须逐级使用外部和内部名字空间名称作为前缀。

```
#include <iostream>
namespace MyOutNames {
    int iVal1 = 100;
    int iVal2 = 200;
    namespace MyInnerNames {
        int iVal3 = 300;
        int iVal4 = 400;
    }
}
int main() {
    std::cout << MyOutNames::iVal1 << std::endl;
    std::cout << MyOutNames::iVal2 << std::endl;
    std::cout << MyOutNames::MyInnerNames::iVal3 << std::endl;
    std::cout << MyOutNames::MyInnerNames::iVal4 << std::endl;
    return 0;
```

```
}
```

注意 不能在名字空间的定义中声明（另一个嵌套的）子名字空间，只能在名字空间中定义子名字空间。也不能直接使用"名字空间名::成员名 …"的方式为名字空间添加新成员，而必须在名字空间的定义中添加新成员的声明。

3. 无名名字空间

可以在定义中省略名字空间的名称而简单地声明无名名字空间，举例如下。

```
namespace {
    int iVal1 = 100;
    int iVal2 = 200;
}
```

事实上，在无名名字空间中定义的标识符被设置为全局名字空间，这不符合名字空间设置的最初目的。基于这个原因，无名名字空间并未被广泛应用。

4. 名字空间的别名

可以给已存在的名字空间取别名。举例如下。

```
#include <iostream>
namespace MyNames {
    int iVal1 = 100;
    int iVal2 = 200;
}
namespace MyAlias = MyNames;
int main() {
    std::cout << MyAlias::iVal1 << std::endl;
    std::cout << MyAlias::iVal2 << std::endl;
    return 0;
}
```

2.8.3 名字空间的用法

【例2-16】下面通过例程说明关键字 namespace 的用法。

```
//e2_16.cpp
#include <conio.h>
#include <iostream.h>
namespace car{                  // 名字空间的定义
    int model;
    int length;
    int width;
}
namespace plane {
    int model;
    namespace size{             //名字空间的嵌套
        int length;
        int width;
    }
}
namespace car{                  //添加名字空间的成员
    char * name;
}
```

```
namespace c=car;                    //定义名字空间的别名
int Time;                           //外部变量属于全局名字空间
void main(){
    car::length=3;
    // 下面一句错误，故屏蔽掉
    // width=2;                      //对非全局变量和当前有效临时变量应该指定名字空间
    plane::size::length=70;
    cout<<"the length of plane is "<<plane::size::length<<"m."<<endl;
    cout<<"the length of car is "<<car::length<<"m."<<endl;
    // 使用名字空间的别名
    cout<<"the length of c is "<<c::length<<"m."<<endl;
    int Time=1996;                  //临时变量，应区别于全局变量
    ::Time=1997;                    //根名字空间或匿名空间中的 Time
    cout<<"Temp Time is "<<Time<<endl;
    cout<<"Outer Time is "<<::Time<<endl;
    // 使用关键字 using
    using namespace plane;
    model=202;
    size::length=93;
    cout<<model<<endl;
    cout<<size::length<<endl;
    getch();
}
```

程序运行结果：

```
the length of plane is 70m.
the length of car is 3m.
the length of c is 3m.
Temp Time is 1996
Outer Time is 1997
```

程序说明：

（1）从上面可以看出，名字空间定义了一组变量和函数，它们具有相同的作用范围。对于不同的名字空间，可以定义相同的变量名或函数名，在使用的时候，只要在变量名或函数名前指明不同的名字空间即可。

（2）名字空间可以被嵌套定义，使用时要逐级对成员用名字空间限定符::来引用。

（3）系统默认有一个全局名字空间（根名字空间或匿名空间），它包含了所有的外部变量。这个名字空间没有名字，引用这个名字空间里的变量时要使用名字空间限定符::，前面没有名字。在不使用名字空间的情况下，不可以在不同文件中定义相同名字的外部变量，这是因为它们属于同一个全局名字空间，名字不可以重复。

（4）可以给名字空间取别名。

（5）定义好的名字空间中，随时可以增加成员。

另外，关键字 namespace 和 using 的使用，对函数重载有一定的影响。

下面通过例程进行具体说明。

```
#include <conio.h>
#include <iostream.h>
namespace car{                      //名字空间的定义
    void ShowLength(double len) {    //参数类型为 double
```

```
                cout<<"in car namespace: "<<len<<endl;        }
        }
        namespace plane{                                   //名字空间的定义
            void ShowLength(int len) {                     //参数类型为int
                cout<<"in plane namespace: "<<len<<endl;
            }
        }
        void main() {
            using namespace car;
            ShowLength(3);
            ShowLength(3.8);
            using namespace plane;
            ShowLength(93);
            ShowLength(93.75);
            getch();
        }
```

程序运行结果：

```
in car namespace: 3
in car namespace: 3.8
in plane namespace: 93
in car namespace: 93.75
```

程序说明：

如果没有名字空间的干扰，函数重载时选择规则非常简单：只要实参是 double 类型，则调用前面的函数；如果实参是 int 类型，则调用后面的函数。但是由于名字空间的参与，就出现了上面的运行结果。所以在编程的时候一定要注意名字空间对函数重载的影响。

应注意：调用函数时，如果实参和形参的数据类型实在没有办法完全匹配，可能会对实参进行适当的数据类型转换。比如，将 char 类型转换为 int 类型，或进一步将 int 类型转换为 double 类型。数据类型由简单变为复杂，一般不会丢失信息。另外一种转换是反过来，将 double 类型转换为 int 类型，或进一步将 int 类型转换为 char 类型。数据类型由复杂变为简单，可能会丢失部分信息。在调用函数时，不同情况下，上述两种转换在 C++中的优先级是不同的。引入名字空间后，名字空间参与上述优先级顺序的分配。

全局空间最大的问题在于单一。在大的软件项目中，经常会有人把他们定义的名字都放在这个单一的空间中，从而导致名字冲突。例如，假设 library1.h 定义了一些常量，包括 const double lib_version = 1.204;，类似的，library2.h 也定义了 const int lib_version = 3;，如果某个程序想同时包含 library1.h 和 library2.h，就会出问题。作为程序员，应尽力使自己的程序库不给别人带来这些问题。例如，可预先想一些不大可能造成冲突的前缀，加在每个全局符号前。

另一个比较好的方法是使用 C++名字空间。这本质上和使用前缀一样，只不过避免了别人总是看到前缀。所以，不要采用下面的做法。

```
const double sdmbook_version =2.0;                 //在这个程序库中，每个符号以 sdm 开头
class sdmhandle { ... };
sdmhandle & sdmgethandle();                        //为什么函数要这样声明？
```

下面的做法才是正确的。

```
namespace sdm {
    const double book_version = 2.0;
    class handle { ... };
```

```
    handle & gethandle();
}
```

　　用户可以通过三种方法来访问这一名字空间里的符号：将名字空间中的所有符号全部引入到某一用户空间；将部分符号引入到某一用户空间；或通过修饰符显式地一次性使用某个符号。

```
void f1(){
    using namespace sdm;          //使得 sdm 中的所有符号不用加修饰符就可以使用
    cout <<book_version;          //解释为 sdm::book_version
    ...
    handle h =gethandle();        //handle 解释为 sdm::handle,gethandle 解释为 sdm::gethandle
    ...
}
void f2(){
    using sdm::book_version;            //使得仅 book_version 不用加修饰符就可以使用
    cout <<book_version;                //解释为 sdm::book_version
    ...
    handle h =gethandle();             //错误, handle 和 gethandle 都没有引入到本空间
    ...
}
void f3(){
    cout <<sdm::book_version;          //使得 book_version 在本语句有效
    ...
    double d =book_version;           //错误, book_version 不在本空间
    handle h =gethandle();            //错误, handle 和 gethandle 都没有引入到本空间
    ...
}
```

　　有些名字空间没有名字，一般用于限制名字空间内部元素的可见性。

　　名字空间带来的最大好处之一在于：潜在的二义不会造成错误。所以，从多个不同的名字空间引入同一个符号不会造成冲突（假如确实从不使用这个符号）。例如，假设除了名字空间 sdm 外，还要用到下面这个名字空间：

```
namespace acmewindowsystem {
    ...
    typedef int handle;
    ...
}
```

只要不引用符号 handle，使用 sdm 和 acmewindowsystem 时就不会有冲突。假如真的要引用，可以指明是哪个名字空间的 handle。

```
void f(){
    using namespacesdm;                 //引入 sdm 里的所有符号
    using namespace acmewindowsystem;   //引入 acme 里的所有符号
    ...                                 //自由地引用 sdm 和 acme 里除 handle 之外的其他符号
    handle h;                           //错误, 哪个 handle?
    sdm::handle h1;                     //正确, 没有二义
    acmewindowsystem::handle h2;        //也没有二义
    ...
}
```

假如使用常规的基于头文件的方法，只是简单地包含 sdm.h 和 acme.h，由于 handle 有多个定义，编译将不能通过。

【例 2-17】在头文件中定义了一个名字空间，并且在名字空间中定义了一个类，那么如何在源文件中实现这个类呢？

```
//test.h
namespace MyNames{
    class TestClass{
    public:
        void PrintVal();
        TestClass(int iVal);
    private:
        int m_iVal;
    };
}
//test.cpp
#include <iostream>
#include "test.h"
namespace MyNames{
    TestClass::TestClass(int iVal) { m_iVal = iVal; }
    void TestClass::PrintVal() { std::cout << m_iVal << std::endl; }
}
//e2_17.cpp
#include <iostream>
#include "test.h"
int main(){
    MyNames::TestClass rTest(800);
    rTest.PrintVal();
    return 0;
}
```

2.9 sizeof 运算符

sizeof 是求字节数运算符，运算含义是求出运算对象在内存中占用的字节数。sizeof 是单目运算符，一般应用形式为 sizeof(opr)。

其中，opr 是运算对象，可以是表达式或数据类型名，当 opr 是表达式时括号可省略。举例如下。

```
sizeof(char)          //求字符型数据在内存中占用字节数，结果为 1
sizeof(int)(a*b)      //求整型数据在内存中占用字节数，结果为 4
```

 虽然 sizeof 的使用像是一个函数调用，但它只是运算符，不是函数。

sizeof 如用于数组，只能测出静态数组的大小，无法检测动态数组或外部数组的大小。

2.10　程序设计实例

【例 2-18】用递归法计算 n!。

当 n>1 时，求 n!的问题可以转化为求 n*(n-1)!的新问题。

用递归法计算 n!可用下述公式表示。

```
n!=1          (n=0,1)
n×(n-1)!      (n>1)
```

程序代码如下：

```cpp
//e2_18.cpp
#include <iostream>
using namespace std;
long fac(int n){
    long t;
    if((n==1)||(n==0)) return 1;
    else t=n*fac(n-1);
    return t;
}
void main(){
    long fac(int n);
    int m;
    long y;
    cout<<"Enter m:";
    cin>>m;
    if(m<0) cout<<"Input data Error!"<<endl;
    else y=fac(m);
    cout<<m<<"!="<<y<<endl;
}
```

程序运行结果：

```
Enter m:5
5!=120
```

程序说明：

fac()是一个递归函数。主函数调用 fac()函数，当 n<0、n==0 或 n=1 时结束函数执行，否则就递归调用 fac()函数自身。由于每次递归调用的实际参数为 n-1，即把 n-1 的值赋予形式参数 n，最后当 n-1 的值为 1 时再做递归调用，形式参数 n 的值也为 1，递归终止，逐层退回。

执行本程序时输入为 5，即求 5!。在主函数中的调用语句即为 y=fac(5)，进入 fac()函数后，由于 n=5,不等于 0 或 1,故应执行 y=fac(n-1)*n，即 y=fac(5-1)*5。该语句对 fac()做递归调用即 fac(4)。进行四次递归调用后，fac()函数形式参数取得的值变为 1，故不再继续递归调用而开始逐层返回主调函数。fac(1)的返回值为 1，fac(2)的返回值为 1*2=2，fac(3)的返回值为 2*3=6，fac(4)的返回值为 6*4=24，最后返回值 fac(5)为 24*5=120。

【例 2-19】编程求 $\sum_{x=1}^{n} x^k$，其中 n 和 k 均是用户输入的整数。

程序代码如下：

```
//e2_19.cpp
#include <iostream>
using namespace std;
int sum(int ,int);
int power(int ,int);
int main(){
    int n,k,result;
    cout<<"请输入 n 和 k 的值: ";
    cin>>n>>k;
    result=sum(n,k);
    cout<<"最终结果是: "<<result<<endl;
    return 0;
}
int sum(int n,int k){
    int s=0,i;
    for(i=1;i<=n;i++)  s+=power(i,k);
    return s;
}
int power(int x,int k){
    int i,t=1;
    for(i=1;i<=k;i++)  t*=x;
    return t;
}
```

程序运行结果, 如图 2.2 所示。

图 2.2　程序运行结果

【例 2-20】用选择排序法将数组 a 中的 10 个整数按照升序排列并输出。

分析:选择排序法的思路是第一步从 10 个元素中找出值最小的元素,将其与第一个元素交换;第二步从剩下的 9 个元素中找出值最小的元素, 将其与第二个元素交换; 如此交换下去, 直到还剩下一个数为止。

首先定义一个一维数组 a[10],从上面的分析可以看出, 10 个数据需要 9 次遍历。在每次遍历中需要寻找最小元素的下标。第一次遍历用一个变量 k 来记录最小元素的下标, 初值为 0 (假设第一个元素最小), 然后让剩下的元素依次和它比较, 比它小, 就用 k 记录新的最小元素的下标,直到结束。比较完后, k 的值就是最小元素的下标。这时候用 k 和第一个元素比较, 看最小元素是否是第一个元素, 不是的话, 就交换。这时就排出了第一个最小的元素。

程序代码如下:

```
//e2_20.cpp
#include <iostream>
using namespace std;
void main(){
    int i,j,a[10],t,k;
    cout<<"input 10 numbers: "<<endl;
    for(i=0;i<10;i++)                        //输入 10 个要排序的数据
        cin>>a[i];
    for(i=0;i<9;i++)                         //排序总共进行了 9 次
        {
            k=i;                            //初始化最小数的下标
            for(j=i+1;j<10;j++)             //从当前数的后面寻找最小数的下标
            if(a[j]<a[k])
                k=j;                        //记录新的最小数的下标
            if(k!=i)
```

```
        { t=a[i];a[i]=a[k];a[k]=t;} //第 i 个数和最小数交换
        }
    for(i=0;i<10;i++)                    //输入排序后的 10 个数
        cout<<a[i]<<" ";
}
```

程序运行结果：

```
input 10 numbers:
0 54 45 56 7 9 23 21 1 3
0 1 3 7 9 21 23 45 54 56
```

【例 2-21】编写函数 int fun(int m,int prime[MAX])，功能是求出小于 m 的所有素数并放在 prime 数组中，函数返回所求出素数的个数。

分析：循环 for(i=2;i<k;i++)用于判断 k 是否为素数，原理是当用 2 到 k-1 范围内的所有数对 k 求余，如余数为 0（被整除）则表示 k 不是素数。语句 if(i>=k)用于判断在上一个 for()循环中 i 能否达到 k，如果能，则表示在 2 到 k-1 范围内的所有数都不能整除 k，即 k 为素数。

主函数调用 fun()函数时，传递了两个参数，其中 prime 为数组名，属于地址传递。对 fun()函数中的 prime 数组进行操作，也就是对主函数中的 prime 数组进行操作。即使两者不同名，效果也是一样的。fun()函数通过 return 语句返回 j 的值，即所求素数的个数。

程序代码如下：

```cpp
//e2_21.cpp
#include <iostream>
#include <iomanip.h>              //使用控制符 setw，要包含头文件 iomanip.h
#define MAX 100
using namespace std;
int fun(int m, int prime[MAX]){
    int i,j=0,k;
    for( k=2;k<m;k++){
        for(i=2;i<k;i++)
        if(k%i==0) break;
        if(i>=k) prime[j++]=k;
    }
    return j;
}
void main(){
    int m,i,sum;
    int prime[MAX];
    cout<<"input a integer number:";
    cin>>m;
    sum=fun(m,prime);
    cout<<"The  prime number is:"<<endl;
    for(i=0;i<sum;i++){
        if(i%5==0&&i!=0)
            cout<<endl;
        cout<<setw(5)<<prime[i];
    }
}
```

程序运行结果：

```
input a integer number:100
The prime number is:
```

2	3	5	7	11
13	17	19	23	29
31	37	41	43	47
53	59	61	67	71
73	79	83	89	97

【例2-22】编写函数，将字符串 s 中的字符存放到字符串 t 中，然后把 s 中的字符按逆序连接到 t 的后面。

分析：在主函数中给 s[] 赋值，将 s 和 t 传入子函数，先将 s 中的内容给 t；然后再将 s 的内容逆序连接在 t 的后面，最后用'\0'结束。

程序代码如下：

```cpp
//e2_22.cpp
#include <iostream>
#include <string.h>
using namespace std;
void f(char s[],char t[]){
    int i,s1;
    s1=strlen(s);
    for(i=0;i<=s1;i++)
        t[i]=s[i];
    for(i=0;i<s1;i++)
        t[s1+i]=s[s1-i-1];
    t[s1+s1]='\0';
}
void main(){
    char s[100],t[100];
    cout<<"Please enter string s:";
    cin.get(s,100);
    f(s,t);
    cout<<"The result is:"<<t<<endl;
}
```

程序运行结果：

```
Please enter string s:12345
The result is:1234554321
```

【例2-23】编写程序，将一个二维数组中行和列元素互换，存到另一个二维数组中。设数组如下。

$$a = \begin{bmatrix} 1 & 5 & 9 \\ 2 & 6 & 8 \end{bmatrix} \qquad b = \begin{bmatrix} 1 & 2 \\ 5 & 6 \\ 9 & 8 \end{bmatrix}$$

分析：需要定义两个数组，一个存放原来的数组，另一个存放互换后的数组。行列交换实质上就是将数组元素的行列下标相互交换。因为是二维数组，必须要逐个进行交换，所以要用双重循环语句。

程序代码如下：

```cpp
//e2_23.cpp
#include <iostream>
using namespace std;
void main(){
```

```
int a[2][3]={{1,5,9},{2,6,8}};
int b[3][2],i,j;
cout<<"Array a: "<<endl;                    //输出原来数组的数据
    for(i=0;i<2;i++){
        for(j=0;j<3;j++){
            cout<<a[i][j]<<"  ";
            b[j][i]=a[i][j];
        }
    cout<<endl;
    }
cout<<"Array b:"<<endl;                      //输出交换后的数据元素
for(i=0;i<3;i++){
    for(j=0;j<2;j++) cout<<b[i][j]<<"  ";
    cout<<endl;
}
}
```

程序运行结果：

```
Array a:
1   5   9
2   6   8
Array b:
1   2
5   6
9   8
```

【例 2-24】用二维数组记录 3 个学生 4 门课程的成绩，根据输入的学生序号输出相应的 4 门课程成绩。

```
//e2_24.cpp
#include <iostream>
using namespace std;
void print(int p[]);                    //函数声明
void main(){
    int score[3][4]={{87,81,65,74},{93,84,72,88},{76,85,92,99}};
    int num;
    cout<<"input NO(0 - 2):";
    cin>>num;
    print(score[num]);                  //函数调用，二维数组列地址作为参数
}
void print(int p[]){                    //函数定义
    int i;
    for(i=0;i<4;i++)
        cout<<p[i]<<",";
}
```

程序运行结果：

```
input NO(0 - 2):0
87,81,65,74,
input NO(0 - 2):2
76,85,92,99,
```

程序说明：

（1）score 是二维数组名，也是行地址，score+0 代表第 0 行的起始处，score+1 代表第 1 行的起始处，也就是说，score 一变化就越过一行元素。score+num 仍然是行地址，代表第 num 行的起始处，score 的变化是为了确定第多少行。

（2）实参 score[num]是列地址，也是第 num 行所构成的一维整型数组的数组名，score[num]+0 代表的是第 num 行第 0 号元素的起始处，score[num]+1 代表的是第 num 行第 1 号元素的起始处，以此类推。也就是说，score[num]一变化就越过一个具体元素，而一维数组的数组名正好也是如此，一维数组的数组名加 1 就是下一元素的起始处，所以形参定义成能表示一个整型数组的数组名，这样实参和形参类型匹配。

【例 2-25】输入 5 个国家名称，然后按字母顺序排列输出。

程序代码如下：

```
//e2_25.cpp
#include <iostream>
#include <string.h>
using namespace std;
void main(){
    void sort(char *name[],int n);
    void print(char *name[],int n);
    char *name[]={"CHINA","AMERICA","AUSTRALIA","FRANCE","GERMAN"};
    int n=5;
    sort(name,n);
    print(name,n);
}
void sort(char *name[],int n){
    char *pt;
    int i,j,k;
    for(i=0;i<n-1;i++){
        k=i;
        for(j=i+1;j<n;j++)
            if(strcmp(name[k],name[j])>0) k=j;
        if(k!=i){
            pt=name[i];
            name[i]=name[k];
            name[k]=pt;
        }
    }
}
void print(char *name[],int n){
    int i;
    for(i=0;i<n;i++) cout<<name[i]<<endl;
}
```

程序运行结果：

```
AMERICAN
AUSTRALIA
CHINA
FRANCE
GERMAN
```

程序说明：

定义两个函数，sort()函数完成排序功能，形参为指针数组 name，即待排序的各字符串数组的指针，形参 n 为字符串的个数。print()函数用于排序后字符串的输出，形参与 sort()函数形参相同。主函数 main()中，定义指针数组 name 并初始化赋值。然后分别调用 sort()函数和 print()函数完成排序和输出。值得说明的是，在 sort()函数中对两个字符串比较采用了 strcmp()函数，strcmp()函数允许参与比较的字符串以指针方式出现，name[k]和 name[j]均为指针，因此是合法的。字符串比较后需要交换时，只交换指针数组元素的值，而不交换具体的字符串，这样将大大减少时间开销，提高运行效率。

【例 2-26】编写函数 inverse()，把整型数组 *a* 第 *m* 个数开始的 *n* 个数按逆序重新排列。

程序算法：将 a[m-1]与 a[m+n-2]互换，a[m]与 a[m+n-3]互换，……，a[m-1+n/2]与 a[m+n-2-n/2]互换。设两个变量 i 和 j，i 的初值为 m-1，j 的初值为 m+n-2，每次将 a[i]与 a[j]互换，然后 i 加 1，j 减 1，直到 i>m-1+n/2 为止。

程序代码如下：

```
//e2_26.cpp
//用数组作为函数参数
#include <iostream>
using namespace std;
void inverse(int a[],int m,int n){
    int i,j,t;
    for(i=m-1,j=m+n-2;i<=m-1+n/2;i++,j--){ t=a[i];a[i]=a[j];a[j]=t; }
}
void main(){
    int i,a[10]={1,2,3,4,5,6,7,8,9,10};
    inverse(a,2,7);
    for(i=0;i<10;i++)
        cout<<a[i]<<'\t';
    cout<<endl;
}
//用指针变量作为函数参数
```

主函数不变，函数 inverse()改写为：

```
void inverse(int *p,int m,int n){
    int *p1,*p2,t;
    for(p1=p+m-1,p2=p+m+n-2;p1<=p+m-1+n/2;p1++,p2--){
        t=*p1;*p1=*p2;*p2=t;
    }
}
```

程序运行结果：

```
1    8    7    6    5    4    3    2    9    10
```

【例 2-27】有一行字符，要求删除指定字符。

程序代码如下：

```
//e2_27.cpp
#include <iostream>
using namespace std;
void main(){
    void del_ch(char *,char);
    char str[80],*pt,ch;
    cout<<"Input a string:\n";
    cin.get(str,80);
```

```
        pt=str;
        cout<<"Input the char deleted:\n";
        cin>>ch;
        del_ch(pt,ch);
        cout<<"Then new string is:"<<str<<endl;
    }
    void del_ch(char * p,char ch){
        char *q;
        for(q=p;*p!='\0';p++)
            if(*p!=ch) *q++=*p;
        *q='\0';
    }
```

程序运行结果：

```
Input a string:
This is a chess
Input the char deleted:s
Then new string is:Thi i a che
```

程序说明：

程序由主函数和 del_ch()函数组成。在主函数中定义字符数组 str,并使 pt 指向 str。字符串和被删除的字符都由键盘输入。在 del_ch()函数中实现字符删除，形参指针变量 p 和被删字符 ch 由主函数中实参指针变量 pt 和字符变量 ch 传递过去。函数开始执行时，指针变量 p 和 q 都指向 str 数组中的第一个字符。当*p 不等于 ch 时，把*p 赋给*q，然后 p 和 q 都加 1，即同步移动。当*p 等于 ch 时，不执行*q++=*p;语句，所以 q 不加 1，而在 for 语句中 p 继续加 1，p 和 q 不再指向同一元素。

本 章 小 结

C++中使用 cin 输入流对象和 cout 输出流对象完成输入和输出操作。字符数组在输入和输出时，可以利用 cin 流对象的 getline 或 get 方法，这样，不需要使用循环语句，就可以将字符串输入对应数组，同时在输入时，字符串之间允许用空格。

C++允许在同一范围中声明几个功能类似的同名函数,但这些同名函数的形参表必须不同(可以是参数的个数或类型或顺序)，以后可以调用同一个函数名完成不同的功能，这就是重载函数。

通常情况下，一个函数应该具有尽可能高的灵活性。使用默认参数为程序员处理更大的复杂性和灵活性问题提供了有效的方法，所以 C++的代码中有大量的默认参数。

函数模板是通过对参数类型进行参数化获取的统一形式的函数体。它是通用函数，可以适应对一定范围内不同类型对象的操作。函数模板代表不同类型的一组函数，它们都使用相同的代码，这样可以实现代码重用，避免重复劳动，又可增强程序的安全性。函数模板对于写出通用型算法至关重要。

C++中动态存储分配要使用指针、运算符 new 和 delete。

引用是 C++对 C 语言的重要扩充。声明引用时要进行初始化。

名字空间概念的引入解决了不同文件中的同名问题，名字空间在团队合作开发的时候尤显重要。

习　题　2

一、单选题

1. 不是无限循环的是____。

    A.　for(y=0;x=1;++y)　　　　　　　　B.　for(;;x=0);

    C.　while(x=1){x=1;}　　　　　　　　D.　for(y=0,x=1;x>++y;x+=1)

2. while 的循环次数是____。

```cpp
#include <iostream>
using namespace std;
void main(){
    int i=0;
    while(i<10){
        if(i<1) continue;
        if(i==5) break;
        i++;
    }
    ...
}
```

    A.　1　　　　　　　B.　10　　　　　　　C.　6　　　　　　　D.　死循环

3. 输出结果是____。

```cpp
#include <iostream>
#include <string>
using namespace std;
void main(){
    char ss[16]="test\0\n";
    cout<<strlen(ss)<<","<<sizeof(ss);
}
```

    A.　4,16　　　　　　B.　7,7　　　　　　C.　16,16　　　　　D.　4,7

4. s 的值是____。

```cpp
#include <iostream>
#include <string>
using namespace std;
void main(){
    static char ch[]="600";
    int a,s=0;
    for(a=0;ch[a]>='0'&&ch[a]<='9';a++)
        s=10*s+ch[a]-'0';
    cout<<s;
}
```

    A.　600　　　　　　B.　6　　　　　　　C.　0　　　　　　　D.　出错

5. 函数重载的意义主要在于____。

    A.　使用方便，提高程序可读性　　　　B.　提高执行效率

    C.　减少存储空间开销　　　　　　　　D.　提高程序可靠性

6. 将函数 int find(int x,int y)正确重载的是____。

    A.　float find(int x,int y)　　　　　　　B.　int find(int a,int b)

    C. int find(int x)   D. double find(int y,int x)

7. 将函数声明为内联函数的关键字是＿＿。

    A. register   B. static   C. inline   D. extern

8. 以下叙述中错误的是＿＿。

    A. 全局静态变量和全局变量的存储方式和作用域是一致的

    B. 程序中对外部变量的定义只能有一次

    C. 程序中对外部变量的声明可以有多次

    D. 函数模板中的类型参数可以不止一个

9. 释放指针所指内存空间的操作是＿＿。

```
int *p=new int [10];
```

    A. delete []p;   B. delete *p   C. delete p;   D. delete p[]

10. namespace 与 class、struct 和 union 有明显区别，下面说法错误的是＿＿。

    A. namespace 只能在全局范围内定义，但它们之间可以互相嵌套

    B. 在 namespace 定义的结尾，右花括号的后面不必跟一个分号

    C. 一个 namespace 可以在多个文件中用一个标识符来定义

    D. namespace 可以把全局名字空间当成一个小空间来管理

二、填空题

1. 运行时输入：12<回车>，输出结果是＿＿。

```cpp
#include <iostream>
using namespace std;
void main( ){
    char ch1,ch2; int n1,n2;
    cin>>ch1; cin>>ch2;
    n1=ch1-'0'; n2=n1*10+(ch2-'0');
    cout<<n2;
}
```

2. 输出结果是＿＿。

```cpp
#include <iostream>
using namespace std;
void main(){
    int x='f';
    cout<<'A'+(x-'a'+1);
}
```

3. 使用关键字 const 和#define 命令声明常量，如果要对其进行修改只能在＿＿进行修改。

4. 下面程序功能是输出 100 以内能被 3 整除且个位数为 6 的所有数，请将程序填写完整。

```cpp
#include <iostream>
using namespace std;
void main(){
    int i,j;
    for(i=0; _____ ;i++)        {
        j=i*10+6;
        if(_____) continue;
        cout<<j<<endl;
    }
}
```

5. 循环体执行次数是____。

```
a=10; b=0;
do{ b+=2; a-=2+b; }while(a>=0);
```

6. 直接或间接调用自己的函数称为____函数。

三、程序阅读题

1. 运行结果是____。（输入 1234）

```cpp
#include <iostream>
using namespace std;
void main(){
    int c;
    while((c=getchar())!='\n')
    switch(c-'2'){
        case 0:
        case 1:putchar(c+4);
        case 2:putchar(c+4);break;
        case 3:putchar(c+3);
        default:putchar(c+2);break;
    }
    cout<<endl;
}
```

2. 运行结果是____。

```cpp
#include <iostream>
using namespace std;
void main(){
    int a,b;
    for(a=1,b=1;a<=100;a++){
        if(b>=20) break;
        if(b%3==1){
            b+=3;
            continue;
        }
        b-=5;
    }
    cout<<"a="<<a;
}
```

3. 运行结果是____。

```cpp
#include <iostream>
using namespace std;
void main(){
    int n[3],i,j,k;
    for(i=0;i<3;i++)
        n[i]=0;
    k=2;
    for(i=0;i<k;i++)
        for(j=0;j<k;j++)
            n[j]=n[i]+1;
    cout<<n[k];
}
```

4. 从键盘输入 1234567890987654321 并回车后，运行结果是____。

```
#include <iostream>
#include <cstdio>
using namespace std;
void main(){
    int i,ch,a[8];
    for(i=0;i<8;i++) a[i]=0;
    while((ch=getchar())!='\n')
        if(ch>='0'&&ch<='7') a[ch-'0']++;
    for(i=0;i<8;i+=2)
        cout<<"a["<<i<<"]="<<a[i]<<endl;
}
```

四、编程题

1. 求方阵 4*4 两对角线元素之和及其转置矩阵。

2. 打印杨辉三角形的前 10 行。其特点是两个腰上的数都为 1，其他位置上的每一个数是上一行与它相邻的两个整数之和。

```
        1
     1     1
   1    2    1
  1   3   3   1
 1   4   6   4   1
        ...
```

3. 找出一个二维数组中的"鞍点"，即该位置上的元素在该行中最大，在该列中最小（也可能没有"鞍点"），打印出有关信息。

4. 请编写一个函数实现两个字符串的比较，即编写函数 strcmp(s1,s2)。

具体要求如下。

（1）在主函数内输入两个字符串，并传给函数 strcmp(s1,s2)。

（2）如果 s1=s2，则 strcmp()返回 0，按字典顺序比较；如果 s1≠s2，返回它们二者第一个不同字符的 ASCII 码差值（如 BOY 与 BAD，第二个字母不同，O 与 A 之差为 76-65=14），s1>s2 输出正值，s1<s2 输出负值。

5. 输入 5 个字符串，从中找出最大的字符串并输出。要求用二维字符数组存放这 5 个字符串，用指针数组分别指向这 5 个字符串，用一个二级指针指向这个指针数组。

第二部分

核 心 篇

第**3**章 类与对象

【学习目标】
（1）掌握类的定义、对象的创建和使用方法，理解类和对象的关系。
（2）掌握构造函数、析构函数的概念和使用方法。
（3）掌握堆对象的使用方法。
（4）掌握静态成员的定义和使用方法。
（5）掌握友元函数和友元类的定义和使用方法。

3.1 类的概念和使用

　　类是对一组具有相同属性和行为的实体的抽象描述，是一组实体集的概念模型，是面向对象程序设计中的一种构造性的数据类型，其中相同属性数字化为属性（数据变量/成员变量），相同行为数字化为方法（成员函数）。对象是现实世界中对象的数字化抽象，是由描述对象的数据和有关操作组成的封装体，与客观实体有直接的对应关系。类是抽象的，是对象的模板，不占用存储空间；而对象是具体的，是类的实例化，占用存储空间。类和对象密切相关，是面向对象编程技术中最基本的概念。

3.1.1 类定义格式

　　类是一种复杂的数据类型，它是将不同类型的数据和与这些数据相关的操作封装在一起的集合体。类中的成员有数据成员和函数成员两种，数据成员是用来描述对象属性的静态成员，函数成员是用来描述对象属性的动态成员。

　　类的一般定义格式如下。

```
class <类名>
{
public:
    <数据成员或函数成员的说明>
protected:
    <数据成员或函数成员的说明>
private:
    <数据成员或函数成员的说明>
};
```

其中，class 是定义类的关键字，<类名>是一种标识符，类名的首字符通常大写。一对花括号内是类的说明部分，用来说明该类的成员。类的成员包含数据成员和函数成员两部分。从访问权限上来分，类的成员分为公有的(public)、私有的(private)和保护的(protected)三类。关键字 public、private 和 protected 被称为访问权限修饰符或访问控制修饰符。公有成员用 public 来说明，公有成员可以在任意函数中访问；私有成员用 private 来说明，私有成员只能在本类的成员函数中访问；保护成员用 protected 来说明，保护成员可以在本类及其派生类的成员函数中访问。

【**例 3-1**】一个日期类定义的例子。

程序代码如下：

```cpp
//e3_1.cpp
#include <iostream>
using namespace std;
class Date{                                     //定义日期类
public:
    void SetDate(int y, int m, int d){          //设置日期成员函数
        year = y;  month = m;  day = d;
    }
    int IsLeapYear(){                           //判定是否闰年成员函数
        return(year%4==0 && year%100!=0)||(year%400==0);
    }
    void Print(){                               //输出日期成员函数
        cout<<year<<"/"<<month<<"/"<<day<<endl;
    }
private:
    int year, month, day;                       //数据成员
};
void main(){
    Date today;                                 //定义日期对象
    today.SetDate(2015,9,1);
    today.Print();
}
```

程序运行结果：

2015/9/1

程序说明：

本例中定义日期类 Date，该类有三个 private 的数据成员 year、month 和 day，分别用来描述日期所对应的年、月和日；三个 public 的函数成员用来设置日期、判定是否闰年和输出日期。在 main()函数中，通过 Date 类定义了 today 对象，对象实际上就是类变量，通过对象和点运算符可以访问类的数据成员和函数成员。但是要注意，由于 public 成员可以在任意的函数中访问，所以在 main()函数中通过对象 today 访问成员函数 SetDate()和 Print()是合法的；由于 private 成员只能在本类的成员函数中访问，所以在 main()函数中通过对象 today 访问数据成员 year、month 或 day 都是不合法的，会发生编译错误。

3.1.2 成员函数的定义位置

上面的例子将类的成员函数的定义放在类定义中，但编程人员通常会将类的成员函数的定义和类的定义分开，类的定义中只保留成员函数的原型。类的定义通常归入头文件，称为类的接口；

类的成员函数的定义通常归入程序文件，称为类的实现；主函数所在的文件称为主程序文件。这样就形成了项目的多文件结构。

类的成员函数在类外定义时，函数名前要加上所在的类名和类区分符::，表示该函数不是一个普通的函数，而是一个类的成员函数。类的成员函数在类外定义时格式如下。

返回类型 类名::成员函数名（参数表）
{ //函数体 }

其中，双冒号::是类区分符，它说明成员函数从属于哪个类。

下面使用多文件结构来改写例 3-1。

```cpp
//Date.h
class Date{                                    //定义日期类
public:
    void SetDate(int y, int m, int d);         //设置日期成员函数
    int IsLeapYear();                          //判定是否闰年成员函数
    void Print();                              //输出日期成员函数
private:
    int year, month, day;                      //数据成员
};
//Date.cpp
#include <iostream>
#include "Date.h"
using namespace std;
void Date::SetDate(int y, int m, int d){       //设置日期成员函数
    year = y;
    month = m;
    day = d;
}
int Date::IsLeapYear(){                        //判定是否闰年成员函数
    return(year%4==0 && year%100!=0)||(year%400==0);
}
void Date::Print(){                            //输出日期成员函数
    cout<<year<<"/"<<month<<"/"<<day<<endl;
}
//e3_1_1.cpp
#include "Date.h"
void main(){
    Date today;                                //定义日期对象
    today.SetDate(2015,9,1);
    today.Print();
}
```

程序运行结果：

2015/9/1

程序说明：

本例中通过多文件结构定义和使用了日期类 Date，类的定义归入头文件 Date.h，类的实现归入程序文件 Date.cpp，主函数归入主程序文件 e3_1_1.cpp。由于在 Date.cpp 和 e3_1_1.cpp 中要使用 Date 类，所以我们通过编译预包含命令#include "Date.h"来包含相应的头文件。

3.1.3　内联成员函数

函数有内联函数（inline function）和非内联函数之分。为提高程序的执行效率和可读性，一般将只有几行代码的简单函数声明为内联函数。内联函数体中，不能有复杂的结构控制语句，如 switch 和 while 语句等。在类体内给出函数体定义的成员函数默认为内联函数。请看下面的例子。

```
class Date{                              //定义日期类
public:
    void SetDate(int y, int m, int d){      //设置日期成员函数
        year = y;
        month = m;
        day = d;
    }
    int IsLeapYear(){                        //判定是否闰年成员函数
        return(year%4==0 && year%100!=0)||(year%400==0);
    }
    void Print(){                            //输出日期成员函数
        cout<<year<<"/"<<month<<"/"<<day<<endl;
    }
private:
    int year, month, day;                    //数据成员
};
```

本例中，三个成员函数 SetDate()、IsLeapYear()和 Print()的函数体都是在类中定义的，所以即使没有用 inline 关键字来修饰，它们也默认是内联函数。

在类体外给出函数体的成员函数若要定义为内联函数，则必须加上关键字 inline 修饰。也就是说，如果想将一个成员函数在类定义体外定义，又希望将它定义为内联函数，则可以使用 inline 关键字来修饰，方法是在类定义体中成员函数原型前面加上 inline 修饰，或者在类定义体外成员函数定义时加上 inline 修饰，要注意的是，内联成员函数在类外定义时要将其和类定义一起归入头文件。例 3-1 再次改写如下。

```
//Date.h
#include <iostream>
using namespace std;
class Date{                              //定义日期类
public:
    void SetDate(int y,int m,int d);        //设置日期成员函数
    int IsLeapYear();                        //判定是否闰年成员函数
    void Print();                            //输出日期成员函数
private:
    int year, month, day;                    //数据成员
};
inline void Date::Print(){                //输出日期成员函数
    cout<<year<<"/"<<month<<"/"<<day<<endl;
}
//Date.cpp
#include "Date.h"
void Date::SetDate(int y,int m,int d){    //设置日期成员函数
    year = y;
    month = m;
```

```
        day = d;
    }
    int Date::IsLeapYear(){                    //判定是否闰年成员函数
        return(year%4==0 && year%100!=0)||(year%400==0);
    }
    //e3_1_2.cpp
    #include "Date.h"
    void main(){
        Date today;                            //定义日期对象
        today.SetDate(2015,9,1);
        today.Print();
    }
```

本例中将 Print()成员函数定义成了内联函数，应将其定义和类的定义一起归入头文件 Date.h，而 SetDate()和 IsLeapYear()这两个成员函数是非内联函数，它们的定义仍然放在类的实现文件中。

内联函数具有一般函数的特性，它与一般函数的不同之处在于函数调用的处理。一般函数进行调用时，要将程序执行权转到被调用函数中，然后再返回到调用它的函数中；而内联函数在调用时，是将调用表达式用内联函数体来替换，这样做从某种意义上可以提高程序的运行效率，同时保证程序的结构清晰。要说明的是，是否将一个函数定义为内联函数要看函数体的复杂性。一般来说，只有1～5行代码的简单函数才适合定义为内联函数，复杂的函数用了内联反而会降低效率。另外，内联函数的定义要放在头文件中，保证所有包含了该头文件的文件都能取得该函数的定义。

3.1.4 常量成员函数

变量和函数形参如果不允许修改，可用关键字 const 加以修饰。类例如下。

```
const double Pi = 3.14159265358;
void func(float a, const int b);
```

与此相同，类的对象用关键字 const 修饰后，便成为常量成员对象。例如：

```
const Date today;                    //定义常量日期对象
```

定义 today 为类 Date 的常量对象。

为什么需要常量成员函数？定义类的成员函数，有时要求一些成员函数的实现代码不可以改变类的数据成员的值，也就是说，这些函数是"只读"函数，这时可以将此类函数声明为常量成员函数。这样做可提高程序的可读性，也提高了程序的可靠性。已定义的常量成员函数，其函数实现中如果存在企图修改数据成员值的代码，编译器按错误处理。

在成员函数的形参表后面用 const 加以修饰，该成员函数就成为常量成员函数。举例如下。

```
void print() const;                    //输出日期常量成员函数
```

这是常量成员函数 print()的原型。在定义这个函数时，也要使用关键字 const。

```
void Date::print() const{              //输出日期常量成员函数
    cout<<year<<"/"<<month<<"/"<<day<<endl;
}
```

在一个常量成员函数内部不允许改变类的数据成员的值。非常量对象既可以调用非常量成员函数，也可以调用常量成员函数。常量对象能否调用非常量成员函数，因编译系统而异。

3.2　对象的创建和使用

3.2.1　对象的创建

　　用户存储空间分为程序区（代码区）、静态存储区（数据区）和动态存储区（栈区和堆区）。代码区存放程序代码，程序运行前就分配存储空间。数据区存放常量、静态变量（对象）、全局变量（对象）等，程序运行前就分配存储空间，一直保留到程序结束。栈区存放局部变量（对象）、函数参数、函数返回值和临时变量（对象）等，编译时程序在栈中留出一定的栈空间，程序运行时按先进后出原则进出栈区。堆区用来存放在程序运行过程中根据需要随时创建的变量（对象），创建在堆区的对象称为堆对象，当堆对象不再使用时，应予以删除，回收所占用的动态内存。创建和删除堆对象的方法是使用 new 和 delete 运算符。

　　例 3-1 中的 e3_1_2.cpp 改写如下。

```
#include "Date.h"
Date date1;                          //定义全局对象
void main(){
    date1.SetDate(2015,1,1);
    date1.Print();
    Date date2;                      //定义局部对象
    date2.SetDate(2015,6,12);
    date2.Print();
    Date date3[10];                  //定义对象数组
    for(int i=0; i<10; i++) date3[i].SetDate(2015,5,1);
    Date* pDate=new Date();          //创建一个动态对象
    pDate->SetDate(2015,8,8);
    pDate->Print();
    delete pDate;                    //释放动态对象
}
```

　　date1 为全局对象，在数据区分配存储空间；date2 为局部对象，在栈区分配存储空间；date3 为局部对象数组，在栈区分配存储空间；pDate 是指向动态对象的指针，该动态对象存储空间在堆区分配，该动态对象在使用完毕后必须通过 delete 运算符来释放。

3.2.2　对象作为函数参数和返回值

　　和普通变量一样，对象也可以作为函数的参数，一个函数也可以返回一个对象。函数参数是对象时，往往将其设为引用，引用的一个重要作用就是作为函数的参数。当函数调用是传值调用时，如果有对象作为参数传递，一种方法是使用指针，因为这样可以避免将整个对象全部压栈，可以提高程序的效率，另一种方法是使用引用（更常用），请看下面的例子。

　　【例 3-2】求两个三角形中面积较大者的周长和面积。

　　程序代码如下：

```
//Triangle.h
#include <iostream>
using namespace std;
```

```cpp
class Triangle{                                    //定义三角形类
public:
    void SetTriangle(int x, int y, int z);         //设置三角形成员函数
    double    GetArea();                           //求三角形面积
    int GetPerimeter();                            //求三角形周长
    void Print();                                  //输出三角形信息
private:
    int a,b,c;                                     //数据成员
};
//返回面积较大的三角形
Triangle & compare(Triangle & t1, Triangle & t2);
//Triangle.cpp
#include <math.h>
#include "Triangle.h"
void Triangle::SetTriangle(int x, int y, int z){   //设置三角形成员函数
    a = x;
    b = y;
    c = z;
}
double Triangle::GetArea(){                         //求三角形面积
    double s;
    s = (a + b + c)/2.0;
    return sqrt( s*(s-a)*(s-b)*(s-c));
}
int Triangle::GetPerimeter(){return (a + b + c); }  //求三角形周长
void Triangle::Print(){                             //输出三角形信息
    cout<<"the three side of the triangle is:"<<a<<','<<b<<','<<c<<endl;
    cout<<"the perimeter of the triangle is:"<<GetPerimeter()<<endl;
    cout<<"the area of the triangle is:"<<GetArea()<<endl;
}
Triangle & compare(Triangle & t1, Triangle & t2){
    if(t1.GetArea()>t2.GetArea())
        return t1;
    else
        return t2;
}
//e3_2.cpp
#include "Triangle.h"
void main(){
    Triangle t1;                                   //定义三角形对象
    t1.SetTriangle(4,5,6);
    Triangle t2;                                   //定义三角形对象
    t2.SetTriangle(7,8,9);
    Triangle & max = compare(t1,t2);
    max.Print();
}
```

程序运行结果：

```
the three side of the triangle is:7, 8, 9
the perimeter of the triangle is:24
the area of the triangle is:26.8328
```

程序说明：

本例中定义了一个求两个三角形面积较大者的函数 compare()，该函数有两个参数，这两个参数都是 Triangle 类对象的引用，函数返回面积较大的三角形对象，返回值也是对 Triangle 类对象的引用。

3.2.3 this 指针

例 3-2 中，有下面的语句。

```
Triangle t1;              //定义三角形对象
t1.SetTriangle(4,5,6);
Triangle t2;              //定义三角形对象
t2.SetTriangle(7,8,9);
```

其中，SetTriangle()成员函数的作用是设置三角形对象的三条边，在该函数执行过程中，编译器如何知道给哪个对象的数据成员赋值呢？

要理解这个问题，首先要理解 this 指针。实际上，类中所有成员函数（后面要介绍的静态成员函数除外）都隐含了第一个参数，这个隐含的第一个参数就是 this 指针，所以 SetTriangle()成员函数表面上有 3 个参数，实际上有 4 个参数。它的函数原型如下。

```
void SetTriangle(Triangle * this, int x, int y, int z);
```

成员函数被调用一般采用"对象.成员函数"的形式，系统会将当前对象的地址作为实际参数传给 this 指针，也就是说 t1.SetTriangle(4,5,6)相当于 t1.SetTriangle(&t1,4,5,6)。在成员函数实现代码中，所有对类的数据成员的操作都隐含为对 this 指针所指对象的数据成员的操作，所以 SetTriangle()函数的实现也可以写成如下形式。

```
void Triangle::SetTriangle(Triangle * this, int x, int y, int z){
    this->a = x;      //或者(*this).a = x;
    this->b = y;      //或者(*this).b = y;
    this->c = z;      //或者(*this).c = z;
}
```

可见类成员函数（静态成员函数除外）都隐含了第一个参数 this 指针，正因为如此，在成员函数实现代码中，数据成员前面的 this->也往往省略。哪个对象调用其成员函数，this 指针就指向哪个对象。下面将例 3-2 中比较两个三角形面积大小的函数 compare()改写为类的成员函数，修改后如下。

```
//Triangle.h
#include <iostream>
using namespace std;
class Triangle{                                 //定义三角形类
public:
    void SetTriangle(int x, int y, int z);      //设置三角形成员函数
    double GetArea();                           //求三角形面积
    int GetPerimeter();                         //求三角形周长
    void Print();                               //输出三角形信息
    Triangle & compare(Triangle & t);           //返回面积较大的三角形
private:
    int a, b, c;                                //数据成员
};
//Triangle.cpp
```

```
#include <math.h>
#include "Triangle.h"
void Triangle::SetTriangle(int x, int y, int z) {//设置三角形成员函数
    a = x;
    b = y;
    c = z;
}
double Triangle::GetArea(){                      //求三角形面积
    double s;
    s = (a+b+c)/2.0;
    return sqrt( s*(s-a)*(s-b)*(s-c) );
}
int Triangle::GetPerimeter(){                    //求三角形周长
    return (a+b+c);
}
void Triangle::Print(){                          //输出三角形信息
    cout<<"the three side of the triangle is:"<<a<<','<<b<<','<<c<<endl;
    cout<<"the perimeter of the triangle is:"<<GetPerimeter()<<endl;
    cout<<"the area of the triangle is:"<<GetArea()<<endl;
}
Triangle & Triangle::compare(Triangle & t){
    if(GetArea()>t.GetArea())
        return (*this);
    else
        return t;
}
//e3_2.cpp
#include "Triangle.h"
void main(){
    Triangle t1;                                 //定义三角形对象
    t1.SetTriangle(4,5,6);
    Triangle t2;                                 //定义三角形对象
    t2.SetTriangle(7,8,9);
    Triangle & max = t1.compare(t2);
    max.Print();
}
```

由于将函数 compare()改写成了类成员函数，所以它只需要一个参数（实际上还是两个参数，只不过第一个参数 this 指针隐含了）。另外，函数实现代码也发生了变化，其中的 if(GetArea() >t.GetArea())相当于 if((*this).GetArea()>t.GetArea())，若该条件成立，返回当前对象，即*this，否则，返回参数对象 t。在 main()函数中，由于 compare()是类成员函数，所以调用它必须通过对象来调用，使用 t1.compare(t2)形式，当前对象是 t1，参数是 t2 对象。

3.3 构造函数的概念和使用

3.3.1 为什么引入构造函数

例 3-1 通过 Date today 定义日期对象，然后通过 today.SetDate(2015,9,1)为该日期对象的数据成员赋初值；同样，例 3-2 通过 Triangle t1 定义三角形对象，然后通过 t1.SetTriangle(4,5,6)为其数

据成员赋初值。两种情况都是先定义一个对象，然后再对其赋初值，这种模式显然不符合客观规律，因为当一个对象已经客观存在（定义后就已经存在），它就应该具备相关属性值，而不应该再为其赋初值。能否有一种机制，在一个类对象定义的同时，为其数据成员自动赋相应的初值？为了做到这一点，C++引入了构造函数的概念。

构造函数是与所在类同名的成员函数，在创建类对象的过程中由系统自动调用，因此可以将创建的对象的初始化工作放在构造函数中完成，C++引入构造函数的本意就在于此。在使用时注意，构造函数不允许像其他成员函数那样由用户直接调用（显式调用），因为只要调用一次构造函数，就立即创建一个新对象。

【例 3-3】用构造函数改写日期类。

程序代码如下：

```cpp
//e3_3.cpp
#include <iostream>
using namespace std;
class Date{                            //定义日期类
public:
    Date(){                            //不带参数的构造函数
        year = 2015;
        month = 1;
        day = 1;
    }
    Date(int y, int m, int d){         //带参数的构造函数
        year = y;
        month = m;
        day = d;
    }
    void SetDate(int y, int m, int d){ //设置日期成员函数
        year = y;
        month = m;
        day = d;
    }
    int IsLeapYear(){                  //判定是否闰年成员函数
        return(year%4==0 && year%100!=0)||(year%400==0);
    }
    void Print(){                      //输出日期成员函数
        cout<<year<<"/"<<month<<"/"<<day<<endl;
    }
private:
    int year, month, day;              //数据成员
};
void main(){
    Date today;                        //创建日期对象
    Date tomorrow(2015,8 ,6);          //创建日期对象
    today.Print();
    tomorrow.Print();
}
```

程序运行结果：

```
2015/1/1
2015/8/6
```

程序说明：

本例中并没有通过调用SetDate()成员函数来为today 和tomorrow两个日期对象的数据成员赋值，为什么这两个日期对象的数据成员都有确定的值？原因是程序中重载了两个构造函数，由于构造函数在创建类对象时由系统自动调用，所以在创建 today 对象时自动调用了不带参数的构造函数，创建 tomorrow 对象时自动调用了带参数的构造函数，通过这两个构造函数的自动调用给对象的数据成员赋以初值。构造函数的特点如下。

（1）构造函数是与所在类同名的成员函数。

（2）构造函数无返回值。

（3）构造函数可以重载。

（4）构造函数的作用是为创建的类对象的数据成员赋初值。

（5）构造函数在创建类对象时由系统自动调用，而不允许像其他成员函数那样由用户直接调用。

（6）构造函数一般是类的公用(public)成员。

（7）系统默认的构造函数为 X(){}，即空构造函数。

3.3.2　重载构造函数

和一般函数可以重载一样，类的构造函数也可以重载，重载的构造函数可以构造不同状态的对象。

【例 3-4】重载构造函数。

程序代码如下：

```cpp
//Complex.h
class Complex{                    //复数类
private:
    double re;                    //实部
    double im;                    //虚部
public:
    Complex();                    //第 1 个构造函数
    Complex(double r);            //第 2 个构造函数
    Complex(double r, double i);  //第 3 个构造函数
    void Display();
};
//Complex.cpp
#include <iostream>
#include "Complex.h"
using namespace std;
Complex::Complex(){
    re = 0;
    im = 0;
}
Complex::Complex(double r){
    re = r;
    im = 0;
}
Complex::Complex(double r, double i){
    re = r;
    im = i;
```

```
}
void Complex::Display(){
    cout<<re<<" + "<<im<<'i'<<endl;
}
//e3_4.cpp
#include "Complex.h"
void main(){
    Complex c1;                    //定义复数对象,调用 Complex()
    Complex c2(3);                 //定义复数对象,调用 Complex(double r)
    Complex c3(5, 6);              //定义复数对象,调用 Complex(double r, double i)
    c1.Display();
    c2.Display();
    c3.Display();
}
```

程序运行结果:

```
0 + 0i
3 + 0i
5 + 6i
```

程序说明:

重载了三个构造函数,第一个构造函数是无参构造函数,第二个构造函数带有 1 个参数,第三个构造函数带有 2 个参数。既然构造函数可以重载,那么在创建对象时到底调用哪一个构造函数呢? 实际上,编译器会根据创建对象时的实参去调用相应的构造函数,所以创建对象 c1、c2 和 c3 时编译器会分别自动调用第一、第二和第三个构造函数。

可以使用多种方式来初始化一个对象,比如在构造一个复数对象时,可以使用以下方式。

```
Complex c2 = 3;                //创建复数对象,调用 Complex(double r)
Complex c3(5, 6);              //创建复数对象,调用 Complex(double r, double i)
Complex c3 = Complex(5, 6);//创建复数对象,调用 Complex(double r, double i)
```

第一种形式只能用于构造函数有 1 个参数的情况,后面两种形式可以用于构造函数有多个参数的情况。另外,不使用参数构造对象时,只能用下面的形式。

```
Complex c1;                          //创建复数对象,调用 Complex()
```

不能使用下面的形式。

```
Complex c1();                        //不正确的定义对象方式
```

3.3.3 默认参数的构造函数

普通函数可以有默认参数,构造函数也可以使用默认参数,在一个类的构造函数中使用默认参数可以减少构造函数重载个数。例如,上面的 Complex 类的例子使用了 3 个构造函数。

```
Complex();                          //第 1 个构造函数
Complex(double r);                  //第 2 个构造函数
Complex(double r, double i);        //第 3 个构造函数
```

可以使用一个带有默认参数的构造函数来实现这 3 个构造函数的功能,这个带有默认参数的构造函数原型和函数实现如下。

```
Complex(double r = 0, double i = 0);        //带有默认参数的构造函数原型
Complex::Complex(double r, double i){        //带有默认参数的构造函数实现
    re = r;
    im = i;
}
```

C++规定，任何一个类都必须有构造函数，若一个类（类名为 X）没有定义构造函数，则系统会提供一个默认构造函数 X(){}，该构造函数是个无参构造空函数。默认构造函数也可理解为参数表为空或者所有参数都有默认值的构造函数。要注意的是，一旦用户在类中自定义了构造函数，系统提供的默认构造函数就不再存在，此时如果还需要用无参默认构造函数来构造对象，则必须自己定义一个无参构造函数。以下面的复数类为例。

```
class Complex{    //复数类
private:
    double re;    //实部
    double im;    //虚部
public:
    Complex(double r){
        re = r;
        im = 0;
    }
};
```

在这个类中，由于定义了 1 个带 1 个参数的构造函数，所以系统提供的无参默认构造函数就不再存在了，因此，用以下几种方式构造对象都是不正确的。

```
Complex c;                    //错误，需要调用无参数的构造函数
Complex arr[10];            //错误，需要调用无参数的构造函数
Complex *pc = new Complex;    //错误，需要调用无参数的构造函数
```

用这几种方式构造对象，都需要调用无参构造函数，但此时无参默认构造函数系统已经不再提供了，所以编译会报错。为了纠正这个错误，可以自定义一个无参构造函数。

3.3.4　复制构造函数

例 3-4 使用以下的几种方式来构造对象。

```
Complex c1;        //创建复数对象,调用 Complex()
Complex c2(3);        //创建复数对象,调用 Complex(double r)
Complex c3(5, 6); //创建复数对象,调用 Complex(double r, double i)
```

现在的问题是，假使想用一个已经存在的复数对象来构造一个新复数对象，例如，使用下面的方式来创建新复数对象 c4。

```
Complex c4(c2);    //创建复数对象 c4
```

这种创建对象的方式是通过一个已存在的对象来创建（复制、克隆）一个新对象，根据前面的知识，对象创建时会自动调用构造函数，那么 c4 对象创建时调用哪一个构造函数呢？实际上 c4 在创建时调用的并不是例 3-4 中重载的三个构造函数，而是一种特殊的构造函数，称为复制构造函数。

如果构造函数的参数是同类对象的引用，这种构造函数称为复制构造函数。同构造函数一样，

若在类中没有定义复制构造函数，则系统会提供一个默认的复制构造函数，该默认的复制构造函数会自动完成将一个已知对象的数据成员复制到另一个对象中的所有操作。复制构造函数是构造函数的一种，具备构造函数的特点，另外它自己还有一个显著特点：复制构造函数只有 1 个参数，并且该参数是该类对象的引用。

复制构造函数的定义格式如下。

```
类名::类名(类名 & 引用名){   …      //函数体   }
```

复制构造函数在以下情况下被自动调用：用一个对象初始化另一个同类对象；一个对象作为参数传递给一个函数；一个对象作为值从函数返回之前，该对象被复制到栈区；函数调用结束后，栈区中的返回对象被复制给主调程序的对象。

在例 3-4 中，由于没有定义复制构造函数，所以系统提供默认复制构造函数如下。

```
Complex(Complex & src){    *this = src; }
```

系统提供的默认复制构造函数有时能完成相应的工作，不一定需要在类中自定义一个复制构造函数。但是在另一些情况下，系统提供的默认复制构造函数不能满足要求，需要在类中自定义一个复制构造函数，例如，对象有一些指针成员。

【例 3-5】一个数组类的例子。

程序代码如下：

```cpp
//Array.h
#include <iostream>
using namespace std;
class Array{
    int * a;                     //指向动态数组的指针
    int n;                       //数组大小
public:
    Array(int aa[],int nn);      //构造函数
    ~Array();                    //析构函数
    int Lenth(){ return n; }     //取数组大小
    void Print(){                //输出数组
        for(int i=0; i<n; i++)
            cout<<a[i]<<' ';
        cout<<endl;
    }
};
//Array.cpp
#include "Array.h"
Array::~Array(){                 //析构函数
    delete[] a;
}
Array::Array(int aa[],int nn){   //构造函数
    n = nn;
    a = new int[n];
    for(int i=0; i<n; i++)
        a[i] = aa[i];
}
//e3_5.cpp
#include <iostream>
#include "Array.h"
```

```
using namespace std;
void main(){
    int aa[6] = {1,2,3,4,5,6};
    Array a1(aa,6);
    Array b1(a1);
    cout<<a1.Lenth()<<endl;
    cout<<b1.Lenth()<<endl;
    a1.Print();
    b1.Print();
}
```

程序运行结果：

```
6
6
1 2 3 4 5 6
1 2 3 4 5 6
```

程序说明：

本例中出现的~Array()函数称为析构函数，后文中将有介绍。在 main()函数中定义两个数组对象 a1 和 b1，对象 b1 是通过 a1 来创建的，创建 b1 时将调用默认的复制构造函数，该默认的复制构造函数如下。

```
Array(Array & src){
    *this = src;
}
```

其中的 *this = src 等价于以下语句组。

```
(*this).a = src.a;
(*this).n = src.n;
```

所以在通过 Array b1(a1)语句创建 b1 时，调用默认的复制构造函数，实际上等价于以下语句组。

```
b1.a = a1.a;
b1.n = a1.n;
```

图 3.1 是对象 a1 和 b1 的指针成员 a 在内存中的示意图。

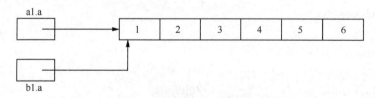

图 3.1 默认的复制构造函数完成的"浅复制"

由于默认的复制构造函数完成将一个对象的数据成员复制到另一个对象中的操作，所以 b1.a 和 a1.a 这两个指针会指向同一个数组型动态（堆）空间，这样完成复制的效果称为"浅复制"，默认的复制构造函数只能完成"浅复制"。由于动态空间使用完毕后要用 delete 语句（本例是在析构函数中完成）交还给堆内存，所以"浅复制"会造成同一数组型动态空间被析构两次的情况，导致程序出错。

在对象有指针数据成员的情形下，我们希望两个对象的指针成员指向的是不同的动态空间，而且这两个动态空间的值保持一致，如图 3.2 所示，这种效果称为"深复制"。为了达到"深复制"

的效果，必须自定义复制构造函数，本例中自定义复制构造函数原型实现如下。

```
Array::Array(Array & aa){              //复制构造函数
    n = aa.n;
    a = new int[n];
    for(int i=0; i<n; i++) a[i] = aa.a[i];
}
```

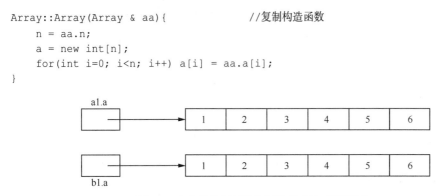

图 3.2　自定义的复制构造函数完成的"深复制"

可见，复制构造函数一般用在对象的数据成员中有指针的情况。当数据成员是指针时，默认的复制构造函数只能完成"浅复制"，"浅复制"使两个指针指向同一内存空间，这样当两个对象的生存期结束时，同一内存空间会被释放（析构）两次，导致程序出错。在复制对象时，我们希望获得"深复制"的效果，为达到"深复制"，必须自定义复制构造函数。

3.3.5　成员初始化参数表

前面在构造函数中对数据成员进行初始化都是采用赋值语句完成的，实际上在构造函数中对数据成员进行初始化的方法有两种：方法 1，在构造函数的函数体中用赋值语句完成；方法 2，使用成员初始化参数表（简称初始化表）。

```
class Class1{
public:
    Class1(){ d=10; }        //方法1
protected:
    int d;
};
class Class2{
public:
    Class2():d(10){ }        //方法2
protected:
    int d;
};
```

初始化表以:开头，由多个以逗号分隔的初始化项构成，放在构造函数的()之后。初始化表格式如下。

数据成员 1（初始值 1），数据成员 2（初始值 2），…

带有初始化表的构造函数执行时，首先执行初始化表，然后执行函数体。例如，下面的构造函数

```
Complex::Complex(double r, double i){
    re = r;
    im = i;
}
```

可以改写为

```
Complex::Complex(double r, double i):re(r),im(i){}
```

（1）类中的简单数据成员初始化时，既可以使用赋值语句，也可以使用初始化表。举例如下。

```
class Class1{
public:
    Class1(){d1 = 10;d2 = 20;}    //方法1
protected:
    int d1;
    int d2;
};
class Class2{
public:
    Class2():d1(10),d2(20){}        //方法2
protected:
    int d1;
    int d2;
};
```

（2）类中的常量数据成员和引用数据成员初始化只能使用初始化表。举例如下。

```
class Sillyclass{
public:
    Sillyclass(int & i):tea(10),refi(i){} //方法2
protected:
    const int tea;                      //常量数据成员
    int & refi;                         //引用数据成员
};
```

（3）类中的对象成员初始化只能使用初始化表。

一个类中的数据成员是另外一个类的对象，这样的数据成员为对象成员，类中对象成员的初始化只能通过初始化表进行。若没有在初始化表中使对象成员初始化，则系统默认调用该类的无参构造函数使之初始化。举例如下。

```
#include <iostream.h>
class A{
private:
    int a1,a2;
public:
    A(){ a1 = 0; a2 = 0; }
    A(int i,int j){ a1 = i; a2 = j; }
};
class B{
private:
    int b1,b2;
    A a;                            //对象成员
public:
    B():a(){ b1 = 0; b2 = 0; }
    B(int m,int n,int k,int l):a(m,n){ b1 = k; b2 = l; }
};
void main(){
    A ma1,ma2(1,2);
    B mb1,mb2(1,2,3,4);
}
```

类 B 中的数据成员 a 是另外一个类 A 的对象，称 a 是对象成员，构造函数中对 a 的初始化只能通过初始化表进行，如 B():a(){b1=0;b2=0;}。注意：在初始化表中使对象成员初始化时，若没有实参，则整个初始化项可以省略，即写成 B(){b1=0;b2=0;}。虽然可以写成 B(){b1=0;b2=0;} 的形式，但初始化项 a() 仍然是存在的，也就是说，执行该构造函数时，仍然会先执行初始化项 a()，即调用类 A 的无参构造函数来构造对象成员 a，然后再执行函数体。

3.4　析构函数的概念和使用

3.4.1　为什么引入析构函数

C++ 中提供了析构函数，析构函数在一个对象退出生存期时被系统自动调用，因此可以将对象消亡前需要做的一些工作定义在析构函数中。在析构函数中，可以释放该对象占用的一些资源，比如说该对象有指针成员，该指针成员在程序运行过程中申请了动态空间，这些动态空间在对象消亡前要进行释放，这样的操作就可以在析构函数中完成。如果在类中没有定义析构函数，则系统自动为类提供一个默认析构函数，这个析构函数的函数体是空的，什么也不做。

例如，在例 3-5 中，由于 Array 类有指针成员 a，该指针成员在程序运行过程中申请了动态空间，所以自定义析构函数如下。

```
Array::~Array(){ delete[] a; }              //析构函数
```

由于析构函数是在对象消亡时由系统自动调用的，所以将释放指针成员 a 所指向的动态空间的操作放在析构函数中最为合适。

3.4.2　析构函数的使用

与构造函数相似，析构函数也是特殊的成员函数：其名字与类名相同，在名字之前冠以符号~。与构造函数作用相反，析构函数用来撤销一个对象，回收它所占用的内存。除此之外，用户自定义析构函数还可以做其他一些工作。析构函数特点如下。

（1）函数名同类名，函数名前加~。

（2）析构函数无返回类型，无参数，不能重载，访问权限一般为 public。

（3）析构函数在对象消亡时由系统自动调用。

（4）非动态对象在程序执行离开它的作用域时自动被撤销；动态对象需使用 delete 操作撤销。

（5）如果类中未定义析构函数，系统将自动提供一个默认析构函数~X(){}。

（6）析构函数调用次序与构造函数调用次序相反，即后构造的对象先析构。

【例 3-6】析构函数与构造函数两者的调用次序相反。

程序代码如下：

```
//e3_6.cpp
#include <iostream>
using namespace std;
class Test{
private:
    int num;
public:
```

```
        Test(int a){
            num = a;
            cout<<"第"<<num<<"个 Test 对象的构造函数被调用"<<endl;
        }
        ~Test(){
            cout<<"第"<<num<<"个 Test 对象的析构函数被调用"<<endl;
        }
    };
    void main(){
        cout<<"进入 main 函数"<<endl;
        Test t[4] = {0,1,2,3};  //定义 4 个对象,分别以 0,1,2,3 赋给构造函数的形参 a
        cout<<"main 函数在运行中"<<endl;
        cout<<"退出 main 函数"<<endl;
    }
```

程序运行结果:

进入 main 函数
第 0 个 Test 对象的构造函数被调用
第 1 个 Test 对象的构造函数被调用
第 2 个 Test 对象的构造函数被调用
第 3 个 Test 对象的构造函数被调用
main 函数在运行中
退出 main 函数
第 3 个 Test 对象的析构函数被调用
第 2 个 Test 对象的析构函数被调用
第 1 个 Test 对象的析构函数被调用
第 0 个 Test 对象的析构函数被调用

3.5 堆对象的概念和使用

如前所述,C++中程序的内存区域分为代码区、栈区、数据区和堆区。堆区用来存放在程序运行期间根据需要随时创建的变量(对象),创建在堆区的对象称为堆对象,当堆对象不再使用时,应予以删除,回收所占用的动态内存。创建和删除堆对象的方法是使用 new 和 delete 运算符。

3.5.1 创建和删除单个堆对象的方法

1. 创建单个堆对象
格式 1: ptr = new 类名;
格式 2: ptr = new 类名(d1, d2,…);
ptr 是指向该对象的指针,d1, d2,…是初始化该对象的参数。格式 1 创建堆对象时将自动调用无参构造函数,格式 2 创建堆对象时将自动调用带参构造函数。

2. 删除单个堆对象
格式: delete 指针名;
【例 3-7】创建单个堆对象和删除单个堆对象的例子。
程序代码如下:

```
//Complex.h
class Complex{                          //复数类
private:
    double re;                          //实部
    double im;                          //虚部
public:
    Complex();                          //第 1 个构造函数
    Complex(double r);                  //第 2 个构造函数
    Complex(double r, double i);        //第 3 个构造函数
    void Display();
};
//Complex.cpp
#include <iostream>
#include "Complex.h"
using namespace std;
Complex::Complex(){
    re = 0;
    im = 0;
}
Complex::Complex(double r){
    re = r;
    im = 0;
}
Complex::Complex(double r, double i){
    re = r;
    im = i;
}
void Complex::Display(){
    cout<<re<<" + "<<im<<'i'<<endl;
}
//e3_7.cpp
#include <iostream>
#include "Complex.h"
using namespace std;
void main(){
  Complex * pc1 = new Complex;         //创建复数对象,调用 Complex()
  Complex * pc2 = new Complex(3);      //创建复数对象,调用 Complex(double r)
  Complex * pc3 = new Complex(5, 6);   //创建复数对象,调用 Complex(double r, double i)
  pc1->Display();                       //(*pc1).Display();
  pc2->Display();                       //(*pc2).Display();
  pc3->Display();                       //(*pc3).Display();
  delete pc1;
  delete pc2;
  delete pc3;
}
```

程序说明:

在 main()函数中, pc1、pc2 和 pc3 这 3 个指针所指的 Complex 对象都是在堆中创建的, 所以函数结束时要使用 delete 运算符来释放 3 个对象所在的动态空间。

3.5.2　创建和删除堆对象数组的方法

1.　创建堆对象数组

格式：ptr = new 类名[数组维数];

ptr 是指向堆对象数组起始单元的指针。

2.　删除堆对象数组

格式：delete [] 指针名;

指针名是申请堆内存时所用的指针，删除对象数组时，delete 后面的方括号不可少。

将例 3-7 进行改写，Complex.h 和 Complex.cpp 文件不变，得到创建堆对象数组和删除堆对象数组的例子。

```cpp
#include "Complex.h"
void main(){
    Complex * pc = new Complex[3];   //创建复数对象数组,三次调用Complex()
    for(int i=0; i<3; i++)
        (pc+i)->Display();              //(*(pc+i)).Display();
    delete[] pc;
}
```

程序说明：

在 main()函数中，pc 指针所指的 Complex 对象数组在堆中创建，所以函数结束时，要使用 delete 运算符来释放堆对象数组所在的动态空间。另外，要注意通过 new Complex[3]创建对象数组时不能带上初值来对对象数组进行初始化。

3.6　静态数据成员和静态成员函数

3.6.1　为什么需要静态数据成员

在 C++中定义了类后，可以创建该类的多个对象，但各个对象都拥有自己的数据成员，对应不同的存储空间，各个对象相互独立。换句话说，同一个类的不同对象无法拥有占据相同存储空间的公共数据成员。当然可以把需要共享的数据成员定义成全局变量，但这样做破坏了类的封装特性，不利于信息隐藏。

假设有下面的学生类。

```cpp
class Student{            //学生类
public:
    Student();
    Student(char *,char *,int);
    ~Student();
private:
    char name[20];        //姓名
    char id[20];          //学号
    int score;            //成绩
    int total;            //学生对象计数
};
```

该学生类中有 4 个数据成员，分别表示学生的姓名、学号、成绩和学生对象计数。假设创建
3 个对象如下。

```
Student a("Wang Tao","8718001",70);
Student b("Yang Ling","8718002",80);
Student c("Liu XiaoLu","8718003",90);
```

图 3.3 是 Student 类的 3 个对象在内存中的布局示意图。

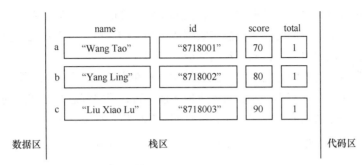

图 3.3　Student 类的 3 个对象在内存中的布局

从图 3.3 中可以看出，创建的 3 个对象的数据成员 total 值都是 1，这显然没有达到统计学生
个数的目的。另外，为每个对象分配一个 4 字节单元存放该数据显然浪费内存。为了达到计数目
的，同时节约内存资源，应该让数据成员 total 被 Student 类的每个对象共享。

用关键字 static 把这个数据成员定义成静态数据成员(static data member)。

```
class Student{                  //学生类
public:
    Student();
    Student(char *,char *,int);
    ~Student();
private:
    char name[20];              //姓名
    char id[20];                //学号
    int score;                  //成绩
    static int total;           //学生对象计数——静态数据成员
};
int Student::total = 0;         //静态数据成员的初始化
```

创建 3 个对象，带有静态数据成员的 3 个对象在内存中的布局如图 3.4 所示。

图 3.4　带有静态数据成员的 3 个对象在内存中的布局

静态数据成员 total 存储在内存的数据区，被 Student 类的各个对象共享。这样既达到了计数目的，也节约了内存资源。一般可以将被所有对象共享的数据成员定义为静态数据成员，例如，用来保存流动变化的对象个数(如学生类中的学生对象计数)，指向一个链表第 1 个成员或最后 1 个成员的指针(如 pFirst 和 pEnd)，银行账号类中的年利率等。

3.6.2 静态数据成员的访问和初始化

静态数据成员是同类每个对象所共享的，是属于整个类的，不为某个对象所独有，尽管每个对象内部都存在这个成员，因此经常说静态数据成员是类的成员。静态数据成员空间分配不在构造函数内完成，空间回收也不在析构函数内完成。

既然静态数据成员的空间分配（定义或初始化）不在构造函数内完成，那如何初始化呢？静态数据成员的初始化应在类声明外并在对象生成之前进行；或将静态数据成员的初始化放入类的内部实现部分。为静态数据成员分配内存和进行初始化的格式如下。

数据类型 类名::静态数据成员名 [= 初始值];　　　　　//不能添加关键字 static

公有静态数据成员可在类的外部访问，保护或私有静态数据成员只可在类的内部访问。如果静态数据成员是私有的，则要通过公有成员函数间接访问。如果静态数据成员是公有的，则可以用以下三种方法直接访问。

方式 1：用对象名。

格式：对象名.静态数据成员

方式 2：用指向对象的指针。

格式：指向对象的指针 -> 静态数据成员

方式 3：用类名。

格式：类名::静态数据成员

以上方式中，最常用的是方式 3，用类名来引导。

【例 3-8】Student 类的完整定义和实现。

程序代码如下：

```
//Student.h
class Student{                      //学生类
public:
    Student();                      //构造函数
    Student(char *,char *,int);     //构造函数
    ~Student();                     //析构函数
private:
    char name[20];                  //姓名
    char id[20];                    //学号
    int score;                      //成绩
public:
    static int total;               //学生对象计数——静态数据成员
};
//Student.cpp
#include <string.h>
#include "Student.h"
Student::Student(){                 //构造函数
    strcpy(name,"noname");
```

```
    strcpy(id,"0000000");
    score = 0;
    total++;                              //构造函数被调用，表明有学生对象创建
}
Student::Student(char * name,char * id,int score){       //构造函数
    strcpy(this->name,name);
    strcpy(this->id,id);
    this->score=score;
    total++;                              //构造函数被调用，表明有学生对象创建
}
Student::~Student(){ total--; }       //析构函数被调用，表明有学生对象减少
//e3_8.cpp
#include <iostream>
#include "Student.h"
using namespace std;
int Student::total = 0;                           //静态数据成员的初始化
void main(){
    Student a("Wang Tao","201518001",70);         //创建局部对象a，total 值应为1
    Student b("Yang Ling","201518002",80);        //创建局部对象b，total 值应为2
    Student c("Liu XiaoLu","201518003",90);       //创建局部对象c，total 值应为3
    cout<<"number of student: "<<Student::total<<endl;//total 值应为3
    Student * pd = new Student();                  //创建堆对象，total 值应为4
    cout<<"number of student: "<<Student::total<<endl;        //total 值应为4
    Student * pe = new Student("Liang Wei","201518004",60);   //total 值应为5
    cout<<"number of student: "<<Student::total<<endl;        //total 值应为5
    delete pd;             //删除堆对象，total 值应为4
    cout<<"number of student: "<<Student::total<<endl;        //total 值应为4
    delete pe;             //删除堆对象，total 值应为3
    cout<<"number of student: "<<Student::total<<endl;        //total 值应为3
}
```

程序运行结果：

```
number of student: 3
number of student: 4
number of student: 5
number of student: 4
number of student: 3
```

3.6.3 静态成员函数的概念和使用

类的静态成员分为静态数据成员和静态成员函数两种，前面介绍了静态数据成员的初始化和使用方法，例 3-8 将静态数据成员 total 定义为 public，即公有成员，是为了在 main()函数中可以访问它。但一般来说类的数据成员常被定义为 private，即私有成员，例 3-8 若将 total 定义为 private，程序在编译时就会出错，原因是在外部函数中不能直接访问类的 private 静态数据成员。

```
void main(){
    Student a("Wang Tao","201518001",70);         //创建局部对象a，total 值为1
    ...
    //错误，不能直接访问类的 private 静态数据成员
    cout<<"number of student: "<<Student::total<<endl;
}
```

以上错误的解决方法是定义相应的公有成员函数,通过函数去间接地访问私有静态数据成员,此时可以将该成员函数定义为静态的。

```
//Student.h
class Student{                          //学生类
public:
    static int GetStudentTotal(){ return total; }    //静态成员函数
    //其他公有成员函数
private:
    static int total;                   //学生对象计数——静态数据成员
    //其他私有数据成员
};
```

这样,在 main()函数中就可以通过静态成员函数来访问类的静态数据成员。

【例 3-9】通过静态成员函数来访问类的静态数据成员。

程序代码如下:

```
//e3_9.cpp
#include <iostream>
#include "Student.h"
using namespace std;
int Student::total=0;                    //静态数据成员的初始化
void main(){
 Student a("Wang Tao","201518001",70);    //创建局部对象 a, total 值应为 1
 ...
 cout<<"number of student: "<<Student::GetStudentTotal()<<endl;//total 值应为 3
 Student * pd=new Student();              //创建堆对象, total 值应为 4
 cout<<"number of student: "<<Student::GetStudentTotal()<<endl;//total 值应为 4
 ...
}
```

同静态数据成员一样,静态成员函数也是同类每个对象所共享的,所以说静态成员函数是类的成员,访问静态成员函数常用类名来引导,一般不用对象名来引导。使用静态成员函数时,要注意以下几点。

(1)静态成员函数只能访问类的静态数据成员,不能访问类的非静态数据成员。因为静态成员函数是类的成员,不涉及具体的对象,访问静态成员函数常用类名引导。

(2)非静态成员函数可以访问类的静态数据成员,也可以访问非静态数据成员,因为类的静态成员总是存在的。

(3)静态成员函数和非静态成员函数,最主要的差别是非静态成员函数隐含了第一个参数 this 指针,静态成员函数不含 this 指针。

3.7 友元函数和友元类

3.7.1 友元的概念和使用

一个普通函数、一个类成员函数或一个类可能需要经常访问另一个类中的数据,由于不能直接访问另一个类的私有数据成员，必须通过调用公用成员函数来实现，所以访问效率很低。为了提高访问效率，C++允许在一个类中把一个普通函数或另一个类的成员函数或另一个类声明为它的友元函数或友元类。被声明为一个类的友元函数或友元类后，就具有了直接访问该类的保护或私有成员的特权。

声明友元函数或友元类的语句以关键字 friend 开始，后跟一个函数或类的声明。

声明普通函数为友元函数。

```
void f1(int x,float y){…}            //普通函数
class AAA{
    //…
    friend void f1(int x,float y);   //将普通函数 f1 声明为类 AAA 的友元函数
private:
    int z;
};
```

普通函数 f1(int x,float y)被声明为类 AAA 的友元函数后，就具有了访问类 AAA 的私有数据成员 z 的特权。

声明成员函数为友元函数，声明类为友元类。

```
class A;                  //类的前向声明
class B{
    //…
    void fb();
};
class C{
    //…
    friend void B::fb();   //将类 B 中的成员函数 fb 声明为类 C 的友元函数
    friend class A;        //将类 A 声明为类 C 的友元类
};
```

成员函数 fb 被声明为类 C 的友元函数后，就具有了访问类 C 的保护或私有数据成员的特权。类 A 被声明为类 C 的友元类后，类 A 的每个成员函数都具有访问类 C 的保护或私有数据成员的特权。

下面是一个模拟银行办公的例子。用一个队列来模拟银行中客户排队等待被服务，队列中的每一个元素用一个客户类 Customer 的对象来表示。Customer 类有两个数据成员 account 和 amount，分别表示账号和金额。队列遵循先到先处理的原则。队列类 BankQueue 中的函数要经常访问 Customer 类的私有数据成员 account 和 amount，所以将 BankQueue 类定义为 Customer 类的友元类，这样 BankQueue 类的所有成员函数就具有直接访问 Customer 类的私有数据成员的特权了。

【例 3-10】模拟银行办公。

程序代码如下：

```
//Customer.h
class Customer{                    //客户类
    friend class BankQueue;        //将 BankQueue 类声明为 Customer 类的友元类
private:
    int account;                   //账号
    int amount;                    //金额,大于 0 表示存款,小于 0 表示取款
public:
```

```
        Customer(int account = -1,int amount = 0);//默认参数的构造函数
        int GetAccount();                          //取账号
        int GetAmount();                           //取金额
};
//BankQueue.h
#include "Customer.h"
const int ARRAY_SIZE = 10;
class BankQueue{                                   //队列类
public:
        BankQueue();                               //构造函数
        void EnQueue(Customer newElem);            //元素入队列
        Customer DelQueue();                       //元素出队列
        int GetLength(){ return length;      }     //取队列长度
        void Print() const;                        //常量成员函数，输出队列
private:
        Customer elem[ARRAY_SIZE];                 //存放队列元素的数组
        int first;                                 //队列首元素位置
        int length;                                //队列长度
};
//Customer.cpp
#include "Customer.h"
Customer::Customer(int account,int amount) {   //构造函数
        this->account = account;
        this->amount = amount;
}
int Customer::GetAccount(){     return account; } //取账号
int Customer::GetAmount(){      return amount; }    //取金额
//BankQueue.cpp
#include <iostream.h>
#include "BankQueue.h"
BankQueue::BankQueue(){     first = length = 0; } //构造函数
void BankQueue::EnQueue(Customer newElem){          //元素入队列
        int pos = (first+length)%ARRAY_SIZE; //计算新元素的存放位置
        elem[pos] = newElem;                        //存储新元素
        length++;                                   //队列长度加1
}
Customer BankQueue ::DelQueue(){           //元素出队列
        //暂存队列首元素，访问了 Customer 类的私有数据成员
        Customer ret(elem[first].account,elem[first].amount);
        first = (first+1)%ARRAY_SIZE;              //队列首元素位置进1
        length--;                                   //队列长度减1
        return ret;                                 //返回队列首元素
}
void BankQueue::Print() const{                     //常量成员函数，输出队列
        int pos = first;
        cout<<"队列中客户: "<<endl;
        for(int i=0; i<length; i++){
            //访问了 Customer 类的私有数据成员
            cout<<"账号: "<<elem[pos].account<<" 金额: "
                <<elem[pos].amount<<endl;
```

```
                pos = (pos+1)%ARRAY_SIZE;          //下一元素位置
        }
        cout<<endl;
}
//e3_10.cpp
#include <iostream>
#include "BankQueue.h"
using namespace std;
void main(){
    BankQueue q;
    int i;
    for(i=0; i<6; i++)
        q.EnQueue(Customer(i+1,100*(i+1)));
    q.Print();
    Customer a;
    for(i=0; i<3; i++){
        a = q.DelQueue();
        cout<<"出队列: "<<a.GetAccount()<<" "<<a.GetAmount()<<endl;
    }
    cout<<endl;
    q.Print();
}
```

程序运行结果:

队列中客户:

账号: 1 金额:100

账号: 2 金额:200

账号: 3 金额:300

账号: 4 金额:400

账号: 5 金额:500

账号: 6 金额:600

出队列: 1　100

出队列: 2　200

出队列: 3　300

队列中客户:

账号: 4 金额:400

账号: 5 金额:500

账号: 6 金额:600

程序说明:

由于将 BankQueue 类定义为 Customer 类的友元类，BankQueue 类的所有成员函数都具有直接访问 Customer 类的私有数据成员的特权。相关操作如下。

```
Customer BankQueue ::DelQueue(){        //元素出队列
    //暂存队列首元素，访问了 Customer 类的私有数据成员
    Customer ret(elem[first].account,elem[first].amount);
    ...
}
void BankQueue::Print() const{          //常量成员函数，输出队列
```

```
...
//访问了 Customer 类的私有数据成员
cout<<"账号: "<<elem[pos].account<<" 金额: "<<elem[pos].amount<<endl;
...
}
```

这两个 BankQueue 类的成员函数都访问了 Customer 类的私有数据成员 account 和 amount。

3.7.2 使用友元的注意事项

友元使得普通函数或者另一个类的成员函数能够直接访问本类的保护或私有数据成员，避免了类成员函数的频繁调用，可以节约处理器开销，提高程序的效率，但是友元破坏了类的封装特性，这是友元的缺点。使用友元要注意以下几点。

（1）必须在类定义中声明友元函数，声明时以关键字 friend 开头，后跟友元函数的函数原型，友元函数声明可以出现在类的任何地方（包括 private 和 public 部分），也就是说友元声明不受类成员访问控制符的限制。

（2）友元函数既可以是一个普通函数，也可以是另一个类的成员函数。当友元函数是另一个类的成员函数时，友元函数声明需要加上类域，用::限定。

（3）friend 不是双向的。将类 A 声明为类 B 的友元类后，类 A 的所有成员函数都具有直接访问类 B 的保护和私有数据成员的特权，但是反过来，类 B 的所有成员函数是否具有访问类 A 的保护和私有数据成员的特权呢？这要看类 B 是否是类 A 的友元类。

3.8 程序设计实例

【例 3-11】职工档案管理系统：定义一个工资类（内有公共数据成员基本工资、岗位津贴、房租、电费、水费，公共成员函数计算实发工资），一个职工类（内有私有数据成员工作部门、姓名、出生日期、职务、参加工作时间、工资，公共成员函数初始化、设置工资、取得实发工资、打印职工信息），一个用来处理日期数据的日期类（内有私有数据成员年、月、日，公共成员函数初始化、格式输出）；单位职工职务类型有经理、工程师、职员和工人。编程实现整个企业职工的档案信息管理。

程序代码如下：

```
//e3_11.cpp
#include <iostream>
#include <string>
using namespace std;
class Salary{                    //定义工资类
public:
    float m_fWage;               //基本工资
    float m_fSubsidy;            //岗位津贴
    float m_fRent;               //房租
    float m_fCostOfElec;         //电费
    float m_fCostOfWater;        //水费
public:
    float RealSum(){             //计算实发工资
```

```
            return m_fWage+m_fSubsidy-m_fRent-m_fCostOfElec-m_fCostOfWater;
        }
    };
    enum Position{                      //定义职务类型
        MANAGER,                        //经理
        ENGINEER,                       //工程师
        EMPLOYEE,                       //职员
        WORKER                          //工人
    };
    class Date{                         //定义日期类
        int day,month,year;
    public:
        void init(int,int,int);
        void print_ymd();
    };
    class Employee{                         //定义职工类
        char m_sDepartment[20];             //工作部门
        char m_sName[10];                   //姓名
        Date m_tBirthdate;                  //出生日期
        Position m_nPosition;               //职务
        Date m_tDateOfWork;                 //参加工作时间
        Salary m_fSalary;                   //工资
    public:
        void Register(char *Depart, char *Name,Date tBirthdate,Position nPosition,Date
    tDateOfWork);
        void SetSalary(float wage ,float subsidy,float rent ,float elec,float water);
        float GetSalary();
        void ShowMessage();                 //打印职工信息
    };
    void Date::init(int yy,int mm,int dd){
        month = (mm>=1 && mm<=12)?mm:1;
        year = (yy>=1900 && yy<=2100)?yy:1900;
        day = (dd>=1 && dd<=31)?dd:1;
    }
    void Date::print_ymd(){
        cout<<year<<"-"<<month<<"-"<<day<<endl;
    }
    void Employee::Register(char * Depart,char * Name,Date tBirthdate,Position nPositi
on,Date tDateOfWork){
        strcpy(m_sDepartment,Depart);
        strcpy(m_sName,Name);
        m_tBirthdate = tBirthdate;
        m_nPosition = nPosition;
        m_tDateOfWork = tDateOfWork;
    }
    void Employee::SetSalary(float wage,float subsidy,float rent,float elec,float water){
        m_fSalary.m_fWage = wage;
        m_fSalary.m_fSubsidy = subsidy;
        m_fSalary.m_fRent = rent;
        m_fSalary.m_fCostOfElec = elec;
        m_fSalary.m_fCostOfWater = water;
    }
    float Employee::GetSalary(){ return m_fSalary.RealSum(); }
```

```
void Employee::ShowMessage(){
    cout<<"Depart:"<<m_sDepartment<<endl;
    cout<<"Name:"<<m_sName<<endl;
    cout<<"Birthdate:";
    m_tBirthdate.print_ymd();
    switch(m_nPosition){
        case MANAGER:
            cout<<"Position:"<<"MANAGER"<<endl;
            break;
        case ENGINEER:
            cout<<"Position"<<"ENGINEER"<<endl;
            break;
        case EMPLOYEE:
            cout<<"Position"<<"EMPLOYEE"<<endl;
            break;
        case WORKER:
            cout<<"Position"<<"WORKER"<<endl;
            break;
    }
    cout<<"Date of Work:";
    m_tDateOfWork.print_ymd();
    cout<<"Salary:"<<GetSalary()<<endl;
    cout<<"---------"<<endl;
}
#define MAX_EMPLOYEE 1000
void main(){
    Employee EmployeeList[MAX_EMPLOYEE];            //定义职工档案数组
    int EmpCount = 0;
    Date birthdate, workdate;
    //输入第一个职工数据
    birthdate.init(1990,4,8);
    workdate.init(2012,3,1);
    EmployeeList[EmpCount].Register("工程部","张三",birthdate, ENGINEER,workdate);
    EmployeeList[EmpCount].SetSalary(1000,200,100,50,20);
    EmpCount++;
    //输入第二个职工数据
    birthdate.init(1992,5,3);
    workdate.init(2015,7,20);
    EmployeeList[EmpCount].Register("售后服务部","李四",birthdate,MANAGER,workdate);
    EmployeeList[EmpCount].SetSalary(1500,200,150,50,20);
    EmpCount++;
    //输出所有职工的记录
    for(int i=0; i<EmpCount; i++)
        EmployeeList[i].ShowMessage();
}
```

程序运行结果：

```
Depart: 工程部
Name: 张三
Birthdate: 1990-4-8
Position: ENGINEER
Date of Work: 2012-3-1
Salary: 1030
```

```
----------------
Depart: 售后服务部
Name: 李四
Birthdate: 1992-5-3
Position: MANAGER
Date of Work: 2015-7-20
Salary: 1480
----------------
```

本 章 小 结

　　类是一种复杂的数据类型，是将不同类型的数据和与这些数据相关的操作封装在一起的集合体。类成员有数据成员和函数成员两种，数据成员是用来描述对象属性的静态成员，成员函数是用来描述对象属性的动态成员。

　　通常将类定义和成员函数的实现分开，类定义中只保留成员函数原型声明（又称接口）。类通常在头文件中定义，成员函数通常在程序文件中实现（又称类的实现），主函数所在的文件称为主程序文件，从而形成项目的多文件结构。

　　为了降低函数调用的时间开销，建议将小的、调用频繁的函数定义为内联函数，方法是在函数类型前加上 inline 关键字。内联函数可以提高程序的运行效率，同时保证程序的结构清晰。

　　构造函数是用类名作为函数名的成员函数，构造函数的作用是在创建对象时为数据成员赋初值，构造函数由系统自动调用，不可以像其他成员函数那样由用户直接调用。

　　如果构造函数的参数是同类对象的引用，这种构造函数称为复制构造函数。

　　析构函数也是特殊的成员函数。析构函数用来撤销一个对象，回收它所占用的内存。

　　静态数据成员存储于内存的数据区，为同类对象所共享。一般可以将为同类对象共享的数据成员定义为静态数据成员。

　　C++允许在一个类中把一个普通函数或另一个类的成员函数（或另一个类）声明为它的友元函数（或友元类）。被声明为一个类的友元函数（或友元类）后，友元函数（或友元类的成员函数）可以直接访问该类的保护和私有成员。友元提供了类之间数据访问的一种方式，但它破坏了面向对象程序设计的隐藏与封装特性。

习 题 3

一、简答题

1. 类和对象有什么区别和联系？
2. 什么是类的实现？
3. this 指针的概念是什么？
4. 为什么要引入构造函数和析构函数？
5. 什么时候需要自定义复制构造函数？若程序员没有定义复制构造函数，则编译器自动生成一个默认的复制构造函数，这可能会导致什么问题？

6. 什么是堆对象？创建和删除堆对象的方法是什么？

7. 为什么需要静态数据成员？静态数据成员的定义和初始化方法是什么？

8. 什么是静态成员函数？静态成员函数和非静态成员函数有什么区别？

9. 简述成员函数、全局函数和友元函数的差别。

10. 结构（struct）和类（class）有什么异同？

二、填空题

1. 复制构造函数使用同类____类型作为参数。

2. 在 C++中，对于构造函数和析构函数来说，____是可以重载的，而____是不可以重载的。

3. B 类包含一个 A 类的成员 a,则生成 B 类的对象时构造函数的调用顺序为____。

4. 类的每一个成员函数（静态成员函数除外）都有一个隐含的参数，叫作____。假设类名为 A，则该参数的类型为____。

5. 类的静态成员分为____和____。

6. 声明友元的关键字是____。

三、编程题

1. 创建一个 Employee 类，该类中有字符数组表示姓名、街道地址、市、省和邮政编码。把表示构造函数、ChangeName()函数、Display()函数的函数原型放在类定义中，构造函数初始化每个成员，Display()函数把完整的对象数据打印出来。其中的数据成员是保护的，函数是公有的。

2. 设计并测试类 Point，其数据成员是直角坐标系的点坐标。友元函数 distance()用来计算两点间的距离。

3. 定义一个 Rectangle 类，有宽（width）、长（length）等属性，重载其构造函数 Rectangle()、Rectangle(int width , int length)。

4. 编写一个程序，设计一个 Cdate 类，它应该满足下面的条件。

（1）用这样的格式输出日期：日-月-年。

（2）输出在当前日期上加两天后的日期。

（3）设置日期。

5. 学生成绩系统。

（1）定义一个分数（score）类。

三个数据成员：

```
computer            //计算机课程成绩
english             //英语课程成绩
mathematics         //数学课程成绩
```

两个构造函数：无参的和带参的。

三个成员函数：是否带参根据需要自定。

```
sum();              //计算三门课程总成绩
print();            //输出三门课程成绩及总成绩
modify();           //修改三门课程成绩
```

（2）定义一个学生（student）类。

三个数据成员：

```
number                    //学号
name                      //姓名
ascore                    //分数
```

两个构造函数：无参的和带参的。

三个成员函数：是否带参根据需要自定。

```
sum();                    //计算某生三门课程总成绩
print();                  //输出某生学号、姓名及分数
modify();                 //修改某生学号、姓名及分数
```

（3）使用多文件结构：分数（score）类定义归入头文件 score.h，实现归入程序文件 score.cpp；学生（student）类定义归入头文件 student.h，实现归入程序文件 student.cpp；主程序文件为 main.cpp。

（4）主程序文件中，先定义一个学生类对象数组，再通过 for 循环给对象数组赋上实际值，最后按以下格式输出结果。

学号	姓名	计算机	英语	数学	总分
0101	aaaa	60	60	60	180
0102	bbbb	70	70	70	210

第4章 继承与派生

4.1　为什么要引入继承与派生

面向对象程序设计强调软件的可重用性，其重要特征继承是软件复用的一种重要形式。C++通过继承机制来实现代码的可重用性，可以方便地利用已有类建立新类，重用已有软件的部分甚至绝大部分代码，易于扩展和完善已有的程序功能。在已有类的基础上派生新类，前者称为基类（base class）或父类，后者称为派生类（derived class）或子类。在类层次（class hierarchy）中，基类和派生类是相对的，从一个基类派生出来的类可以是另一个类的基类。

4.1.1　继承与派生的举例

图 4.1 所示的分类反映了交通工具、动物、几何形状、雇员等概念的继承与派生关系，最高

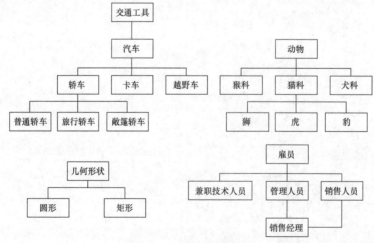

图 4.1　继承与派生举例

层抽象程度最高，是具有普遍意义的概念，下层具有上层的特性，同时加入了自己的新特性，最下层是最为具体的。由上到下是一个具体化、特殊化的过程，由下到上是一个抽象化的过程，上下层次之间的关系就是基类与派生类的关系。

4.1.2　继承与派生的概念

保持已有类的特性构造新类的过程称为继承。继承的目的是实现代码重用。在已有类的基础上新增自己的特性产生新类的过程称为派生。派生的目的是当新的问题出现，原有程序无法解决（或不能完全解决）时，对原有程序进行改造。

① 继承是面向对象程序设计方法的 4 个基本特征之一，是程序代码可重用性的具体体现。

② 类的继承就是利用现有类创建新类，新类继承现有类的属性和行为。

③ 为使新类具有自己所需的功能，可以扩充和完善现有类的属性和行为，使之更具体。

④ 继承分为单继承和多继承。

⑤ 微软基础类库通过类的继承来体现类的可重用性和可扩充性。

4.2　基类和派生类

4.2.1　基类与派生类的概念

在继承关系中，新定义类是被继承类的派生类或子类，而被继承类是新定义类的基类或父类。派生类继承了基类的所有成员（除构造函数和析构函数以外）。一个派生类只有一个直接基类的情况为单继承；同时继承多个基类的情况为多继承，这种情况下派生类同时得到了多个基类的特征。一个派生类可以作为另一个派生类的基类。

4.2.2　派生类的定义

派生类的定义格式如下。

```
class 派生类名:继承方式  基类名
{
    …    //派生类新增加的成员声明
};
```

① 继承方式决定了基类成员在派生类中的访问权限。继承方式有三种：public，private 和 protected（默认为 private）。

② 在不涉及继承问题时，类成员有两种访问权限，即 private 和 public。在涉及继承的场合，类成员有三种访问权限，即 public（公有的）、private（私有的）、protected（保护的）。如果不显式说明访问权限，隐含的访问权限是 private。

③ 应该注意：继承方式会改变从基类继承过来的成员的访问权限。

④ 虽然派生类继承了基类的所有成员，但为了不破坏基类的封装性，无论采用哪

种派生方式，基类的私有成员在派生类中都是不可见的，即不允许派生类的成员函数直接访问基类私有成员。

举例如下。

```
class Person{                      //定义基类
protected:
    char m_strName[10];
    char m_nSex[6];
public:
    void ShowMe(){ cout<<m_strName<<"\t"<<m_nSex<<"\n"; }
};
class Employee:public Person{      //定义派生类，单继承
    char m_strDept[20];
public:
    void ShowMe(){
        cout<<m_strName<<"\t"<<m_nSex<<"\t"<<m_strDept<<"\n";
    }
};
```

又举例如下。

```
class Plane{                       //飞机类
    char propeller;                //螺旋桨
public:
    void flight();                 //飞行方法
};
class Boat{                        //船类
    char helm;                     //舵
public:
    void float();                  //漂浮方法
};
//水上飞机
class Seaplane:public Plane, public Boat{};    //多继承
```

4.3　三种派生方式

4.3.1　公有派生

公有继承方式下，派生类继承基类各种成员的访问权限变化情况如下。

（1）基类公有成员相当于派生类公有成员，即派生类可以像访问自身公有成员一样访问基类公有成员。

（2）基类保护成员相当于派生类保护成员，即派生类可以像访问自身保护成员一样访问基类保护成员。

（3）派生类内部成员无法直接访问基类私有成员。派生类的使用者也无法通过派生类对象直接访问基类私有成员。

【例4-1】人员类（Person）及其子类雇员类（Employee）的定义及使用。

程序代码如下:

```cpp
//e4_1.cpp
#include <iostream>
#include<string.h>
using namespace std;
class Person{                       //人员类定义
protected:
    char m_strName[10];             //姓名
    int m_nAge;                     //年龄
    int m_nSex;                     //性别
public:
    void Register(char * name,int age,char sex){
        strcpy(m_strName,name);
        m_nAge = age;
        m_nSex = (sex=='m'?0:1);
    }
    char * GetName(){ return m_strName; }          //取姓名
    int GetAge(){ return m_nAge; }                 //取年龄
    char GetSex(){ return m_nSex==0?'m':'f'; }     //取性别
    void ShowMe(){
        cout<<GetName()<<"\t"<<GetSex()<<"\t"<<GetAge()<<"\t"<<endl;
    }
};
class Employee:public Person{       //雇员类定义
    char m_strDept[20];             //工作部门
    float m_fSalary;                //月薪
public:
    Employee(){ EmployeeRegister("XXX",0,'m',"XXX",0); }
    void EmployeeRegister(char * name,int age,char sex,char * dept,float salary);
    void ShowMe();
};
void  Employee::EmployeeRegister(char * name,int age,char sex,char * dept,float salary){
    Register(name,age,sex);
    strcpy(m_strDept,dept);
    m_fSalary=salary;
}
void Employee::ShowMe(){
    //子类的成员函数可以调用基类的公有成员函数
    cout<<GetName()<<"\t"<<GetSex()<<"\t"<<GetAge()<<"\t";
    cout<<m_strDept<<"\t"<<m_fSalary<<endl;
    cout<<m_strName<<endl;     //子类的成员函数也可以直接访问基类的保护类数据
}
void main(){
    Employee emp;
    emp.ShowMe();
    emp.EmployeeRegister("张莉",40,'f',"图书馆",2000);
    emp.ShowMe();
    //基类的ShowMe()在公有继承方式下相当于派生类的公有成员,在main()中可以显式访问基类成员
    emp.Person::ShowMe();
    cout<<"调用基类 GetName() 返回值为:"<<emp.GetName()<<endl;
}
```

程序运行结果：

```
XXX      m      0      XXX       0
XXX
张莉     f      40     图书馆    2000
张莉
张莉     f      40
调用基类 GetName() 返回值为：张莉
```

程序说明：

派生类 Employee 继承了基类 Person 中除构造函数和析构函数以外的所有成员。

对象emp的构造通过Employee的构造函数实现，而构造函数执行过程中调用了基类Register()成员函数。说明派生类自身可以访问基类公有成员。

4.3.2　私有派生

私有继承方式下，派生类继承基类各种成员的访问权限变化情况如下。

（1）基类公有成员和保护成员相当于派生类的私有成员，派生类自身成员函数可以直接访问它们。

（2）无论派生类内部成员或派生类的使用者都无法直接访问基类私有成员。

【例 4-2】将例 4-1 改为私有派生。

程序代码如下：

```cpp
//e4_2.cpp
#include <iostream>
#include <string.h>
using namespace std;
class Person{
protected:
    char m_strName[10];
    int m_nAge;
    int m_nSex;
public:
    void Register(char * name,int age,char sex)      {
        strcpy(m_strName,name);
        m_nAge = age;
        m_nSex = (sex=='m'?0:1);
    }
    char * GetName(){ return m_strName; }
    int GetAge(){ return m_nAge; }
    char GetSex(){ return m_nSex==0?'m':'f'; }
    void ShowMe(){
        cout<<GetName()<<"\t"<<GetSex()<<"\t"<<GetAge()<<"\t";
    }
};
class Employee:private Person{
    char m_strDept[20];
    float m_fSalary;
public:
    Employee(){ EmployeeRegister("XXX",0,'m',"XXX",0); }
    void EmployeeRegister(char * name,int age,char sex,char * dept,float salary);
    void ShowMe();
```

```
        char * GetEmployeeName(){return GetName();}
        char GetEmployeeSex(){return GetSex();}
        int GetEmployeeAge(){return GetAge();}
    };
    void Employee::EmployeeRegister(char * name,int age,char sex,char * dept,float sal
ary){
        Register(name,age,sex);
        strcpy(m_strDept,dept);
        m_fSalary=salary;
    }
    void Employee::ShowMe(){
        cout<<GetName()<<"\t";
        cout<<GetAge()<<"\t";
        cout<<GetSex()<<"\t";
        cout<<m_strDept<<"\t"<<m_fSalary<<endl;
        //基类的保护成员相当于派生类的私有成员，子类的成员函数可以直接访问
        cout<<m_strName<<endl;
    }
    void main(){
        Employee emp;
        emp.EmployeeRegister("张三",40,'m',"图书馆",2000);
        emp.ShowMe();
        //基类的 ShowMe()函数在私有继承方式下相当于派生类的私有成员，在 main()函数中不可以访问，
        即在 main()函数中不能显式访问基类成员 emp.Person::ShowMe();
        cout<<"调用基类 GetName() 返回值为:"<<emp.GetEmployeeName()<<endl;
        cout<<"调用基类 GetSex() 返回值为:"<<emp.GetEmployeeSex()<<endl;
        cout<<"调用基类 GetAge() 返回值为:"<<emp.GetEmployeeAge()<<endl;
    }
```

程序运行结果：

```
张三      40       m      图书馆   2000
张三
调用基类 GetName() 返回值为：张三
调用基类 GetSex() 返回值为:m
调用基类 GetAge() 返回值为:40
```

4.3.3　保护派生

保护继承方式下，派生类继承基类各种成员的访问权限变化情况如下。

（1）基类公有成员和保护成员都相当于派生类的保护成员，派生类可以通过自身成员函数或其子类成员函数直接访问它们。

（2）无论派生类内部成员或派生类的使用者都无法直接访问基类私有成员。

4.3.4　三种派生方式的区别

采用公有派生方式（public），基类成员的访问权限在派生类中保持不变，即基类中访问权限为公有或保护的成员在派生类中仍为公有或保护成员。public 派生最常用，可以在派生类的成员函数中访问基类的非私有成员，可通过派生类对象直接访问基类的公有成员。

采用私有派生方式(private)，基类中访问权限为公有和保护的成员都成为派生类的私有成员，只允许在派生类成员函数中访问基类非私有成员。private 派生很少使用。

采用保护派生方式（protected），基类中访问权限为公有和保护的成员都成为派生类的保护成员，只允许在派生类成员函数或派生类的派生类成员函数中访问基类非私有成员。

不同继承方式下基类成员在派生类中的访问权限变化如表 4.1 所示。

表 4.1　　　　　　　　　　　　不同继承方式下基类成员在派生类中的访问权限变化

继承方式 ＼ 基类成员访问权限	public	protected	private
public	public	protected	不可访问
protected	protected	protected	不可访问
private	private	private	不可访问

【例 4-3】定义类 Point，然后定义类 Point 的派生类 Circle。

程序代码如下：

```cpp
//e4_3.cpp
#include <iostream>
using namespace std;
class Point{                                    //定义基类，表示点
private:
    int x;
    int y;
public:
    void setPoint(int a, int b){ x=a; y=b; }    //设置坐标
    int getX(){ return x; }                     //取得 X 坐标
    int getY(){ return y; }                     //取得 Y 坐标
};
class Circle:public Point{                       //定义派生类，表示圆
private:
    int radius;
public:
    void setRadius(int r){ radius=r; }          //设置半径
    int getRadius(){ return radius; }           //取得半径
    int getUpperLeftX(){ return getX()-radius; }
    //取得外接正方形左上角的 X 坐标
    int getUpperLeftY(){ return  getY()+radius; }
    //取得外接正方形左上角的 Y 坐标
};
void main(){
    Circle c;
    c.setPoint(200, 250);
    c.setRadius(100);
    cout<<"X="<<c.getX()<<", Y="<<c.getY()<<",Radius="<<c.getRadius()<<endl;
    cout<<"UpperLeft X="<<c.getUpperLeftX()<<",UpperLeft Y="<<c.getUpperLeftY()<<endl;
}
```

程序运行结果：

```
X=200, Y=250,Radius=100
UpperLeft X=100, UpperLeft Y=350
```

程序说明：

派生类 Circle 通过 public 派生方式继承了基类 Point 的所有成员，定义了自己的成员变量和成员函数。

若将类 Circle 的派生方式改为 private 或 protected，则下述语句是非法的：c.setPoint(200, 250);。

无论哪种派生方式，派生类都继承了基类的所有成员（包括私有成员）。虽然不能在派生类 Circle 中直接访问基类私有数据成员 x 和 y，但可以通过继承的公有成员函数 getX()、getY()和 setPoint()间接访问或设置它们。

4.4　派生类的构造函数和析构函数

基类的构造函数和析构函数不能被继承，在派生类中，如果要对派生类新增加的成员进行初始化，就必须定义派生类自己的构造函数。在创建派生类对象过程中会先创建一个基类的隐含对象，从而使派生类对象可以访问属于隐含对象的相关成员。但是在使用派生类时只会说明要创建的派生类对象，而不可能明确说明需要同时创建一个隐含的基类对象。因此，派生类的构造函数要对派生类对象和隐含的基类对象的创建负责。从基类继承的成员初始化工作由基类构造函数完成，因此在定义派生类构造函数时，应对基类构造函数所需要的参数进行设置。同样，要完成派生类对象的清理工作，也需要定义派生类自己的析构函数。

4.4.1　派生类的构造函数

派生类构造函数的定义格式如下。

派生类名::派生类构造函数名 (参数表) :基类构造函数名 (参数)，内嵌对象名 (参数)
{
　　派生类中新增加数据成员初始化语句；
}

> ① 一般来说，基类成员初始化由派生类构造函数调用基类构造函数来完成。
> ② 冒号后的列表称为成员初始化列表（initialization list）。基类构造函数名后圆括号内列出该类初始化分配的参数，各项用逗号分开；内嵌对象名(参数)用于创建内嵌对象时的参数分配说明。
> ③ 派生类中新增加数据成员的初始化可在成员初始化列表中完成，也可在构造函数体内进行。

4.4.2　基类构造函数的调用方式

调用基类构造函数有隐式调用和显式调用两种方式。

（1）隐式方式是指在派生类构造函数中不指定对应的基类构造函数，调用的是基类默认构造函数（含有默认参数值或不带参数的构造函数）。

（2）显式方式是指在派生类构造函数中指定要调用的基类构造函数，并将派生类构造函数的部分参数值传递给基类构造函数。

除非基类有默认的构造函数，否则必须定义派生类构造函数，并采用显式调用方式。

派生类构造函数的执行次序是：首先，调用基类构造函数，调用顺序为继承顺序；其次，调用内嵌对象构造函数，调用顺序为各对象在派生类内声明的顺序；最后，执行派生类构造函数。

4.4.3　派生类的析构函数

析构函数的功能是在类对象消亡之前释放其所占资源（如内存）。由于析构函数无参数，无类型，因而派生类析构函数相对简单。

派生类与基类的析构函数彼此独立，只做各自类对象消亡前的善后工作。因而派生类中有无显式定义的析构函数与基类无关。派生类析构函数执行过程与构造函数执行过程相反，派生类对象生存期结束时，首先调用派生类析构函数，然后调用内嵌对象析构函数，再调用基类析构函数。

【例4-4】派生类构造函数和析构函数的执行。

程序代码如下：

```cpp
//e4_4.cpp
#include <iostream>
#include <string.h>
using namespace std;
class Person{
    char m_strName[10];
    int m_nAge;
public:
    Person(char * name,int age ){
        strcpy (m_strName,name);
        m_nAge = age;
        cout<<"constructor of person"<<m_strName<<endl;
    }
    ~Person(){ cout<<"destructor of person"<<m_strName<<endl; }
};
class Employee:public Person{
    char m_strDept[20];
    Person Wang;
public:
    Employee(char * name,int age,char * dept,char * name1,int age1):Person(name,
age),Wang(name1,age1){
        strcpy(m_strDept,dept);
        cout<<"constructor of Employee"<<endl;}
        ~Employee(){cout<<"destructor of Employee"<<endl;
    }
};
void main(){
    Employee emp("张三",40,"人事处","王五",36);
}
```

程序运行结果：

```
constructor of person张三
```

```
constructor of person 王五
constructor of Employee

destructor of Employee
destructor of person 王五
destructor of person 张三
```

程序说明：

从运行结果可以看出构造函数和析构函数的执行顺序。

4.5　多继承和虚基类

多继承是现实世界中的普遍现象，指派生类继承了多个基类。多继承情况下，部分基类还有可能有公共基类。没有公共基类的多继承比较简单，可以视为多个单继承的组合；在部分基类还有公共基类的多继承中，可能出现二义性问题。

4.5.1　多继承的定义

多继承的定义格式如下。

```
class 派生类名:继承方式 基类 1, 继承方式 基类 2,…, 继承方式 基类 n
{
    …　//派生类新增加的成员声明
};
```

图 4.2 所示 A 和 B 是派生类 C 的两个基类。

派生类 C 的定义格式如下。

```
class C:继承方式 A, 继承方式 B
{
    //C 的类体
}
```

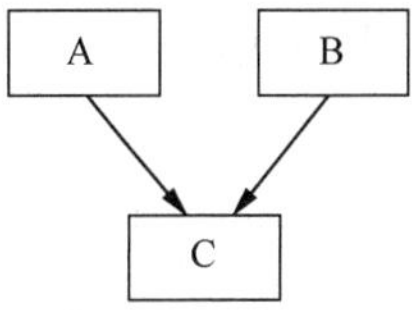

图 4.2　简单的多继承

其中，继承方式可以是 public, private 或 protected。继承列表中，基类的排列先后次序不限。

【例 4-5】多继承可以看成单继承的扩展。

程序代码如下：

```
//e4_5.cpp
#include <iostream>
using namespace std;
class A{
private:
    int a;
public:
    void setA(int x){ a = x; }
    void showA(){cout<<"a="<<a<<endl;}
};
class B{
private:
    int b;
public:
```

```
        void setB(int x){ b = x; }
        void showB(){cout<<"b="<<b<<endl;}
    };
    class C:public A,private B{              //公有继承A，私有继承B
    private:
        int c;
    public:
        void setC(int x,int y){
            c = x;
            setB(y);                //通过B类的成员函数setB()为B类的私有成员b赋值
        }
        void showC(){
            showB();                //此处可以使用showB()
            cout<<"c="<<c<<endl;
        }
    };
    void main(){
        C obj;
        obj.setA(53);
        obj.showA();                //输出a=53
        obj.setC(55,58);
        obj.showC();                //输出b=58 c=55
    }
```

程序运行结果：

```
a=53
b=58
c=55
```

程序说明：

因为类 C 私有继承类 B，类 B 中的 showB()函数已经改变访问权限为类 C 中的私有成员，因此，在 main()函数中不可以使用 obj.showB()。

4.5.2　多继承中的构造函数和析构函数

多继承情况下调用构造函数次序如下。

（1）按照继承列表中的基类排列次序（从左到右），先调用基类构造函数对基类成员进行初始化。如果某个基类也是一个派生类，则这个过程递归进行。

（2）如果派生类包括对象成员，则对象成员的初始化在成员初始化列表中进行。

（3）最后调用派生类自己的构造函数。

对象消亡时，析构函数的执行顺序与构造函数的执行顺序正好相反。

 构造函数（析构函数）是不被继承的，所以一个派生类只能调用它的直接基类构造函数。

【例 4-6】多继承中的构造函数和析构函数的调用次序。

程序代码如下：

```
//e4_6.cpp
#include <iostream>
using namespace std;
```

```
class Base1{
private:
    int a;
public:
    Base1(int i){ a = i; cout<<"constructing base a="<<a<<endl; }
    ~Base1(){ cout<<"destroying base a="<<a<<endl; }
};
class Base2{
private:
    int b;
public:
    Base2(int i){ b = i; cout<<"constructing base b="<<b<<endl; }
    ~Base2(){ cout<<"destroying derived b="<<b<<endl; }
};
class Derived:public Base1,public Base2{
private:
    int c;
    Base1 member;
public:
    Derived(int i,int j,int m,int n);
    ~Derived(){ cout<<"destroying derived c="<<c<<endl; }
};
Derived::Derived(int i,int j,int m,int n):Base1(i),Base2(j),member(m){
    c = n;
    cout<<"constructing derived c="<<c<<endl;
}
void main(){
    Derived d(5,8,9,12);
}
```

程序运行结果：

```
constructing base a=5
constructing base b=8
constructing base a=9
constructing derived c=12

destroying derived c=12
destroying base a=9
destroying derived b=8
destroying base a=5
```

程序说明：

从运行结果可以看出多继承中的构造函数和析构函数的执行顺序。

4.5.3 二义性与虚基类

（1）当派生类继承基类后，派生类对象就拥有基类的所有成员。如果派生类成员和基类成员同名，派生类成员会覆盖基类的同名成员。那么如何访问基类中被覆盖的成员呢（解决同名的二义性）？可以通过在所访问的成员前加上所属的类域来说明访问的是基类成员。

【例 4-7】派生类成员和基类成员同名时，访问基类成员。

程序代码如下：

```
//e4_7.cpp
#include <iostream>
```

```
using namespace std;
class Base1{
public:
    void print(){ cout<<" Base1"<<endl; }
};
class Base2{
public:
    void print(){ cout<<" Base2"<<endl; }
};
class Derived:public Base1,public Base2{
public:
    void print(){ cout<<" Derived "<<endl; }
};
void main(){
    Derived d;
    d.print();
    d.Base1::print();
    d.Base2::print();
}
```

程序运行结果：

```
Derived
Base1
Base2
```

（2）如果 Base1 和 Base2 本身又是派生类，并且它们有共同的基类，如图 4.3 所示，根据前述的继承规则，Derived 类就间接地继承了 BaseBase 类两次，在创建 Derived 类对象时，将两次调用 BaseBase 类的构造函数来初始化 BaseBase 类中的成员，也就是说 BaseBase 类中的所有成员在 Derived 类对象中有两份。

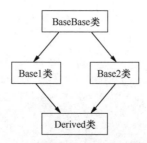

图 4.3　BaseBase 类两次作为 Derived 类的间接基类

一个类多次间接从一个类派生后，这个类会保留多份间接基类的成员。这有时是合理的，但大多数情况下，我们希望这个派生类只保留一份基类成员。如何解决这个问题呢？

如果多条继承路径上有一个公共基类，则在某几条路径的汇合处，这个公共基类就会产生多个实例。如果想使这个公共基类只产生一个实例，可以采用虚拟继承（virtual inheritance）模式，将这个基类说明为虚基类（virtual base）。

例如，定义一个 Person 类，将关于人的信息（如姓名、年龄、性别等）封装起来；然后从 Person 类派生出两个类 Student 类和 Teacher 类；再由 Student 类和 Teacher 类派生出一个 TeachAssistant 类。这样，助教既具有教师特性，又有学生特性，而助教本身是一个人，如图 4.4 所示。TeachAssistant 对象中应该只有一份 Person 数据。

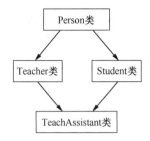

图 4.4　Person 类两次作为 TeachAssistant 的间接基类

如果在定义 Teacher 类和 Student 类时，说明是虚拟继承 Person 类（在这种情况下，Person 即为虚基类），就可以保证由 Teacher 类和 Student 类派生出来的其他类只继承这个虚基类一次。虚基类机制可以保证：当基类通过多条路径被继承时，派生类只继承该基类一次，即派生类对象只调用一次基类构造函数，只保存一份基类的数据成员。

虚基类定义格式如下。

```
class Person{ ... };
class Teacher:virtual public Person { ... };
class Student:virtual public Person { ... };
class TeachAssistant:public Teacher , public Student { ... };
```

也就是说，在定义派生类时，把关键字 virtual 加到对应的基类前，该基类就成为虚基类。

一个派生类可以公有或私有继承一个或多个虚基类，关键字 virtual 和继承方式关键字的位置无关紧要，但要放在基类前，并且关键字 virtual 只对紧随其后的基类起作用。例如，由虚基类 A、虚基类 C 和非虚基类 B 派生出类 D 的定义如下。

```
class D:virtual public A , private B , virtual public C{
    //...
};
```

由于虚基类的数据在派生类中只有一份，所以虚基类构造函数参数必须由最新派生出来的类负责初始化。总的原则是：哪个类创建对象，就由那个类负责初始化公共基类数据成员。举例如下。

```
class Person{
private:
    char name[100];
public:
    Person(char * nm){strcpy(name,nm);}
};
class Teacher : virtual public Person{
private:
    int teacherID;
public:
    Teacher (char * nm,int id ):Person(nm),teacherID(id){}
};
class Student : virtual public Person {
private:
    int studentID;
public:
    Student (char * nm,int id ):Person(nm),studentID (id){}
};
```

因为 Person 是虚基类，所以，当从 Teacher 类和 Student 类派生出来一个 TeachAssistant 类时，需要在这个派生类的构造函数中提供虚基类的初始化值。

```
class TeachAssistant : public Teacher , public Student{
private:
    int taID;
public:
    TeachAssistant (char * nm,int id ):Person(nm), Teacher(nm,id),Student (nm, id)
{ taID=id; }
    };
```

这一点和一般的派生类不同。一般派生类不需要为间接基类提供构造函数初始化值，而只需要与直接基类打交道。对于非虚基类，在派生类构造函数中初始化间接基类是不允许的，而对于虚基类，则必须在派生类中对虚基类初始化。

【例 4-8】虚基类的应用。

程序代码如下：

```
//e4_8.cpp
#include <iostream>
#include <string.h>
using namespace std;
class Person{                       //虚基类
protected:
    char * name;
    int age;
    Person(){                       //默认构造函数——从未被调用
        cout<<" Person 的默认构造函数被调用 \n";
    }
public:
    Person(char * n, int a):name(n), age(a){      //完整的构造函数
        cout<<" Person 的构造函数被调用 \n";
    }
    ~Person(){ cout<<" Person 的析构函数被调用 \n";}
};
class Student:virtual public Person{          //虚基类的直接派生类
private:
    char * specialty;
protected:
    //Student 类的自身构造函数；在 Student 类作为中间派生类时，调用此构造函数，只初始化本//类的
数据成员
    Student(char *s):specialty(s){ cout<<" Student 自身构造函数被调用 \n"; }
public:
    //Student 类的完整构造函数；在创建 Student 类的对象时，调用此构造函数
    Student(char * n,int a,char * s) : Person(n,a),specialty(s)
    { cout<<" Student 的完整构造函数被调用 \n"; }
    ~Student()                                  //析构函数
        { cout<<" Student 的析构函数被调用 \n"; }
    void show(){
        cout<<"\n名字 : "<<name<<"   年龄 : "<<age<<"  专业 : "<< specialty;}
};
class Staff:virtual Person{                    //职员类——虚基类的直接派生类
```

```
protected:
    char * department;
    //Staff 类的自身构造函数; 在 Staff 类作为中间派生类时, 调用此构造函数, 只初始化本类//的数据
成员
    Staff(char * d){
        department = d;
        cout<<" Staff 自身的构造函数被调用 \n";
    }
public:
    //Staff 类的完整构造函数; 在创建 Staff 类的对象时, 调用此构造函数
    Staff(char * n,int a,char * d):Person(n,a),department(d){
        cout<<" Staff 的完整构造函数被调用 \n";
    }
    ~Staff(){ cout<<" Staff 的析构函数被调用 \n"; }
    void show(){
        cout<<"\n 名字 : "<<name<<"     年龄 : "<<age<<"  部门 : "<< department;
    }
};
class Professor:public Staff{         //教授类——公有继承 Staff 类
private:
    int level;
public:
    //完整构造函数
    Professor(char * n, int a, char * d, int h):Person(n, a), Staff(d), level(h){
        cout<<" Professor 的构造函数被调用 \n";
    }
    ~Professor(){ cout<<" Professor 的析构函数被调用 \n";}
    void show(){ Staff::show();    cout<<"  级别 : "<<level; }
};
class G_Student:public Student,public Staff{       //研究生类——公有继承 Student 类
public:
    //完整构造函数
    G_Student(char * n,int a,char * s,char * d): Person(n,a),Student(s),Staff(d)
    { cout<<" G_Student 的构造函数被调用"; }
    ~G_Student(){ cout<<" G_Student 的析构函数被调用 \n"; }
    void show(){
        Student::show();
        cout<<"  部门 : "<<department<<endl;
    }
};
void main(){
    Student myStudent("Wang Yi", 25, "Computer");
    Staff myStaff("Tang An", 35, "Engineering");
    Professor myProfessor("Chen Wu", 50, "Management", 1);
    G_Student myGraduateStudent("Liu San", 27, "Automation", "Robot");
    myStudent.show();
    myStaff.show();
    myProfessor.show();
    myGraduateStudent.show();
}
```

程序运行结果：

```
Person 的构造函数被调用
Student 的完整构造函数被调用
Person 的构造函数被调用
Staff 的完整构造函数被调用
Person 的构造函数被调用
Staff 自身的构造函数被调用
Professor 的构造函数被调用
Person 的构造函数被调用
Student 自身的构造函数被调用
Staff 自身的构造函数被调用
G_Student 的构造函数被调用
```

名字	：	Wang Yi	年龄	： 25	专业：Computer		
名字	：	Tang An	年龄	： 35	部门：Engineering		
名字	：	Chen Wu	年龄	： 50	部门：Management	级别	： 1
名字	：	Liu San	年龄	： 27	专业：Automation	部门	： Robot

```
G_Student 的析构函数被调用
Staff 的析构函数被调用
Student 的析构函数被调用
Person 的析构函数被调用
Professor 的析构函数被调用
Staff 的析构函数被调用
Person 的析构函数被调用
Staff 的析构函数被调用
Person 的析构函数被调用
Student 的析构函数被调用
Person 的析构函数被调用
```

4.6　程序设计实例

【例 4-9】通过一个小型公司的人员信息管理系统说明类的派生过程和虚基类的应用。

公司有四类人员：经理、兼职技术人员、销售经理和兼职推销员。要求存储这些人员的姓名、编号、级别、当月薪水，计算月薪总额并显示全部信息。

人员编号基数为 1000，每输入一条人员信息，编号数字加 1。

程序要对所有人员有提升级别的功能。为简单起见，所有人员的初始级别均为 1 级，然后进行升级，经理升为 4 级，兼职技术人员和销售经理升为 3 级，兼职推销员仍为 1 级。

月薪计算办法：经理固定月薪 8000 元；兼职技术人员按每小时 100 元领取月薪；兼职推销员的月薪是该推销员当月销售额的 0.4%；销售经理既有固定月薪也领取销售提成，固定月薪为 5000 元，销售提成为所管辖部门当月销售总额的 0.5%。

程序代码如下：

```
//employee.h
class Employee{
protected:
```

```cpp
    char * name;
    int individualEmpNo;
    int grade;
    float accumPay;
    static int employeeNo;
public:
    Employee();
    ~Employee();
    void pay();
    void promote(int);
    void displayStatus();
};
class Technician:public Employee{
private:
    float hourlyRate;
    int workHours;
public:
    Technician();
    void pay();
    void displayStatus();
};
class Salesman:virtual public Employee{
protected:
    float CommRate;
    float sales;
public:
    Salesman();
    void pay();
    void displayStatus();
};
class Manager:virtual public Employee{
protected:
    float monthlyPay;
public:
    Manager();
    void pay();
    void displayStatus();
};
class Salesmanager:public Manager,public Salesman{
public:
    Salesmanager();
    void pay();
    void displayStatus();
};
//empfunc.cpp
#include <iostream>
#include <string.h>
#include "employee.h"
using namespace std;
int Employee::employeeNo = 1000;
Employee::Employee(){
    char namestr[50];
    cout<<"请输入下一个雇员的姓名: ";
    cin>>namestr;
    name = new char[strlen(namestr)+1];
    strcpy(name,namestr);
```

```
            individualEmpNo = employeeNo++;
            grade = 1;
            accumPay = 0.0;
    }
    Employee::~Employee(){      delete name; }
    void Employee::pay(){}
    void Employee::promote(int increment){    grade += increment; }
    Technician::Technician(){ hourlyRate = 100; }
    void Technician::pay(){
        cout<<"请输入"<<name<<"本月的工作时数: ";
        cin>>workHours;
        accumPay = hourlyRate * workHours;
        cout<<"兼职技术人员"<<name<<"编号"<<individualEmpNo<<"本月工资"<<accumPay<<endl;
    }
    void Technician::displayStatus(){
        cout<<"兼职技术人员"<<name<<"编号"<<individualEmpNo<<"级别为"<<grade<<"级,已付本月工
资"<<accumPay<<endl;
    }
    Salesman::Salesman(){ CommRate = 0.004; }
    void Salesman::pay(){
        cout<<"请输入"<<name<<"本月的销售额: ";
        cin>>sales;
        accumPay = sales * CommRate;
        cout<<"兼职推销员"<<name<<"编号"<<individualEmpNo<<"本月工资"<<accumPay<<endl;
    }
    void Salesman::displayStatus(){
        cout<<"兼职推销员"<<name<<"编号"<<individualEmpNo<<"级别为"<<grade<<"级,已付本月工资
"<<accumPay<<endl;
    }
    Manager::Manager(){     monthlyPay = 8000;}
    void Manager::pay(){
        accumPay = monthlyPay;
        cout<<"经理"<<name<<"编号"<<individualEmpNo<<"本月工资"<<accumPay<<endl;
    }
    void Manager::displayStatus(){
        cout<<"经理"<<name<<"编号"<<individualEmpNo<<"级别为"<<grade<<"级, 已付本月工资
"<<accumPay<<endl;
    }
    Salesmanager::Salesmanager(){
        monthlyPay = 5000;
        CommRate = 0.005;
    }
    void Salesmanager::pay(){
        accumPay = monthlyPay;
        cout<<"请输入"<<Employee::name<<"所管辖部门本月销售总额: ";
        cin>>sales;
        accumPay = monthlyPay + sales * CommRate;
        cout<<"销售经理"<<name<<"编号"<<individualEmpNo<<"本月工资"<<accumPay<<endl;
    }
    void Salesmanager::displayStatus(){
        cout<<"销售经理"<<name<<"编号"<<individualEmpNo<<"级别为"<<grade<<"级,已付本月工资
"<<accumPay<<endl;
    }
    //e4_9.cpp
```

```cpp
#include <iostream>
#include "employee.h"
using namespace std;
int main(){
    Manager m1;
    Technician t1;
    Salesmanager sm1;
    Salesman s1;
    m1.promote(3);
    m1.pay();
    m1.displayStatus();
    cout<<endl;
    t1.promote(2);
    t1.pay();
    t1.displayStatus();
    cout<<endl;
    sm1.promote(2);
    sm1.pay();
    sm1.displayStatus();
    cout<<endl;
    s1.pay();
    s1.displayStatus();
    return 0;
}
```

程序运行结果：

请输入下一个雇员的姓名：wang
请输入下一个雇员的姓名：zhao
请输入下一个雇员的姓名：li
请输入下一个雇员的姓名：zhang
经理 wang 编号 1000 本月工资 8000
经理 wang 编号 1000 级别为 4 级，已付本月工资 8000

请输入 zhao 本月的工作时数：40
兼职技术人员 zhao 编号 1001 本月工资 4000
兼职技术人员 zhao 编号 1001 级别为 3 级，已付本月工资 4000

请输入 li 所管辖部门本月销售总额：400000
销售经理 li 编号 1002 本月工资 7000
销售经理 li 编号 1002 级别为 3 级，已付本月工资 7000

请输入 zhang 本月的销售额：400000
兼职推销员 zhang 编号 1003 本月工资 1600
兼职推销员 zhang 编号 1003 级别为 1 级，已付本月工资 1600

本 章 小 结

继承是面向对象程序设计方法的 4 个基本特征之一，是实现代码重用的重要机制。

类继承是新类从现有类那里得到现有的特性；从现有类产生新类的过程就是类的派生。派生类同样也可以作为基类再派生新类，这样就形成了类的层次结构。类的派生实际是一种演化、发展过程，即通过扩展、更改和特殊化，从一个现有类出发建立一个新类。类的派生通过建立具有共同关键特征的对象家族实现代码的重用。

派生新类的过程包括三个步骤：吸收基类成员、改造基类成员和添加新的成员。C++类中，派生类包含基类中除构造函数和析构函数之外的所有成员。对基类成员的改造包括两个方面，一是基类成员的访问权限根据派生类定义时的继承方式来控制；二是对基类数据或成员函数的覆盖，对基类的功能进行改造。派生类新成员的加入是继承与派生机制的核心，是保证派生类在功能上有所发展的关键，可以根据实际需要给派生类添加适当的数据和成员函数，来实现必要的新增功能。

在派生过程中，基类构造函数和析构函数是不能被继承的。

在 C++中，构造派生类对象总是从基类的初始化开始。

基类、内嵌对象、常量数据成员需要在构造函数的成员初始化列表中初始化。

一个类可以从多个类派生，当需要从多个概念派生新概念时，使用多继承。在多个类之间有重复继承时，为避免基类数据成员在内存中有多个副本，应将该基类定义为虚基类。虚基类为多条继承路径提供了一个汇合点，使它们可以共享信息。在多数情况下，使用多重继承必须使用到虚基类，但虚基类的定义很复杂，因此，在程序中使用多重继承应慎重。

习　题　4

一、简答题

1. 比较类的三种继承方式 public、protected、private 之间的区别。

2. 派生类构造函数和析构函数执行的次序是怎样的？

3. 什么叫虚基类？它有什么作用？

二、填空题

1. 如果类 A 继承了类 B，则类 A 称为____，类 B 称为____。

2. 派生类对基类的继承有三种方式：____、____和____。

3. 如果只想保留公共基类数据成员的一个副本，就必须使用关键字____把这个公共基类定义为虚基类。

4. 派生类的成员有两种来源，即____和____。

5. 要想访问基类的 private 成员变量，只能通过基类提供的____进行间接访问。

三、编程题

1. 定义一个基类，数据成员有姓名、性别和年龄，再由基类派生出教师类和学生类，教师类增加工号、职称和工资，学生类增加学号、班级、专业和入学成绩。

2. Shape 类是一个表示形状的抽象类，area()为求图形面积的函数，total()则是一个通用的求不同形状的图形面积总和的函数。要求从 Shape 类派生出三角形类(Triangle)、矩形类(Rectangle)，并给出具体的求面积函数。

```
class Shape{
public:
```

```
    virtual float area()=0;
};
float total(Shape *s[],int n){
    float sum=0.0;
    for(int i=0;i<n;i++)
    sum+=s[i]->area();
    return sum;
}
```

3. 设计一个程序：定义一个汽车类 Vehicle，它有一个需要传递参数的构造函数，类中的数据成员包括车轮个数 wheel 和车重 weight，两者作为保护成员；小车类 Car 是 Vehicle 的私有派生类，数据成员有承载人数 passengers；卡车类 Truck 是 Vehicle 的私有派生类，数据成员有承载人数 passengers 和载重量 payload。每个类都有相关数据的输出方法。

第 5 章　多态性与虚函数

【学习目标】
（1）理解多态性的概念。
（2）理解静态多态性和动态多态性的区别。
（3）掌握动态多态性的实现方法以及虚函数在其实现中起到的作用。
（4）掌握虚函数的调用方法。
（5）掌握抽象类的概念及应用。

5.1　实现动态多态性

多态性概念体现了现实社会中各个事物之间的联系和相互作用。顾名思义，多态就是一种名称多种形态，是同样的消息被不同对象接收导致完全不同的行为的一种现象。例如，一个经理要到外地出差，他会把这个消息告诉身边的人：他的妻子、秘书和下属。这些人听到这个消息会有不同的反应：他的妻子会为他准备行李，秘书会为他安排车票和住宿，下属会为他准备出差的材料。这就体现了多态性。

在面向对象程序设计中，多态是指一个方法（函数）有不同的参数形式或不同的实现过程，可以简单地描述为"一个接口，多种方法"。多态性是指同一个消息作用在不同对象或同一个对象上可以得到不同的结果，消息指对类的成员函数的调用。多态性允许每个对象以适合自身的方式对消息做出响应，是面向对象程序设计最重要的特性之一，降低了代码的冗余性，提高了代码的可重用性和可扩充性。

5.1.1　多态性的实现方法

多态性根据阶段不同，分为静态多态性和动态多态性。静态多态性是一种编译时多态，通过重载和模板实现。动态多态性是一种运行时多态，通过方法重写机制实现，其基础是数据封装和继承机制，首先建立类层次，然后在基类和子类中进行方法重写（over write），也叫方法覆盖。在一个出现了方法重写的程序中，如果子类对象调用重写的方法，在编译时就能够确定执行的是子类中定义的重写方法；如果父类变量引用(指向)子类对象，具体执行哪个重写方法需要到程序运行时才能够确定，这种情况更能体现同一个消息有不同的执行过程和不同的执行结果。

（1）重载实现静态多态性：同一个函数名，当用不同的实参调用时，会调用不同的重载函数版本，从而实现不同的功能。

（2）模板实现静态多态性：模板是一类函数或类的样板，通过用不同的参数调用模板，可生成不同的具体函数或具体类，从而实现不同的功能。

（3）虚函数实现动态多态性：通过类继承和虚函数机制实现多态。建立类层次，在派生类中重写基类中的函数，并将该函数设置为虚函数，使相同的函数调用代码能够调用不同类（基类或派生类）的虚函数，从而实现不同的功能。

5.1.2 静态多态性和动态多态性

编译时多态通过静态联编实现，运行时多态通过动态联编实现。

1. 联编

在面向对象程序设计中，联编的含义是把一个函数名与其实现的代码联系在一起，即把主调函数代码与被调函数代码连接起来。按照联编所在的阶段不同，分为静态联编和动态联编。

静态联编又称先期联编，是指在编译阶段就将函数调用和函数实现关联起来。换句话说，主调函数和被调用代码的关系早在编译时就确定了。动态联编又称滞后联编，是指在程序执行的时候才将函数调用和函数实现关联，在编译阶段系统还不能确定两者的对应关系。静态联编的最大优点是速度快，动态联编的效率略低于静态联编。

2. 静态多态性

在没有类层次的场合，使用函数重载方式实现静态多态性。重载函数名称相同，但参数表不同（参数个数或参数类型或参数顺序有变化），编译器根据参数表来识别各重载函数。根据参数表，系统在编译时完成静态联编过程。这样的例子前面已经有过介绍，这里不再赘述。

在建立了类层次的场合，各个类可以有名字和参数表完全相同的成员函数（方法重写）。图 5.1 显示了单继承建立的类层次，Student 类描述学生的特征，派生类 Smallstudent 类描述某一部分学生的特征。在基类和派生类中都定义了 print()成员函数，功能是显示相应对象的数据。如果想通过不同的对象调用 print()函数来实现多态性（输出不同的内容），则必须在基类中将 print()函数声明为虚函数。

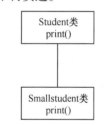

图 5.1 单继承建立的类层次

【**例 5-1**】有类层次场合下未声明虚函数，则采用静态联编，不能实现动态多态性。

程序代码如下：

```cpp
//e5_1.cpp
#include <iostream>
#include <string.h>
using namespace std;
class Student{
protected:
    int number;
    char * name;
public:
    Student (int a,char * b){
        number = a;
        name = new char[strlen(b)+1];  //加 1，使下面析构空间和构造空间大小一致
        strcpy(name, b);
    }
    ~Student(){ delete name; }                //建议不使用 delete[]name 形式
```

```
        void print(){                                //一般成员函数
            cout<<" 我的学号是 : "<<number<<".\n";
            cout<<" 我的名字是 : "<<name<<".\n";
        }
};
class Smallstudent : public Student{
public:
    Smallstudent(int a,char * b, float c):Student(a,b),averScore(c){}
    void print(){
        cout<<" 我的名字是:"<<name<<".我的平均分数是"<<averScore<<".\n";
    }
private:
    float averScore;
};
void main(){
    Student *.pt;                          //pt 是基类指针
    Student x(101,"王明");                  //创建 Student 类对象 x
    x.print();                             //调用 x 对象的成员函数 print()
    pt = &x;                               //将基类指针 pt 指向 Student 类对象
    pt->print();                           //调用成员函数 print()
    Smallstudent y(102,"李四", 97.8);       //创建 Smallstudent 类对象 y
    y.print();                             //调用 y 对象的成员函数 print()
    pt = &y;                               //用一个父类指针指向一个子类对象
    pt->print();                           //通过父类指针调用成员函数 print()
}
```

程序运行结果：

```
我的学号是 : 101.
我的名字是 : 王明.
我的学号是 : 101.
我的名字是 : 王明.
我的名字是 : 李四. 我的平均分数是 : 97.8.
我的学号是 : 102.
我的名字是 : 李四.
```

程序说明：

基类 Student 中的 print() 函数是一般成员函数，未声明为虚函数。在主函数 main()中，分别建立基类对象 x 和子类对象 y；pt 是基类指针。pt=&y 语句使基类指针 pt 指向子类对象 y，pt->print() 语句利用基类指针 pt 调用所指对象的 print() 函数。从结果可以看出，该语句执行的是基类的 print() 函数。也就是说，虽然基类指针指向了子类对象，但是指针本身的属性并没有改变，系统认为它指向的仍然是一个基类对象，所以调用的仍然是基类的成员函数，没有实现多态性。要实现多态性，需要使用虚函数来实现动态联编，方法是将基类中的成员函数 print()声明为虚函数。

【例 5-2】静态联编，不能实现动态多态性。

程序代码如下：

```
//e5_2.cpp
#include <iostream>
using namespace std;
class Pet{                    //宠物类
```

```
public:
    void Speak(){ cout<<"How does a pet speak?"<<endl; }
};
class Cat:public Pet{
public:
    void Speak(){ cout<<"miao!miao!"<<endl; }
};
class Dog:public Pet{
public:
    void Speak(){ cout<<"wang!wang!"<<endl; }
};
void main(){
    Pet * p1,* p2,* p3,obj;
    Dog dog1;
    Cat cat1;
    obj = dog1;              //子类对象赋给一个基类对象
    obj.Speak();
    p1 = &dog1;              //用一个能够指向基类对象的指针变量指向一个子类对象
    p1->Speak();
    p2 = new Cat;            //用一个指向基类对象的指针变量指向一个动态生成的子类对象
    p2->Speak();
    Pet &p4 = cat1;          //以一个子类对象初始化一个基类的引用
    p4.Speak();
}
```

程序运行结果:

```
How does a pet speak?
How does a pet speak?
How does a pet speak?
How does a pet speak?
```

程序说明:

从运行结果可以看出, 以上几种方式调用的都是基类的 Speak() 函数, 没有实现多态性。

3. 虚函数和动态多态性

建立类层次后, 实现动态多态性的方法是在基类中定义虚函数 (virtual functions)。虚函数的声明方法是在基类成员函数前用关键字 virtual 说明, 派生类中重写的虚函数名之前可略去关键字 virtual。其原型格式如下。

```
virtual 函数返回类型 函数名(参数表);
```

虚函数存在于继承关系中, 一个类成员函数声明为虚函数后, 在该类的直接或间接派生类中就可以重写基类同名虚函数 (函数头完全相同, 但函数体不同, 注意与函数重载不同)。编译器遇到虚函数时, 就会实行动态联编。基类指针指向子类对象, 通过该基类指针调用虚函数时, 系统会自动实现子类虚函数对基类同名虚函数的覆盖。而对于非虚函数, 编译器则会采用静态联编。

【例 5-3】虚函数实现动态联编, 利用基类指针实现动态多态性。

程序代码如下:

```
//e5_3.cpp
#include <iostream>
#include <string.h>
using namespace std;
class Student{
```

```
protected:
    int number;
    char * name;
public:
    Student (int a,char * b){
        number = a;
        name = new char[strlen(b)+1];
        strcpy(name, b);
    }
    ~Student(){    delete name; }
    virtual void print(){                    //虚函数
        cout<<" 我的学号是 ： "<<number<<"\n";
        cout<<" 我的名字是 ： "<<name<<"\n";
    }
};
class Smallstudent : public Student{
public:
    Smallstudent(int a,char * b, float c):Student(a,b),averScore(c){}
    void print(){
        cout<<" 我的名字是 ： "<<name<<endl;
        cout<<" 我的平均分数是 ： "<<averScore<<"\n";
    }
private:
    float averScore;
};
void main(){
    Student * pt;
    Student x(103,"张海");
    x.print();
    pt = &x;
    pt->print();
    Smallstudent y(104,"黎明", 87);
    y.print();
    pt = &y;
    pt->print();
}
```

程序运行结果：

```
我的学号是 ： 103
我的名字是 ： 张海
我的学号是 ： 103
我的名字是 ： 张海
我的名字是 ： 黎明
我的平均分数是 ： 87
我的名字是 ： 黎明
我的平均分数是 ： 87
```

程序说明：

例 5-3 与例 5-1 的区别在于：将基类 Student 中的成员函数 print()声明为虚函数。在主函数 main()中，分别建立基类对象 x 和子类对象 y；pt 是基类指针。pt=&y 语句使基类指针 pt 指向子类对象 y，pt->print()语句利用基类指针 pt 调用所指对象的 print()函数。从结果可以看出，由于基类中的 print() 为虚函数，所以该语句执行的是子类的 print() 函数，实现了多态性。

总的来说，动态多态性是通过建立类层次和在基类中声明虚函数来实现的。获得动态多态性的过程如下。

（1）建立类层次。

（2）在基类中声明虚函数。

（3）在派生类中重写虚函数。

（4）定义基类指针，使该指针指向子类对象。

5.2 对虚函数的限制

5.2.1 声明虚函数的限制

一般情况下，可将类中具有共性的成员函数声明为虚函数，而具有个性的函数往往为某一个类所独有，可声明为一般成员函数。将类的成员函数声明为虚函数有利于编程，但下面的函数不能声明为虚函数。

（1）构造函数不能声明为虚函数。构造函数在对象创建时调用，完成对象的初始化，此时对象正在创建中，基类指针无从指向。只有在构造过程完成后，对象才存在，才能被基类指针指向。

（2）静态成员函数不能是虚函数。因为静态成员函数属于整个类，没有多态性特征。

（3）内联函数不能是虚函数。内联函数在原地展开，其功能形式相当于将函数中的语句直接嵌入到函数调用处，不具有多态性特征。在基类类体中将某成员函数声明为虚函数，则编译器不会视该虚函数为内联函数。即使用关键字 inline 说明它是内联函数，编译器也会把它视作非内联函数。

【例 5-4】声明虚函数的限制。

程序代码如下：

```
//e5_4.cpp
#include <iostream>
using namespace std;
class  A{
public:
    A(int i=3){ data = i; }   //不能使用关键字 virtual 将构造函数声明为虚函数
    virtual void print();     //虚函数 print() 不能声明为静态函数
private:
    int data;
};
//类体内声明的虚函数是非内联函数；即使在类外用 inline 说明它是内联函数，它仍然被编译器当作非内联函数处理
inline void A::print(){ cout<<"在基类中. "<<"data= "<<data<<endl; }
class B : public A{
public:
    B(int i, int j):A(i),dba(j){}
//在基类 A 中，print() 是虚函数；下面，使用关键字 static 说明函数 print() 是静态的。这个 print() 函数与基类中的虚函数 print() 无关，因此不能实现多态性
    static void print(){ cout<<" 在派生类中 "<<endl; }
```

```
private:
    int dba;
};
void main(){
    A * pt;
    A b(10);
    pt = &b;
    pt->print();                    //调用 A 类中的虚函数 print()
    B c(20,15);
    pt = &c;
    pt->print();                    //还是调用 A 类中的虚函数 print()
}
```

程序运行结果：

```
在基类中. data = 10
在基类中. data = 20
```

5.2.2 虚函数的使用限制

【例 5-5】虚函数实现动态联编，利用基类指针或基类引用方式实现动态多态性。

程序代码如下：

```
//e5_5.cpp
#include <iostream>
using namespace std;
class Pet{
public:
    virtual void Speak(){ cout<<"How does a pet speak ?"<<endl; }
};
class Cat:public Pet{
public:
    virtual void Speak(){ cout<<"miao!miao!"<<endl; }
};
class Dog:public Pet{
public:
    virtual void Speak(){ cout<<"wang!wang!"<<endl; }
};
void main(){
    Pet * p1, * p2, * p3,obj;
    Dog dog1;
    Cat cat1;
    obj = dog1;                     //用 Dog 类对象给 Pet 类对象赋值
    obj.Speak();                    //How does a pet speak ?
    p1 = &dog1;
    p1->Speak();                    //wang!wang!
    p2 = new Cat;
    p2->Speak();                    //miao!miao!
    Pet &p4 = cat1;
    p4.Speak();                     //miao!miao!
    delete p2;
    delete p3;
}
```

程序运行结果：

```
How does a pet speak ?
wang!wang!
miao!miao!
miao!miao!
```

虚函数使用限制如下。

（1）应通过基类指针或基类引用调用虚函数，而不要用对象调用虚函数，这样才能保证多态性的成立。

（2）派生类重定义的基类虚函数仍为虚函数，可以省略 virtual。虚函数重定义时，函数名、返回值类型、参数与原函数完全一致。虚函数重定义与函数重载不同。

（3）构造函数不可以是虚函数，但析构函数可以是虚函数，而且通常将其声明为虚函数。将析构函数声明为虚函数的目的是使用 delete 运算符删除一个对象时，能保证对象所属类的析构函数被正确执行。

【例 5-6】析构函数的使用。

程序代码如下：

```
//e5_6.cpp
#include <iostream>
using namespace std;
class A{
public:
    A(){ a = new char[10]; }
    ~A(){                        //非虚析构函数
        delete[] a;
        cout<<"基类中的析构函数"<<endl;
    }
private:
    char * a;
};
class B: public A{
public:
    B(){ b = new char[20]; }
    ~B(){
        delete[] b;
        cout<<"派生类中的析构函数"<<endl;
    }
private:
    char * b;
};
void foo(){
    A * k = new B;
    delete k;
}
void main(){
    foo();
}
```

程序运行结果：

基类中的析构函数

程序说明：

在本例中，基类的析构函数不是虚函数。在函数 foo()中，基类指针 k 指向用 new 创建的子类

B 的一个对象（其数据成员为 20 个字符）。执行语句 delete k 时，实际上是调用基类的析构函数。

【例 5-7】虚析构函数的使用。

在例 5-6 的基础上对基类 A 做如下修改。

```
class A{
public:
    A(){ a = new char[10]; }
    virtual ~A(){                //虚析构函数
        delete[] a;
        cout<<"基类中的析构函数"<<endl;
    }
private:
    char * a;
};
```

程序运行结果：

派生类中的析构函数
基类中的析构函数

程序说明：

例 5-7 与例 5-6 不同，基类的析构函数是虚函数。在函数 foo()中执行语句 delete k 时，先调用子类 B 的析构函数，再执行基类 A 的析构函数。

5.3　在成员函数中调用虚函数

在基类或子类成员函数中，可以直接调用同层次的虚函数。

【例 5-8】在成员函数中调用虚函数。

程序代码如下：

```
//e5_8.cpp
#include <iostream>
using namespace std;
class A{
public:
    A(int i = 3){ x = i; }
    virtual void at(){ cout<<"x="<<x<<endl; }
    void at2(){ at(); }
protected:
    int x;
};
class B: public A{
public:
    B(int m){ y = m; }
    void at(){    cout<<"y="<<y<<endl; }
private :
    int y;
};
void main(){
    A k(5),* p;            //p 为基类指针
    p = &k;                //p 指向基类对象 k
```

```
    p->at2();                   //调用基类成员函数 at2()
    B s(8);
    p = &s;                     //基类指针 p 指向派生类对象 s
    p->at2();                   //调用基类成员函数 at2()
}
```

程序运行结果：

```
x=5
y=8
```

程序说明：

在本例中，基类 A 的 at()函数是虚函数，子类 B 对其进行了重新定义。A 类中有成员函数 at2()。p 是基类指针，首先 p 指向基类对象 k，然后调用成员函数 at2()，在执行过程中又转向调用成员函数 at()。其后，使基类指针 p 指向子类对象 s，通过基类指针 p 调用子类从基类继承过来的成员函数 at2()，在执行 at2()函数的过程中又调用函数 at()，由于 at()是虚函数，所以此时调用的是子类中的成员函数 at()。

5.4 在构造函数中调用虚函数

建立类层次后，基类中声明的虚函数在子类中重新定义，函数调用时采用滞后联编，实现多态性。在创建子类对象过程中，总是先调用基类构造函数，若在构造函数中调用虚函数，则采用先期联编，即构造函数所调用的虚函数是自己类中或基类定义的函数，而不是在派生类中重新定义的同名函数。应该注意，滞后联编出现在创建类对象之后；在对象存在之前，都是采用静态联编。

【例 5-9】构造函数中虚函数的应用。

程序代码如下：

```cpp
//e5_9.cpp
#include <iostream>
using namespace std;
class A{
public:
    A(){ fvd(); }                    //这里调用的都是 A::fvd()
    virtual void fvd(){ cout<<"基类中的成员函数"<<endl; }
};
class B:public A{
public:
    void fvd(){ cout<<"派生类中的成员函数"<<endl; }
};
void bar(){
    A * a=new B;                     //基类指针指向子类对象
    delete a;
}
void main(){
    bar();
    A a;
    B b;
```

```
    }
```
程序运行结果：

基类中的成员函数
基类中的成员函数
基类中的成员函数

5.5 纯虚函数和抽象类

在许多情况下，在基类中不能给虚函数一个完整、有意义的定义（函数体），这时可以将它声明为纯虚函数，完整的函数定义由派生类给出。纯虚函数的一般声明格式如下。

```
virtual 返回类型 函数名(参数表)= 0;
```

包含纯虚函数的类称为抽象类，反之，称为具体类。一个抽象类至少包含一个纯虚函数。在使用抽象类和纯虚函数时应注意以下几点。

（1）抽象类只能作为基类被继承，派生出新类，无派生类的抽象类是没有意义的。因此抽象类只是用于被继承，仅作为一个接口，具体的功能在其派生类中实现。

（2）抽象类不能实例化，即不能创建对象。在派生类中给出基类纯虚函数的完整定义，使派生类成为一个具体类，这样就可以用派生类来创建对象。若派生类依然没有实现基类纯虚函数，则该派生类仍然是一个抽象类。

（3）不能创建一个抽象类的对象，但可以声明一个抽象类（也是基类）的指针或引用指向派生类对象，从而实现动态多态性。

例如，有类层次如图 5.2 所示。

在图 5.2 中，图形类 Shape 是一个抽象类。图形是一个抽象概念，若不具体地说明是哪种图形，图形面积就没办法计算。因此，在 Shape 类中无法定义有实际意义的函数来计算面积，计算面积的函数 area()只能声明为纯虚函数。在派生类 Circle 类和 Rectangle 类中必须实现函数 area()，使 Circle 和 Rectangle 成为具体类，这样就可以创建具体对象，从而计算图形的面积。

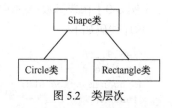

图 5.2 类层次

【例 5-10】纯虚函数的用法。

程序代码如下：

```
//e5_10.cpp
#include <iostream.h>
class Shape{
public:
    virtual void area() = 0;                     //纯虚函数
};
class Circle : public Shape{
private:
    float r;
public:
    Circle(float r1){ r = r1; }
    void area(){
```

```
            cout<<" 圆的半径 ： "<<r<< endl;
            cout<<" 圆的面积 ： "<<r*r*3.14159265<<endl;
    }
};
class Rectangle : public Shape{
public:
    Rectangle(float a, float b){
        H = a;
        W = b;
    }
    void area(){
        cout<<" 矩形的边长 ： "<<H<<"  "<<W<<endl;
        cout<<" 矩形的面积 ： "<<H*W<<endl;
    }
protected:
    float H,W;
};
void main(){
    Shape * p;                        //用抽象类 Shape 定义指针 p
    Circle a(5.0);                    //Circle 类是具体类，创建对象 a
    Rectangle b(2.0, 4.0);            //Rectangle 类是具体类，创建对象 b
    p = &a;                           //抽象类指针指向 Circle 类对象 a
    p->area();                        //调用纯虚函数 area()
    p = &b;                           //抽象类指针指向 Rectangle 类对象 b
    p->area();
}
```

程序运行结果：

圆的半径 ： 5
圆的面积 ： 78.5398
矩形的边长 ： 2   4
矩形的面积 ： 8

程序说明：

Shape 为抽象类，Circle 和 Rectangle 为子类，在子类中给出了纯虚函数 area() 的实现。p 为基类指针，a 和 b 为子类对象。在 main() 函数中，使用基类指针 p 分别指向子类对象 a 和子类对象 b，然后调用函数 area()（p->area()），执行同一条语句，分别得到对象 a 和对象 b 的面积，实现了动态多态性。

引入抽象类后，可以使用基类指针或引用指向子类对象，实现动态多态性，使程序更简洁。

5.6 程序设计实例

【例 5-11】编程实现类 Employee、派生类 Manager 和 Hourlyworker。Employee 类有数据成员 name 和 ID，Manager 类有数据成员 sal，代表经理的月工资，Hourlyworker 类有数据成员 wage 和 hours，分别代表每小时的工资数和月工作时数。所有类定义必须包含构造函数、析构函数、修改和获取所有数据成员的成员函数，Employee 类必须包含分别用于计算职工的工资、输出职员的姓名和编号的纯虚函数。

程序代码如下：

```cpp
//e5_11.cpp
#include <iostream>
using namespace std;
class Employee{
public:
    Employee(char nm[],int id){ name = nm;ID = id; }
    ~Employee(){}
    int getid(){return ID;}
    char * getname(){return name;}
    void setid(int id){ ID = id;}
    void setname(char nm[]){name = nm;}
    virtual int pay() = 0;
    virtual void print() = 0;
protected:
    char * name;
    int ID;
};
class Manager:public Employee{
public :
    Manager(char nm[],int id,int sl):Employee(nm,id){ sal = sl; }
    ~Manager(){};
    int getsal(){return sal;}
    void setsal(int sl){ sal = sl; }
    int pay(){return sal;}
    void print(){
        cout<<endl<<"name:"<<name<<"    ID:"<<ID<<"    pay="<<pay()<<endl;
    }
protected:
    int sal;
};
class Hourlyworker:public Employee{
public:
    Hourlyworker(char nm[],int id,int w,int h):Employee(nm,id)
    { wage = w; hours = h; }
    ~Hourlyworker(){};
    int getwage(){return wage;}
    void setwage(int w){ wage = w; }
    int gethours(){return hours;}
    void sethours(int h){ hours = h; }
    int pay(){return hours*wage;}
    void print(){
        cout<<"\nname:"<<name<<"        ID:"<<ID<<"    pay="<<pay()<<endl;
    }
protected:
    int wage ;
    int hours;
};
void main(){
    Manager manag("zhang",101,9000);
    Hourlyworker hourw("li",112,30,8*29);
    manag.print ();
    hourw.print ();
```

```
}
```

程序运行结果：

```
name: zhang     ID: 101     pay=9000
name: li        ID: 112     pay=6960
```

本 章 小 结

多态性是面向对象程序设计的一个重要特征，其本意是"拥有多种形态"。多态性分为静态多态性和动态多态性。函数重载属于静态多态性，程序在编译时就能确定调用哪个函数；动态多态性是指在动态联编下实现的多态性，只有在程序运行时才能确定调用哪个函数。

虚函数是实现动态多态性的关键，没有虚函数不可能实现动态联编。如果没有声明虚函数，通过基类指针或基类引用只能调用基类成员函数；若声明了虚函数，那么通过基类指针或基类引用，就能根据对象调用不同的成员函数，实现动态多态性。虚函数的使用，体现了"一个接口，多种方法"的面向对象编程思想。

利用虚函数实现动态多态性的步骤。

（1）在基类中声明虚函数。

（2）在派生类中重定义基类虚函数。

（3）使基类指针或基类引用指向派生类对象。

（4）使用基类指针或基类引用调用虚函数。

虚析构函数的提出是为了避免使用 delete 释放基类指针所指向的派生类对象空间时出现内存泄漏问题。含有纯虚函数的类称为抽象类，抽象类只能作为基类被继承使用，不能用来创建抽象类对象，但可以声明抽象类的指针或引用。

习　题　5

一、简答题

1. 什么是多态性？在 C++中如何实现动态多态性？
2. 抽象类有何作用？抽象类的派生类是否一定要给出纯虚函数的实现？
3. 在 C++中能否声明虚构造函数，为什么？能否声明虚析构函数，有什么作用？

二、填空题

1. C++语言支持的两种多态性分别是编译时的多态性和____的多态性。
2. 联编有两种方式，即____和____。
3. 完善程序代码。在下面的类定义中，车辆类为虚基类，自行车类和机动车类是车辆类的派生类，类之间均是公有继承。

```
class Vehicle{              //车辆类
private:
    int maxspeed;           //最大车速
    int weight;             //车重
```

```
public:
    Vehicle(){ maxspeed = 0; weight = 0; }
    virtual void run(){ cout<<"A vehicle is running! "<<endl; }
};
class Bicycle: _____{      //自行车类
private:
    int height;             //车高
public:
    Bicycle(){ };
    void run(){ cout<<"A  bicycle is running!"<<endl; }
};
class Motorcar: _____{                //机动车类
private:
    int seatnum;                       //乘员数
public:
    void run(){ cout<<"A  motorcar  is running!"<<endl; }
};
```

4. 运行结果是____。

```
#include <iostream>
using namespace std;
class A{
public:
    virtual void f(){ cout<<"基类 A 中的成员函数."<<endl; }
};
class B:public A{
    void f(){ cout<<"派生类 B 中的成员函数."<<endl; }
};
void fd(A & x){ x.f(); }
void main(){
    A a;
    B b;
    fd(a);
    fd(b);
}
```

5. 运行结果是____。

```
#include <iostream>
using namespace std;
class A{
public:
    virtual void fun(){ cout<<"A类"<<endl; }
};
class B{
public:
    void fun(){ cout<<"B类"<<endl; }
};
class C :public  A, public B{
    void fun(){ cout<<"C类"<<endl; }
};
void main(){
    A * p1;
    B * p2;
```

```
    C obj;
    p1 = &obj;
    p1->fun();
    p2 = &obj;
    p2->fun();
}
```

6. 抽象类必须至少包含一个____。

三、编程题

1. 基类 Shape（形状）有两个派生类 Circle（圆）和 Square（正方形），要求如下。

（1）根据给出的半径计算圆的面积。

（2）根据给出的正方形中心坐标和一个顶点坐标计算正方形的面积。

提示：Shape 类的数据成员包括中心坐标，Circle 类新增一个数据成员，即圆的半径，Square 类新增两个数据成员，即顶点坐标。

2. 定义基类 Computer（计算机），其数据成员为 CPU (处理器)、HDisk (硬盘)、Mem (内存)，成员函数 Show()为虚函数。PC 类（台式机）与 NoteBook 类（笔记本）由 Computer 派生。PC 类的数据成员为 Display (显示器)、Keyboard (键盘)。NoteBook 类的数据成员为 LCD (液晶显示屏)。在两个派生类中定义显示机器配置的成员函数 Show()为虚函数。在主函数中，定义 PC 类和 NoteBook 类对象，并用构造函数初始化对象。用基类 Computer 定义指针变量 p，然后用指针 p 调用虚函数 Show()，显示 PC 和 NoteBook 的配置。

3. 将第 2 题中基类的虚函数改为纯虚函数，重新编写满足上述要求的程序。

第6章　运算符重载与类模板

【学习目标】
（1）理解为什么要进行运算符重载，在什么情况下要进行运算符重载。
（2）掌握通过成员函数重载运算符、借助友元函数实现运算符重载的方法。
（3）理解引用在运算符重载中的作用，引用作为参数和返回值的好处和用法。
（4）理解类型转换的必要性，能够在程序设计中正确应用类型转换。
（5）理解类模板和模板类的概念，掌握类模板的定义及实例化模板类的方法。
（6）掌握栈类模板、链表类模板的使用方法。

6.1　为什么要进行运算符重载

6.1.1　运算符重载的意义

在程序中，经常会使用运算符，C++中定义的运算符都是针对基本数据类型的，它们能否直接用于复杂的类对象呢？

【例6-1】复数的加法运算。

程序代码如下：

```cpp
//e6_1.cpp
#include <iostream>
using namespace std;
class Complex{
private:
    double real,imag;              //实部 real 和虚部 imag
public:
    Complex(){ real = imag = 0; }
    Complex(double r,double i = 0){   //虚部可以省略
        real = r;
        imag = i;
    }
    Complex add(Complex & r) {        //加法函数
        this->real += r.real;
        this->imag += r.imag;
        return Complex(this->real,this->imag);
    }
```

```
        friend void print(Complex & c); //友元函数
};
void print(Complex & c){ cout<<c.real<<"+"<<c.imag <<"i"<<endl; }
void main( ){
    Complex c1(2.0,3.0),c2(4.0,-2.0),c3(5.0,1.0),c4;
    c4 = c1.add(c2).add(c3);         //复数相加
    print(c4);
}
```

程序运行结果：

```
11+2i
```

程序说明：

复数类 Complex 定义了两个私有数据成员 real（实部）和 imag（虚部），定义了成员函数 add()用于实现复数加法运算，定义了友元输出函数 print()用于输出复数。在 main()函数中定义了 3 个复数对象，调用成员函数 add()实现 3 个复数相加。

程序中 3 个复数相加的表达式如下。

```
c4 = c1.add(c2).add(c3);
```

这种"对象.成员"的调用方式，不符合日常书写习惯，形式复杂，不易理解。如果能够像使用基本类型那样，用运算符来书写复数运算表达式（如 c4=c1+c2+c3），不仅书写简单，也符合日常书写习惯，容易理解，这正是 C++引入运算符重载的意义所在。

【例 6-2】使用运算符重载进行复数加法运算。

程序代码如下：

```
//e6_2.cpp
#include <iostream>
using namespace std;
class Complex{
private:
    double real,imag;
public:
    Complex(){ real = imag = 0; }
        Complex(double r, double i = 0){        //虚部可以省略
        real = r;
        imag = i;
    }
    Complex operator +(Complex & c){              //重载+运算符
        //构造一个复数，使之等于两复数之和，并把它作为函数返回值
        return Complex(real + c.real,imag + c.imag);
    }
    friend void print(Complex & c);
};
void print(Complex & c){ cout<<c.real<<"+"<<c.imag <<"i"<<endl; }
void main(){
    Complex c1(2.0,3.0),c2(4.0,-2.0),c3(5.0,1.0),c4;
    c4 = c1+c2+c3;                              //复数相加
    print(c4);
}
```

程序运行结果：

11+2i

程序说明：

该程序的功能和例 6-1 相同，只是用运算符重载代替了加法函数。

比较两个程序不难发现，例 6-2 中书写的复数相加表达式含义清晰，程序可读性好。

程序中+运算符重载的定义如下。

```
Complex operator + (Complex & c);
```

这与函数的定义非常相似，不同的是函数名换成了 operator +，operator 是运算符重载的关键字。例 6-2 中，该运算符重载是类 Complex 的成员，这种方式的运算符重载被称作 "重载为类成员运算符"。

+是一个二元运算符，需要左右两个操作数，当把+运算符重载为类成员运算符时，其左操作数就是对象自身（由 this 指向），而参数表中的参数被作为右操作数使用。与类的其他成员函数相同，如果把运算符重载函数放在类外，必须使用类限定::注明它是属于哪个类的。举例如下。

```
class Complex{
    ...
    Complex operator +(Complex & c);              //类成员运算符重载声明
    ...
};
Complex Complex::operator +(Complex & c){      //类成员运算符重载在类体外实现
    return Complex(real + c.real,imag + c.imag);
}
```

运算符重载不仅可以是类的成员，也可是类的友元。如果把运算符重载作为类的友元，这种方式的运算符重载被称作 "重载为友元运算符"。

【例 6-3】重载为友元运算符进行复数加法运算。

程序代码如下：

```
//e6_3.cpp
#include <iostream>
using namespace std;
class Complex{
private:
    double real,imag;
public:
    Complex() { real = imag = 0; }
    Complex(double r,double i = 0){                              //虚部可以省略
        real = r;
        imag = i;
    }
    friend Complex operator +(Complex & c1,Complex & c2); //重载+运算符
    friend void print(Complex & c1);
};
Complex operator +(Complex & c1,Complex & c2){              //重载+运算符
    //构造一个复数，使之等于两复数之和，并把它作为函数返回值
    return Complex(c1.real + c2.real,c1.imag + c2.imag);
};
void print(Complex & c){ cout<<c.real<<"+"<<c.imag <<"i"<<endl; }
void main(){
    Complex c1(2.0,3.0),c2(4.0,-2.0), c3(5.0,1.0),c4;
```

```
        c4 = c1+c2+c3;                                    //复数相加
        print(c4);
}
```

程序运行结果：

11+2i

程序说明：

本例实现的功能与例 6-1 和例 6-2 完全相同。

本例中，+运算符重载声明如下。

```
Complex operator +(Complex & c1,Complex & c2);
```

由于+被重载为友元运算符，因此在定义时参数表中必须指定两个参数：第一个参数作为运算符的左操作数，第二个参数作为运算符的右操作数。

运算符重载的目的就是把运算符与类的对象结合在一起使用。C++中的运算符很多，是不是在使用的时候所有的运算符都要重载呢？回答是否定的。原则是：在程序中只重载类对象使用到的运算符。

6.1.2　运算符重载的注意事项

C++对运算符重载做出了一定的限制和规定，在重载运算符时，需要注意以下几点。

（1）C++大部分运算符可以重载，但不是所有运算符都可以重载。

可以重载的运算符如下。

```
new        new[]        delete        delete[]
 +          -          *       /       %        ^          &
 |          ~          =       <       >        +=         -=
*-          /=         %=      ^=      &=       |=         <<
>>          &&         ||      ++      --       ->*        ->
()          []
```

其中，运算符()是函数调用运算符，[]是下标运算符。+、-、* 和 & 的一元、二元形式都可以重载。自增运算符 ++ 和自减运算符 -- 的前置、后置形式都可以重载。C++规定，=、()、[]、->四种运算符必须重载为类成员运算符。

以上可重载运算符中，除了赋值运算符=之外，基类中所有重载的运算符都将被派生类继承。

不可以重载的运算符如下。

.（成员运算符）　.*（成员对象选择符）　::（解析运算符）　?:（条件运算符）

（2）重载不改变运算符的优先级、结合律、操作数个数。

（3）不能创建新的运算符，仅现有运算符能够重载。

（4）运算符重载的参数至少有一个必须是类对象或类对象的引用。

（5）运算符只能显式重载，不存在隐式重载。运算符重载不能带有默认参数。

（6）重载运算符时，要保持语义上的一致性。例如，重载运算符+的意义是对有关对象执行加法运算。当然，也可以将之定义为其他某种运算，但这样做既没有必要，也容易造成混乱。

6.2 赋值运算符和四则运算符重载

对于类 T，赋值运算符重载格式如下。

```
T operator =(T &);
```

赋值运算符只能重载为类成员运算符，所以这是赋值运算符重载的唯一格式。

对于类 T，二元运算符（用#表示）重载格式如下。

```
T operator #(T &);              //重载为类成员运算符
或
T operator #(T &,T &);          //重载为非类成员运算符
```

四则运算符属于二元运算符，可以使用这两种形式。

【例 6-4】复数的四则运算。

程序代码如下：

```
//e6_4.cpp
#include <iostream.h>
#include <stdlib.h>
#include <math.h>
class Complex{           //Complex 是复数
private:
    double real;         //real 为实部
    double imag;         //imag 为虚部
public:
    Complex(double r = 0, double i = 0){    //带默认参数值的构造函数
        real = r;
        imag = i;        //对 real 和 imag 赋值
    }
    void print();        //成员函数 print()显示 real 和 imag
    void operator =(Complex &);                    //赋值操作
    friend Complex operator -(const Complex &);    //单目 - 操作
    //双目 + 操作
    friend Complex operator +(const Complex & c1, const Complex & c2);
    //双目 - 操作
    friend Complex operator -(const Complex & c1, const Complex & c2);
    //双目 * 操作
    friend Complex operator *(const Complex & c1, const Complex & c2);
    //双目 / 操作
    friend Complex operator /(const Complex & c1, const Complex & c2);
    friend double norm(const Complex &);     //单目操作，求复数的幅值的平方
};
void Complex::print(){ cout<<'('<<real<<'+'<<imag<<"i) "<<endl;   }
void Complex::operator =(Complex & c){ real = c.real; imag = c.imag; }
Complex operator -(const Complex & c){ return Complex(-c.real,-c.imag); }
Complex operator +(const Complex & c1, const Complex & c2){
    double r = c1.real + c2.real;
    double i = c1.imag + c2.imag;
```

```
        return Complex(r,i);
    }
    Complex operator -(const Complex & c1, const Complex & c2){
        double r = c1.real - c2.real;
        double i = c1.imag - c2.imag;
        return Complex(r,i);
    }
    Complex operator *(const Complex & c1, const Complex & c2){
        double r = c1.real * c2.real - c1.imag * c2.imag;
        double i = c1.real * c2.imag + c1.imag * c2.real;
        return Complex(r,i);
    }
    Complex operator /(const Complex & c1, const Complex & c2){
        Complex result;
        double den;
        den = norm(c2);
        result.real = ((c1.real * c2.real) + (c1.imag * c2.imag))/den;
        result.imag = ((c1.imag * c2.real) - (c1.real * c2.imag))/den;
        return result;
    }
    double norm(const Complex & c){
        double result = (c.real * c.real) + (c.imag * c.imag);
        return result;
    };
    void main(){
        Complex c1(2.5,3.5),c2(4.5,6.5);    //复数 c1 = 2.5+i3.5; c2 = 4.5+i6.5
        Complex c;
        c = c1 - c2;
        c.print();
        c = c1 + c2;
        c.print();
        c = c1 * c2;
        c.print();
        c = c1 / c2;
        c.print();
    }
```

程序运行结果:

```
(-2+-3i)
(7+10i)
(-11.5+32i)
(-0.184+0.544i)
```

程序说明:

本程序中,将四则运算符重载为友元运算符,把赋值运算符=重载为类成员运算符。为了进行复数除法运算,需要首先计算复数模的平方,在类中增加了求复数模的平方的函数 norm()。

四则运算符也可以重载为类成员运算符,但重载为类成员运算符后,要求对象自身作为四则运算符的左操作数,降低了运算符使用的灵活性,所以通常把四则运算符重载为友元运算符。

6.3　自增和自减运算符重载

自增运算符++和自减运算符--各有两种形式：前缀（前运算）和后缀（后运算）。例如：++a 是前运算，在进行其他运算前，变量 a 先增 1；a++是后运算，做完其他运算后，变量 a 才增 1。这四种形式的每一种都可以重载。

自增运算符和自减运算符都只有一个操作数，通常被重载为类成员运算符。一元类成员运算符重载的参数表中应没有参数，但为了区分前运算和后运算这两种形式，C++中规定：前运算符重载的参数表中没有参数；后运算符重载的参数表中设置一个整型参数，这个参数称为哑元，只作为一个标志，区别于前运算符。所以，对于类 T，重载前运算符和后运算符原型如下。

```
T operator ++();           //重载前自增运算符
T operator ++(int);        //重载后自增运算符
T operator --();           //重载前自减运算符
T operator --(int);        //重载后自减运算符
```

【例6-5】分数类的自增，自减。
程序代码如下：

```
//e6_5.cpp
#include <iostream>
using namespace std;
class Fraction{
private:
    int nume,deno;
public:
    Fraction(int z = 0,int m = 1 ){
        deno = m;
        nume = z;
    }
    Fraction operator ++(){        //重载前自增运算符
        nume = nume + deno;
        return *this;
    }
    Fraction operator ++(int i){   //重载后自增运算符
        nume = nume + deno;
        return Fraction(nume - deno,deno);
    }
    Fraction operator --(){        //重载前自减运算符
        nume = nume - deno;
        return *this;
    }
    Fraction operator --(int i){   //重载后自减运算符
        nume = nume - deno;
        return Fraction(nume + deno,deno);
    }
    friend void print(Fraction & r);
};
void print(Fraction & r){ cout<<"  "<<r.nume<<'/'<<r.deno<<endl; }
```

```
void main(){
    Fraction c1(2,5);
    print(c1);
    print(c1++);
    print(++c1);
    print(--c1);
    print(c1--);
    print(c1);
}
```

程序运行结果：

```
2/5
2/5
12/5
7/5
7/5
2/5
```

程序说明：

分数类的数据成员 nume 和 deno 用于保存分子和分母，分数的自增运算为分子 nume = nume + deno，分母保持不变。前缀++和--运算符重载直接返回对象自身，后缀++与--运算符重载需要返回自增或自减前的对象。

6.4　关系运算符重载

C++中简单数据类型的变量，可以使用 6 个关系运算符<、>、<=、>=、== 和 !=进行比较运算。如果将关系运算符用于自定义类型变量，就需要重载关系运算符。下面以分数的>运算为例说明关系运算符的重载。

【**例 6-6**】比较两个分数的大小，输出大者。

程序代码如下：

```
//e6_6.cpp
#include <iostream>
using namespace std;
class Fraction{
private:
    int nume,deno;
public:
    Fraction( int z = 0,int m = 1 ){
        deno = m;
        nume = z;
    }
    int operator >(Fraction & r){
        if(nume * r.deno > deno * r.nume)
            return 1;
        else
            return 0;
    }
    friend void print(Fraction & r);
};
```

```
void print(Fraction & r){ cout<<"   "<<r.nume<<'/'<<r.deno<<endl; }
void main(){
    Fraction c1(2,5);
    Fraction c2(4,7);
    if(c1>c2) print(c1);
    else print(c2);
}
```

程序运行结果:

4/7

程序说明:

分数比较采用了通分的方法，比较分子大小，结果用整型返回。关系运算符可以重载为类成员运算符，也可以重载为友元运算符。

6.5 复合赋值运算符重载

算术运算符和赋值运算符组合在一起使用，构成复合赋值运算符。仍用分数的例子说明复合赋值运算符的重载。

【例 6-7】分数的运算。

程序代码如下:

```
//e6_7.cpp
#include <iostream>
using namespace std;
class Fraction{
private:
    int nume,deno;
public:
    Fraction (int z = 0,int m = 1 ){
        deno = m;
        nume = z;
    }
    Fraction & operator ++(){          //重载前自增运算符
        nume = nume+deno;
        return *this;
    }
    Fraction operator ++(int i){       //重载后自增运算符
        nume = nume+deno;
        return Fraction(nume - deno,deno);
    }
    Fraction & operator --(){          //重载前自减运算符
        nume = nume-deno;
        return *this;
    }
    Fraction operator --(int i){       //重载后自减运算符
        nume = nume-deno;
        return Fraction(nume+deno,deno);
    }
    friend void print(Fraction & r);
```

```
    int MaxSubmultiple(int a,int b){      //计算最大公约数
        int r;
        if( b>a ){
            r = a;
            a = b;
            b = r;
        }
        r = a % b;
        while( r>0 ){
            a = b;
            b = r;
            r = a % b;
        }
        return b;
    }
    void operator +=( Fraction & r){
        int x;
        x = deno * r.deno / MaxSubmultiple(deno,r.deno);
        nume = nume * x/deno + r.nume * x/r.deno;
        deno = x;
    }
};
void print(Fraction & r){ cout<<r.nume <<"/"<<r.deno <<endl; }
void main(){
    Fraction c1(2,5);
    Fraction c2(3,10);
    c1 += c2;
    print(c1);
}
```

程序运行结果：

7/10

程序说明：

其他组合运算符也可以重载，组合运算符可以重载为类成员运算符或友元运算符。

6.6　下标运算符重载

下标运算符[]通常用于数组，C++允许重载这个运算符。需要注意：当[]运算符位于=左边时，其作用是修改数组中元素的值，需要返回这个元素的指针或引用；当[]运算符位于=右边时，其作用是取得数组中元素的值，需要返回这个元素的值或引用。为了使[]运算符既可用于=左边，也可用于=右边，在重载[]运算符时，必须返回该元素的引用。

【例 6-8】一个数组类的例子。

程序代码如下：

```
//e6_8.cpp
#include <iostream>
using namespace std;
int temp;              //定义一个全局变量，以便作为引用返回。局部变量和常量无法作为引用返回
class Array{
```

```
    private:
        int length;                              //长度
        int * firstAddress;                      //首地址
    public:
        Array(){}
        Array(int i){
            length = i;
            firstAddress = new int[length];
        }
        ~Array(){  delete firstAddress; }        //建议不要使用 delete[] firstAddress;
        int & operator [](int i){                //重载下标运算符（返回第 i 个元素）
            if( i<0||i>=length ){                 //检查下标是否越界
                cerr<<"fata:Index out of range\n";
                return temp;                      //此处必须要返回一个值，否则程序出错
            }
            return *(firstAddress+i);
        }
        void operator=(Array &b){
            length=b.length;
            firstAddress=new int[b.length];
            for(int j=0;j<b.length;j++)
                *(firstAddress+j)=*(b.firstAddress+j);
        }
        friend ostream & print(Array &);
    };
    ostream & print(Array & x){
        for(int i=0; i<x.length; i++)
        cout<<x[i]<<" ";
        return(cout<<endl);
    }
    void main(){
        Array a;
        a=Array(10);
        for(int i=0; i<11; i++){ a[i]=i; }
        print(a);
    }
```

程序运行结果如图 6.1 所示。

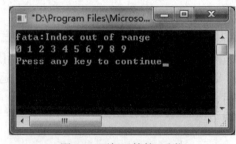

图 6.1 下标运算符[]重载

程序说明：

（1）在重载下标运算符时，必须自行检查下标是否越界。下标运算符只能重载为类成员运算符。

（2）若不加全局变量 temp，将其注释掉

```
//int temp;
//return temp;
```

则运行结果如图 6.2 所示。

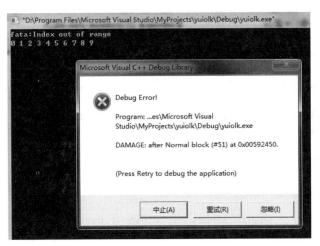

图 6.2　i 无法赋值导致错误

原因在于：数组越界时，只执行了

```
if( i<0||i>=length ){ cerr<<"fata:Index out of range\n"; }
```

没有返回一个整形变量的引用。

主函数中，执行 a[i]=i;时，原本应该是 temp=i;（返回引用就是 temp 代替了 a[i]）。注释掉 return temp 后，因为没有 return temp，造成 i 无法赋值，导致错误。

（3）若主函数中把 Array a;和 a=Array(10);两条语句合并为 Array a(10);，由于没有出现=运算符，则可以不重载=运算符。

6.7　插入与抽取运算符重载

6.7.1　插入运算符重载

为了能够使用插入运算符直接输出自定义类型对象，可以重载运算符<<。

【例 6-9】分数的输出。

程序代码如下：

```
//e6_9.cpp
#include <iostream.h>
int MaxSubmultiple(int a,int b){
    int r;
    if(b>a){
        r = a;
        a = b;
        b = r;
```

```
        }
        r = a % b;
        while( r>0 ){
            a = b;
            b = r;
            r = a % b;
        }
        return b;
}
class Fraction{
private:
    int nume,deno;
public:
    friend ostream & operator <<(ostream & ostr,Fraction & r);
    Fraction (int z = 0,int m = 1 ){
        deno = m;
        nume = z;
    }
    void operator +=( Fraction & r){
        int x;
        x = deno * r.deno/MaxSubmultiple(deno,r.deno);
        nume = nume * x/deno + r.nume * x/r.deno;
        deno = x;
    }
};
ostream & operator <<(ostream & ostr,Fraction & r){
    cout<<r.nume<<"/"<<r.deno<<endl;
    return ostr;
}
void main(){
    Fraction c1(2,5);
    Fraction c2(3,10);
    c1 += c2;
    cout<<c1;
}
```

程序运行结果：

7/10

程序说明：

重载<<运算符第一个参数是输出流对象的引用类型，第二个参数是 Fraction 对象的引用类型。函数返回值类型是输出流对象的引用，目的是能连续输出。一般把运算符<<重载为友元运算符。

6.7.2　抽取运算符重载

为支持自定义类型，应重载运算符>>。类 X 的抽取运算符重载原型如下。

```
istream & operator >>(istream &, X &);
```

第一个参数是输入流对象的引用类型，第二个参数是类对象的引用类型。返回值是输入流对象的引用类型，目的是能够连续输入。

【例 6-10】分数的输入。

程序代码如下：

```
//e6_10.cpp
```

```
#include <iostream.h>
int MaxSubmultiple(int a,int b){
    int r;
    if( b>a ){
        r = a;
        a = b;
        b = r;
    }
    r = a % b;
    while( r>0 ){
        a = b;
        b = r;
        r = a % b;
    }
    return b;
}
class Fraction{
private:
    int nume,deno;
public:
    friend ostream & operator <<(ostream &, Fraction &);
    friend istream & operator >>(istream &, Fraction &);
    Fraction (int z = 0,int m = 1 ){
        deno = m;
        nume = z;
    }
    void operator +=( Fraction & r){
        int x;
        x = deno * r.deno/MaxSubmultiple(deno,r.deno);
        nume = nume * x/deno + r.nume * x/r.deno;
        deno = x;
    }
};
ostream & operator <<(ostream & ostr, Fraction & r){
    cout<<r.nume<<"/"<<r.deno<<endl;
    return ostr;
}
istream & operator >>(istream & istr, Fraction & r){
    cout<<"分子=";
    istr>>r.nume;
    cout<<"分母=";
    istr>>r.deno;
    return istr;
}
void main(){
    Fraction c1(2,5);
    Fraction c2;
    cin>>c2;
    c1 += c2;
    cout<<c1;
}
```

程序运行结果：

分子=2
分母=3

6.8 类 型 转 换

在进行计算时，各种数据类型之间可以隐式或强制转换。举例如下。

```
double d;
int a = 2;
d = a + 5.3;
```

这种书写方式使代码看起来优雅而自然。自定义类不能直接使用这种方法。举例如下。

```
#include <iostream>
using namespace std;
class TRangeInt{
private:
    int value;
public:
    TRangeInt(int v = 0){ value = v; }
    TRangeInt & operator +(TRangeInt & tr){
        value += tr.value;
        return *this;
    }
};
void main(){
    TRangeInt tr1(5);
    int i;
    i = tr1 + 10;              //运算符重载的类型不符，出错
    cout<<i<<endl;
}
```

编译时会因TRangeInt的+运算符重载的类型不符而报错,解决这个问题的方法是把TRangeInt类型的变量转换成整型，这需要定义类型转换。

在 TRangeInt 类中加入 operator int(){ return value; }作为 TRangeInt 类的成员，会得到运行结果：15。

有了类型转换的定义，TRangeInt 类型将隐式转换成 int 类型后进行计算。

类型转换声明的一般格式如下。

```
operator 类型名();
```

类型名就代表了它的返回值类型。

6.8.1 基本类型和自定义类型之间的转换

定义类型转换后，所有 TRangeInt 类型的变量都可以先转换成 int 类型，再进行计算，因此，可以不进行运算符的重载。

【例 6-11】TRangeInt 类型的加减运算。

程序代码如下：

```
//e6_11.cpp
#include <iostream>
using namespace std;
```

```
class TRangeInt{
private:
    int value;
public:
    TRangeInt(int v = 0){ value = v; }              //转换构造函数
    operator int(){ return value; }
};
void main(){
    TRangeInt tr1(5),tr2(15),tr3(8),tr4;
    tr4 = TRangeInt(tr1 + tr2 - tr3);
    cout<<tr4<<endl;
}
```

程序运行结果：

12

程序说明：

在 tr4 = TRangeInt(tr1 + tr2 - tr3)表达式中，tr1、tr2、tr3 三个变量首先隐式转换成 int 类型，然后进行加减运算，最后使用构造函数再转换成 TRangeInt 类型。

如果把 tr4 = TRangeInt(tr1 + tr2 - tr3)改为 tr4 = tr1 + tr2 - tr3，程序仍然可以正确运行。因为 C++中可以使用单个参数调用的构造函数称为转换构造函数，能隐式实现从第一个参数类型到类类型的转换。TRangeInt 类构造函数使用的是单个参数，所以它是转换构造函数。

6.8.2　自定义类型之间的转换

有两种方法可以实现自定义类型之间的转换：使用类型转换函数和使用构造函数。

【例 6-12】使用类型转换函数实现二维向量类型和复数类型的相互转换。

程序代码如下：

```
//e6_12.cpp
#include <iostream.h>
class Vector;
class Complex{
private:
    double real;                     //real 为实部
    double imag;                     //imag 为虚部
public:
    Complex(double r = 0,double i = 0){
        real = r;
        imag = i;
    }
    friend ostream & operator <<(ostream & ostr,Complex & c);
    operator Vector();               //类型转换函数
};
class Vector{
private:
    double x,y;
public:
    Vector(double tx = 0,double ty = 0){
        x = tx;
        y = ty;
    }
```

```
        operator Complex();              //类型转换函数
        friend ostream & operator <<(ostream & ostr,Vector & v);
    };
    ostream & operator <<(ostream & ostr,Complex & c){
        ostr<<c.real<<"+"<<c.imag<<"i";
        return ostr;
    }
    ostream & operator <<(ostream & ostr,Vector & v){
        ostr<<"("<<v.x <<","<<v.y <<")";
        return ostr;
    }
    Vector::operator Complex(){return Complex(x,y);}
    Complex::operator Vector(){return Vector(real,imag);}
    void main(){
        Vector v(2.5,3.1);
        Complex c;
        c = Complex(v);
        cout<<v<<endl;
        cout<<c<<endl;
        Complex c1(2.5,8.3);
        Vector v1;
        v1 = Vector(c1);
        cout<<v1<<endl;
        cout<<c1<<endl;
    }
```

程序运行结果：

```
(2.5,3.1)
2.5+3.1i
(2.5,8.3)
2.5+8.3i
```

程序说明：

程序中定义了向量类 Vector 和复数类 Complex。在 Vector 类中定义了 Complex 类的转换函数，实现 Vector 类到 Complex 类的类型转换；在 Complex 类中也定义了 Vector 类的转换函数，实现 Complex 类到 Vector 类的类型转换。

【例 6-13】使用构造函数实现二维向量类型和复数类型的相互转换。

程序代码如下：

```
//e6_13.cpp
#include <iostream.h>
class Vector;
class Complex{
private:
    double real;         //real 为实部
    double imag;         //imag 为虚部
public:
    Complex(double r = 0,double i = 0){
        real = r;
        imag = i;
    }
    double getReal(){ return real; }
    double getImag(){ return imag; }
    friend ostream & operator <<(ostream & ostr,Complex & c);
```

```
        Complex(Vector);                //构造函数实现自定义类型之间的转换
};
class Vector{
private:
    double x,y;
public:
    Vector(double tx = 0,double ty = 0){
        x = tx;
        y = ty;
    }
    double getx(){ return x; }
    double gety(){ return y; }
    Vector(Complex);                //构造函数实现自定义类型之间的转换
    friend ostream & operator <<(ostream & ostr,Vector & v);
};
ostream & operator <<(ostream & ostr,Complex & c){
    ostr<<c.real<<"+"<<c.imag<<"i";
    return ostr;
}
ostream & operator <<(ostream & ostr,Vector & v){
    ostr<<"("<<v.x <<","<<v.y <<")";
    return ostr;
}
Complex::Complex(Vector v){
    real=v.getx();
    imag=v.gety();
}
Vector::Vector(Complex c){
    x = c.getReal();
    y = c.getImag();
}
void main(){
    Vector v(2.5,3.1);
    Complex c;
    c = Complex(v);
    cout<<v<<endl;
    cout<<c<<endl;
    Complex c1(2.5,8.3);
    Vector v1;
    v1 = Vector(c1);
    cout<<v1<<endl;
    cout<<c1<<endl;
}
```

程序运行结果：

```
(2.5,3.1)
2.5+3.1i
(2.5,8.3)
2.5+8.3i
```

程序说明：

本程序中，使用构造函数实现自定义类型之间的转换，由于 Complex 类和 Vector 类中定义的数据成员都是私有的，在这两个类中增加了返回数据成员的函数 getx()、gety()、getReal()和getImag()。

6.9 类 模 板

模板是 C++强大的软件复用技术，属于泛型编程技术。代码要想重用，就得通用。通用的一大障碍就是类型限制。若代码能自动适应类型的变化，通用进而重用就成为可能。"自动适应类型的变化"就是将确定的类型变成不确定的东西，比如函数的参数，因此，将类型参数化是解决途径之一。将类型参数化的技术叫作模板。

类型的抽象，是泛型程序设计的基础，在 STL 中广泛使用。类模板不是具体的类，而是一批属性和功能相同，但数据类型不同的具体类的抽象。用户使用类模板可以为类声明一种模式，使得类中的某些数据成员、某些成员函数的参数、某些成员函数的返回值都能取任意类型，从而实现代码重用。在进行大规模软件开发时，利用模板可以提高软件的通用性和灵活性。C++的标准模板库（Standard Template Library，STL）编程完全依赖模板的实现。

类模板使代码参数化（通用化），即不受类型和操作的影响，可以按不同的方式重用相同的代码。

6.9.1 类模板定义格式

类模板是一种类型参数化的类，是类的生成器。类模板能够根据具体参数建立不同的具体类，类模板中的数据成员、成员函数的参数、成员函数的返回值可以取参数化类型。

类模板的定义格式如下。

```
template <模板参数表>
class 类名
{
    成员名;
};
```

① template 是定义模板的关键字。

② "模板参数表"是参数化（parameterized）类型列表，其中列出的类型可以是参数化类型，也可以是普通类型。

③ 类模板中的成员函数可以是函数模板，也可以是普通函数。

④ "模板参数表"列出类模板中使用的通用类型，编译时，通用类型被调用时的具体类型替换（实例化），从而产生一个具体类，称为模板类。模板类是由类模板产生的类，可以用来创建对象。

例如，为了增强类的通用性，定义一个类模板 Student：将学号设计成参数化类型，可以实例化成字符串型、整型等；将成绩设计成参数化类型，可以实例化成整型、浮点型、字符型（用来表示等级分）等。

```
template <class TNo, class TScore, int num>        // TNo 和 TScore 是参数化类型
class Student{
  private:
    TNo id[num];                                   //参数化类型数组，存储学号
    TScore score[num];                             //参数化类型数组，存储成绩
```

```
  public:
    TNo TopStudent(){ return id [0]; }              //函数模板
    int BelowNum(TScore  ascore) { return 0; }      //函数模板
    void sort(){ }                                  //普通成员函数
};
```

类模板中的成员函数也可以在类外定义，其语法格式如下。

```
template <模板参数表>
返回值类型    类名    <模板参数名表>∷函数名(参数表)
{
    函数体;
}
```

① "模板参数表"与类模板的"模板参数表"相同。

② "模板参数名表"列出的是"模板参数表"中的参数名，顺序与"模板参数表"中的顺序一致。

例如，类模板 Student 的成员函数在类外实现如下。

```
template <class TNo, class TScore, int num>
class Student{
  private:
    TNo id [num];
    TScore score[num];
  public:
    TNo TopStudent();
    int BelowNum(TScore ascore);
    void sort();
};
template <class TNo, class TScore, int num>
int Student<TNo, TScore, num>::BelowNum(TScore ascore) { return 0; }
template <class TNo, class TScore, int num>
void Student<TNo, TScore, num>::sort(){ }
template <class TNo, class TScore, int num>
TNo Student<TNo, TScore, num>::TopStudent(){ return id [0]; }
```

6.9.2 使用类模板创建对象

类模板是具体类的抽象。使用类模板创建对象时，根据具体参数由模板实例化成具体的类，然后由具体类（实例化类）创建对象。与函数模板不同，类模板实例化只能采用显式方式。

类模板实例化、创建对象的语法格式如下。

类模板名 <模板参数值表> 对象1，对象2，…，对象n;

① "模板参数值表"的值是"模板参数表"中列出的类型名的值，为具体类型，可以是基本数据类型，也可以是构造数据类型，还可以是类类型。

② "模板参数值表"的值还可以是常数表达式，以初始化"模板参数表"中的普通参数。

③ "模板参数值表"的值按一一对应的顺序实例化类模板的"模板参数表"。

【例 6-14】使用类模板 Student 创建对象。

```
//e6_14.cpp
#include <iostream>
using namespace std;
template <class TNo, class TScore, int num>
class Student{
  private:
    TNo id[num];                                    //参数化类型数组，存储学号
    TScore score[num];                              //参数化类型数组，存储成绩
  public:
    TNo TopStudent(){ return id [0]; }              //普通函数
    int BelowNum(TScore ascore) { return 0; }       //函数模板
    void sort(){ }                                  //普通函数
  };
class String{
  public:
    char str[20];
};
void main(){
    Student<String, float ,100> s1;
    s1.sort();
    Student<long, int, 50> s2;
    s2.TopStudent();
}
```

程序说明：

在创建 s1 时，根据给定的模板参数值<String, float ,100>确定 TNo 为字符串型，TScore 为浮点型，数组长度为 100，实例化成具体的类，然后由具体类（实例化类）创建 s1，此时实例化类如下。

```
class Student{
  private:
    String id[100];
    float score[100];
  public:
    String TopStudent();
    int BelowNum(float ascore);
    void sort();
};
```

类模板实例化是在建立对象时，根据传入的具体参数类型，将类模板实例化成具体类，然后再建立对象。

栈是一种先进后出的结构，在程序设计中广泛使用。将栈设计成一个类模板，就可以在栈中存放任意类型的数据。

动态链表插入与删除节点的性能优于静态数组，在程序设计中广泛使用。将链表设计成一个类模板，就可以在链表节点中存放任意类型的数据。

【例 6-15】通用单向链表类模板的定义。

单向链表结构如图 6.3 所示。

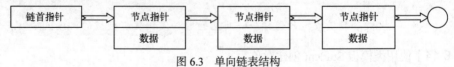

图 6.3 单向链表结构

下面给出一个通用单项链表类模板的定义。

程序代码如下：

```cpp
//e6_15.cpp
#include <iostream>
using namespace std;
template<class T> class List{
protected:
    struct Node{
        Node * pNext;
        T * pT;
    };
    Node * pFirst;
public:
    List(){
        pFirst = 0;
    }
    void Add(T & t){
        Node * temp = new Node;
        temp->pT = &t;
        temp->pNext = pFirst;
        pFirst = temp;
    }
    void Remove(T & t){
        Node * temp = 0;
        if( *(pFirst->pT)==t ){
            temp = pFirst;
            pFirst = pFirst->pNext;
        }
        else{
            for(Node * p = pFirst; p->pNext; p = p->pNext)
            if( *(p->pNext->pT )==t){
                temp = p->pNext;
                p->pNext = temp->pNext;
                break;
            }
        }
        if(temp){
            delete temp->pT;
            delete temp;
        }
    }
    T * Find(T & t){
        for(Node * p = pFirst; p->pNext; p = p->pNext){
            if( *(p->pT)==t )
            return p->pT;
        }
        return 0;
    }
    void Printlist(){
        for(Node * p = pFirst; p->pNext; p = p->pNext)
            cout<<*(p->pT)<<" ";
        cout<<endl;
    }
    ~List(){
```

```
            Node * p;
            while( p=pFirst ){
                pFirst = pFirst->pNext;
                delete p->pT;
                delete p;
                }
            }
    };
    void main(){
        List<float> fList;
        for(int i=1; i<7; i++)
            fList.Add( *new float(i + 0.6) );
        fList.Printlist();
        float b = 3.6;
        float * pa = fList.Find(b);
        if(pa)
            fList.Remove( *pa );
        fList.Printlist();
    }
```

程序运行结果：

```
6.6 5.6 4.6 3.6 2.6
6.6 5.6 4.6 2.6
```

程序说明：

定义一个通用链表类模板 List，在 main()函数中定义一个 List 类对象 fList，编译时，执行到 List<float> fList 语句时，会用 float 替代 List 类中的通用类型 T，生成一个实例化类，然后用此实例化类创建对象 fList。

这就是说，类模板生成模板类时使用的是复制技术，由于这种复制技术很容易造成代码膨胀，因此在使用模板类时应注意控制模板类的代码量。

【例 6-16】编写一个类模板用于数组的排序、查找及求元素和。

程序代码如下：

```
//e6_16.cpp
#include <iostream>
#include <iomanip>
using namespace std;
template <class T>
class Array{
private:
    T * set;
    int n;
public:
    Array(T * data,int i){ set = data;n = i; }
    ~Array(){}
    void sort();            //排序
    int seek(T key);        //查找指定的元素
    T sum();                //求和
    void disp();            //显示所有的元素
};
template<class T>
void Array<T>::sort(){
    int i,j;
```

```
            T temp;
            for(i=1; i<n; i++)
                for(j=n-1; j>=i; j--)
                    if(set[j-1]>set[j])
                        {temp = set[j-1];set[j-1] = set[j];set[j] = temp;}
}
template <class T>
int Array<T>::seek(T key){
        int i;
        for(i=0; i<n; i++)
            if( set[i] == key )
                return i;
return -1;
}
template<class T>
T Array<T>::sum(){
        T s=0; int i;
        for(i=0; i<n; i++)
            s += set[i];
        return s;
}
template<class T>
void Array<T>::disp(){
        int i;
        for(i=0; i<n; i++)
            cout<<set[i]<<" ";
        cout<<endl;
}
void main(){
        int a[] = {6,3,8,1,9,4,7,5,2};
        double b[] = {2.3,6.1,1.5,8.4,6.7,3.8};
        Array<int> arr1(a,9);
        Array<double> arr2(b,6);
        cout<<" arr1:"<<endl;
        cout<<" 原序列:"; arr1.disp();
        cout<<" 8 在 arr1 中的位置:"<<arr1.seek(8)<<endl;
        arr1.sort();
        cout<<" 排序后:"; arr1.disp();
        cout<<"arr2:"<<endl;
        cout<<" 原序列:"; arr2.disp();
        cout<<" 8.4 在 arr2 中的位置:"<<arr2.seek(8.4)<<endl;
        arr2.sort();
        cout<<" 排序后:"; arr2.disp();
}
```

程序运行结果:

```
arr1:
原序列: 6,3,8,1,9,4,7,5,2
8 在 arr1 中的位置:2
排序后: 1 2 3 4 5 6 7 8 9
arr2:
原序列: 2.3,6.1,1.5,8.4,6.7,3.8
8.4 在 arr2 中的位置:3
```

排序后: 1.5 2.3 3.8 6.1 6.7 8.4

【例 6-17】 类模板 Stack 的使用。

```cpp
//e6_17.cpp
#include<iostream.h>
const int size=10;
template<class T>                  //模板声明，其中 T 为类型参数
class Stack{                       //类模板为 Stack
public:
    void init(){
        tos=0;
    }
    void push(T ob);               //声明成员函数 push()的原型，函数参数类型为 T 类型
    T pop();                       //声明成员函数 pop()的原型，其返回值类型为 T 类型
private:
    T stack[size];                 //数组类型为 T，即数组可取任意类型
    int tos;
};
template<class T>                  //模板声明
void Stack<T>::push(T ob) {        //在类模板体外定义成员函数 push()
    if(tos==size){
        cout<<"Stack is full"<<endl;
        return;
    }
    stack[tos]=ob;
    tos++;
}
template<typename T>              //模板声明
T Stack<T>::pop(){                 //在类模板体外定义成员函数 push()
    if(tos==0){
        cout<<"Stack is empty"<<endl;
        return 0;
    }
    tos--;
    return stack[tos];
}
int main(){
    //定义字符型堆栈
    int i=0;
    Stack<char> s1;               //用类模板定义对象 s，此时 T 被 char 取代
    s1.init();
    s1.push('a');
    s1.push('b');
    s1.push('c');
    for(i=0;i<3;i++){
        cout<<"pop s1: "<<s1.pop()<<endl;
    }
    //定义整型堆栈
    Stack<int> s2;                //用类模板定义对象 s，此时 T 被 int 取代
    s2.init();
    s2.push(1);
    s2.push(3);
```

```
        s2.push(5);
        for(i=0;i<3;i++){
            cout<<"pop s2: "<<s2.pop()<<endl;
        }
        cin.get();
        return 0;
    }
```

程序运行结果：

```
pop s1: c
pop s1: b
pop s1: a
pop s2: 5
pop s2: 3
pop s2: 1
```

6.10　程序设计实例

【例 6-18】矩阵运算是工程技术中常见的运算之一。编程实现一个矩阵类，可以进行加、减、乘和赋值运算。重载函数调用运算符（），以便可以进行下列运算。

```
Matrix m;           //定义一个矩阵 m
m(i,j) = 3;         //将 m 的第 i 行 j 列的元素赋值为 3
```

C++规定，函数调用运算符必须作为类成员进行重载。由于 m(i,j)作为左值使用，因此该运算符重载的返回值类型应该为引用类型。

两个矩阵相乘的前提条件是前一个矩阵的列数等于后一个矩阵的行数；矩阵的加、减和赋值运算是对应元素的加、减和赋值运算，因此前提条件是矩阵维数相同。

程序代码如下：

```
//e6_14.cpp
#include <iostream.h>
class Matrix{
public:
    friend Matrix operator +( Matrix &, Matrix & );        //矩阵相加
    friend Matrix operator -( Matrix &, Matrix & );        //矩阵相减
    friend Matrix operator *( Matrix &, Matrix & );        //矩阵相乘
    Matrix (int row,int col);              //构造一个具有 row 行 col 列的矩阵
    Matrix (Matrix & src);                 //定义一个复制构造函数
    ~Matrix(){ delete []mem; }             //析构函数
    void print();                          //输出矩阵内容
    int GetRows()const{ return rows; }     //取行数
    int GetCols()const{ return cols; }     //取列数
    int & operator()(int i,int j);         //重载()
    Matrix operator =( Matrix & src );     //重载=
    Matrix operator -();                   //重载取负-
    Matrix operator ++();                  //重载前缀++
```

```
        Matrix operator ++(int);                    //重载后缀++
    private:
        int * mem;
        const int rows,cols;
    };
    Matrix::Matrix(int row,int col):rows(row),cols(col)        //构造函数
    {
        mem = new int[row * col];
    }
    Matrix::Matrix(Matrix &src):rows(src.rows),cols(src.cols)//复制构造函数
    {
        mem = new int[src.rows * src.cols];
        for(int i=0; i<src.rows * src.cols; i++)
            mem[i] = src.mem[i];
    }
    void Matrix::print(){
        for(int i=0; i<rows; i++){
            for(int j=0; j<cols; j++)
                cout<<mem[i * cols + j]<<" ";
            cout<<endl;
        }
        cout<<endl;
    }
    Matrix operator +(Matrix & m1,Matrix & m2){
        Matrix m3(m1.rows,m1.cols);                  //临时矩阵
        for(int i=0; i<m1.rows; i++)
            for(int j=0; j<m1.cols; j++)
                m3(i,j) = m1(i,j) + m2(i,j);
        return m3;
    }
    Matrix operator -(Matrix & m1,Matrix & m2){
        Matrix m3(m1.rows,m1.cols);
        for(int i=0; i<m1.rows; i++)
            for(int j=0; j<m1.cols; j++)
                m3(i,j) = m1(i,j)-m2(i,j);
        return m3;
    }
    Matrix operator *(Matrix & m1,Matrix & m2){
        Matrix m3(m1.rows,m2.cols);
        int sum;
        for(int i=0; i<m1.rows; i++)
            for(int j=0; j<m2.cols; j++){
                sum = 0;
                for(int k=0; k<m1.cols; k++)
                    sum += m1(i,k) * m2(k,j);
                m3(i,j) = sum;
            }
        return m3;
    }
    Matrix Matrix::operator -(){
        Matrix m(rows,cols);                  //临时对象
        for(int i=0; i<rows; i++)
            for(int j=0; j<cols; j++)
                m(i,j) = -(*this)(i,j);
        return m;
```

```
}
Matrix Matrix::operator ++(){              //前缀++
    for(int i=0; i<rows; i++)
        for(int j=0; j<cols; j++)
            (*this)(i,j)++;
    return *this;
}
Matrix Matrix::operator ++(int){           //后缀++
    Matrix m(*this);                       //构造一个和当前矩阵一样的临时矩阵
    for(int i=0; i<rows; i++)
        for(int j=0; j<cols; j++)
            (*this)(i,j)++;
    return m;                              //返回的是原来的矩阵
}
Matrix Matrix::operator =(Matrix & src){
    for(int i=0; i<rows*cols; i++)
        mem[i] = src.mem[i];
    return *this;
}
int & Matrix::operator()(int i,int j){ return mem[i * cols + j]; }
void main(){
    Matrix m1(3,3),m2(3,3),m3(3,3);
    int i ,j;
    for(i=0; i<3; i++)
        for(j=0; j<3; j++)
            m1(i,j) = m2(i,j) = i+j;
    cout<<"m1:"<<endl;
    m1.print();
    cout<<"m2:"<<endl;
    m2.print();
    cout<<"m1+m2:"<<endl;
    m3 = m1 + m2;
    m3.print();
    cout<<"m1-m2:"<<endl;
    m3 = m1 - m2;
    m3.print();
    cout<<"m1*m2:"<<endl;
    m3 = m1 * m2;
    m3.print();
    cout<<"++m1:"<<endl;
      (++m1).print();
    cout<<"before m1++"<<endl;
    (m1++).print();
    cout<<"after m1++"<<endl;
    m1.print();
    cout<<"-m1:"<<endl;
    m1 = -m1;
    m1.print();
}
```

程序运行结果：

```
m1:
0  1  2
1  2  3
```

```
2   3   4
m2:
0   1   2
1   2   3
2   3   4
m1+m2:
0   2   4
2   4   6
4   6   8
m1-m2:
0   0   0
0   0   0
0   0   0
m1*m2:
5    8    11
8    14   20
11   20   29
++m1:
2   3
3   4
4   5
before m1++
2   3
3   4
4   5
after m1++
3   4
4   5
5   6
-m1:
-2   -3   -4
-3   -4   -5
-4   -5   -6
```

本 章 小 结

合理使用运算符重载可以使程序易于理解，使对象易于操作。大部分 C++运算符都可以重载。

this 指针指向当前对象，是成员函数隐含的第一参数。在重载运算符时，经常返回 this 指针的间接引用。如果类没有定义复制构造函数和重载赋值运算符，编译程序时会自动实现对象的浅复制。运算符操作数的数量不能改变。任何不需要左操作数并具有交换性的运算符，最好都作为非成员函数实现；任何需要左操作数的运算符最好作为成员函数实现，也就是只能在现存的、可以修改的对象上调用。前缀自增和后缀自增运算符重载时，int 参数只是用来区分前缀和后缀，没有其他作用。通过转换运算符可以在表达式中使用不同类型的对象。

类模板是能根据不同参数建立不同类型对象的类，类模板中的数据成员、成员函数的参数、成员函数的返回值可以取参数化类型。模板类是某个类模板的实例，使用某个具体的类型来替换某个类模板的模板参数可以产生该类模板的一个模板类。可以通过模板类再创建具体的对象。类模板的作用：让类参数化，以加强其通用性，提高代码的重用率。

习 题 6

一、单选题

1. 在下列运算符中，不能重载的是____。

    A. !　　　　　　　　B. sizeof　　　　　　C. new　　　　　　　D. delete

2. 在下列关于运算符重载的描述中，____是正确的。

    A. 可以改变参与运算的操作数个数　　　　B. 可以改变运算符原来的优先级

    C. 可以改变运算符原来的结合性　　　　　D. 不能改变原运算符的语义

3. 在下列函数中，不能重载运算符的函数是____。

    A. 成员函数　　　　B. 构造函数　　　　C. 普通函数　　　　D. 友元函数

4. 要求用成员函数重载的运算符是____。

    A. =　　　　　　　　B. ==　　　　　　　C. <=　　　　　　　D. ++

5. 友元运算符 objl>obj2 被 C++编译器解释为____。

    A. operator>(objl,obj2)　　　　　　　　B. >(obj1,obj2)

    C. obj2.operator:>(obj1)　　　　　　　　D. objl.operator>(obj2)

6. 关于函数模板,描述错误的是____。

    A. 函数模板必须由程序员实例化为可执行的函数模板

    B. 函数模板的实例化由编译器实现

    C. 一个类定义中，只要有一个函数模板，则这个类是类模板

    D. 类模板的成员函数都是函数模板，类模板实例化后，成员函数也随之实例化

7. 下列的模板说明中,正确的是____。

    A. template<typename T1,T2>　　　　　　B. template<class T1,T2>

    C. template<class T1,class T2>　　　　　　D. template<typename T1,typename T2>

8. 函数模板定义如下。

```
template <typename T>
max(T a, T b ,T &c){c=a+b;}
```

下列选项正确的是____。

    A. int x, y; char z;

    B. double x, y, z;　max(x, y, z);　　max(x, y, z);

    C. int x, y; float z;

    D. float x; double y, z;　max(x, y, z); max(x,y, z);

9. 下列有关模板的描述错误的是____。

    A. 模板把数据类型作为一个设计参数，称为参数化程序设计

    B. 使用时，模板参数与函数参数相同，是按位置而不是名称对应的

    C. 模板参数表中可以有类型参数和非类型参数

    D. 类模板与模板类是同一个概念

10. 类模板的使用实际上是将类模板实例化成一个____。

    A. 函数　　　　　　B. 对象　　　　　　C. 类　　　　　　　D. 抽象类

11. 类模板的模板参数____。
   A. 只可作为数据成员的类型
   B. 只可作为成员函数的返回值类型
   C. 只可作为成员函数的参数类型
   D. 以上三种均可

12. 类模板的实例化____。
   A. 在编译时进行
   B. 属于动态联编
   C. 在运行时进行
   D. 在连接时进行

13. 以下类模板定义正确的为____。
   A. template<class T,int i=0>
   B. template<class T,class int i>
   C. template<class T,typename T>
   D. template<class T1,T2>

二、填空题

1. 重载运算符应保持其原有的操作数个数、结合性和____。

2. 重载赋值运算符时，通常返回调用该运算符的____，这样就能进行连续赋值操作。

3. 双目运算符若重载为类的成员函数，则有____个参数；若重载为友元函数，则有____个参数。

4. 后缀++重载为类的成员函数（设类名为 A）的形式为____，重载为类的友元函数（设类名为 A）的形式为____。

5. 设有一时间类 Time，现欲用成员函数方法重载运算符+，实现一个时间与一个整数的相加运算，所得结果为一个新时间，则成员函数的声明语句为____。

三、编程题

1. 设计一个三维空间向量类 Vector_3D，重载加法运算符。

2. 设计人民币类，其数据成员为 fen(分)、jiao（角）、yuan（元）。重载这个类的加法、减法运算符。

3. 为第 1 题和第 2 题添加插入和抽取运算符重载函数。

4. 设计一个函数模板，其中包括数据成员 T a[n]以及对其进行排序的成员函数 sort( )，模板参数 T 可实例化成字符串。

5. 编写一个堆栈模板类。

6. 设计一个单向链表类模板，节点数据域中数据从小到大排列，并设计插入、删除节点的成员函数。

第7章 流

【学习目标】
（1）理解流的概念，了解I/O流类的层次结构。
（2）掌握标准输入输出的使用方法。
（3）掌握格式化数据的方法。
（4）掌握文件流操作方法。

7.1 I/O 流的概念

　　C 语言提供两个标准 I/O 函数 scanf() 和 printf() 用于数据的输入和输出。使用时，要求数据类型与格式控制字符串相匹配。但由于程序员的疏忽，不匹配现象时有发生，这会导致错误的结果。另外，这两个函数不具有可扩充性，格式控制字符串只适用于基本数据类型，没有提供对用户自定义类型的支持。C++ 的标准库包含了一个 I/O 流类库。与 C 语言的 I/O 函数相比，C++ 的 I/O 流更简单、方便而且安全，并具有完整性、有效性等特点。

　　在自然界中，流是气体或液体运动的一种状态，如溪水的流动，从某个"源"端流向某个"目的"地。计算机与外部设备之间的信息传递也是如此，如果数据的传递是在设备之间进行，这种流称为 I/O 流。C++ 将数据从一个对象（源）到另一个对象（目的）的传递抽象为流（stream）。所谓流就是数据从一个位置流向另一个位置。C++ 的输入输出操作是基于流来处理的。输入的信息从键盘缓冲区流入正在运行的程序缓冲区，称为输入流（读操作）；输出的信息从程序缓冲区流到显示器缓冲区，称为输出流（写操作）。输入和输出都是相对于程序而言。C++ 的 I/O 操作以字节方式实现，流实际上就是一个字节序列。计算机与输入输出设备间的数据传输机制如图 7.1 所示。

　　从图中可以看出：为了提高运行效率，流会在内存中开辟输入输出缓冲区。输出数据首先存入缓冲区，当缓冲区存满数据时，调用 1 次操作系统的输出程序，把数据全部送往外设。程序与缓冲区间的数据传输（输入输出流）由 I/O 流类库处理，外设与缓冲区间的数据传输由设备驱动程序处理，程序员只需编程，处理好输入输出流。在这个意义上，程序输入输出操作与设备无关。程序将控制符插入输入输出流，以便根据要求对输入输出流进行格式化。

　　C++ 专门内置了一些供用户使用的类，在这些类中封装了可以实现输入输出操作的函数，这些类统称为 I/O 流类。流总是与某一设备相联系，如键盘、屏幕、磁盘等，它具有方向性。在输入操作中，字节从输入设备流向内存，与输入设备（如键盘）相联系的流称为输入流。这种操作可以理解为从一个流抽取信息，故称为抽取操作。在输出操作中，字符从内存流向输出设备，与输出设备（如显示器）相联系的流称为输出流。这种操作可以理解为信息被插入到一个流中，故称为插入操作。流在使用前要建立流对象，使用后要删除流对象。

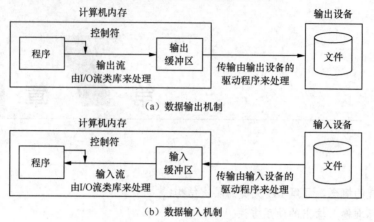

图 7.1　C++数据传输机制示意图

7.2　I/O 流类库的结构

　　C++流类库是用派生方法建立起来的 I/O 流类库，功能齐全。它有两个平行的基类：streambuf 和 ios，其他的流类都是从这两个基类直接或间接派生的。使用这些流类时，必须包含相应的头文件。

　　基类 ios 及其派生类提供了使用流类的接口，4 个直接派生类为输入流（istream）、输出流（ostream）、串流（strstreambase）和文件流（fstreambase），它们是流类库中的基本流类，组合出了很多实用的流，如输入输出流（iostream）、输入输出文件流（fstream）、输入输出串流（strstream）、输入文件流（ifstream）、输出文件流（ofstream）等。它们的层次关系如图 7.2（a）所示。

　　基类 streambuf 提供物理设备的接口，提供缓冲或处理流的通用方法，提供对缓冲区的低级操作，如设置缓冲、从缓冲区读取字符、向缓冲区存储字符以及对缓冲区指针进行操作等。3 个直接派生类为 filebuf 类、strstreambuf 类和 conbuf 类。它们的层次关系如图 7.2（b）所示。

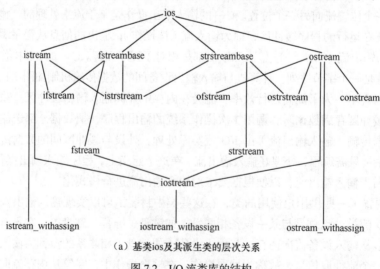

（a）基类ios及其派生类的层次关系

图 7.2　I/O 流类库的结构

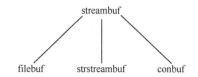

（b）基类streambuf及其派生类的层次关系

图 7.2　I/O 流类库的结构（续）

7.3　标准 I/O 流

7.3.1　标准 I/O 流的类层次

如果只考虑标准 I/O 流和文件流，可以把图 7.2 所示的 I/O 流类库结构简化一下，得到图 7.3 所示的类层次。其中，ios、istream、ostream、iostream 和 streambuf 5 个类组成标准 I/O 流类层次；其他 5 个类实现文件流操作。

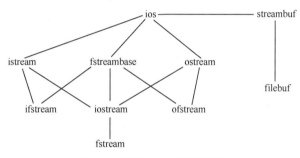

图 7.3　简化的 I/O 流类库结构

ios 类用来提供一些对流状态进行设置的功能，它是一个虚基类，其他类都是从这个类派生的。但 streambuf 不是 ios 的派生类，ios 类中有一个指针成员，指向 streambuf 类的一个对象，streambuf 类为 ios 类及其派生类提供对数据的缓冲支持。istream 类和 ostream 类均是 ios 类的公有派生类，分别提供从流中抽取数据和向流中插入数据的有关操作。iostream 类是 istream 类和 ostream 类的公有派生类，该类并没有提供新的操作，只是将 istream 类和 ostream 类综合在一起，提供方便。在图 7.3 的类层次中可以看到多继承，由于 ios 类是一个虚基类，所以能避免多次声明。

7.3.2　预定义流对象

进行输入输出操作时，必须把抽象的流和一种具体的物理设备连接起来，即可以把进行数据传送的设备也看作对象。例如，可以将输入流和键盘连接起来，这时，从流中抽取的数据来自键盘。另一方面，可以将输出流和显示器连接起来，这时，向这个流插入的数据就被显示在屏幕上。实际上，输入流可以和任何能提供数据的"源设备"连接，而输出流可以连接到任何能够接收数据的"目的设备"。

使用流对象时必须包含相应的头文件，输入输出流对象包含在头文件 iostream.h 中。iostream.h 预定义了 4 个全局流对象 cout、cerr、clog 和 cin，用于标准输出和输入。它们所连接的 I/O 设备如下。

cin 与标准输入设备相关联，在默认情况下，操作系统指定键盘为标准输入设备。

cout 与标准输出设备相关联，在默认情况下，操作系统指定显示器为标准输出设备。

cerr 在任何情况下，将显示器作为标准错误输出设备，并与之相关联（非缓冲方式）。

clog 在任何情况下，将显示器作为标准错误输出设备，并与之相关联（缓冲方式）。

cin 和 cout 分别是 istream 类和 ostream 类的对象。定义语句如下。

```
istream cin(stdin);
ostream cout(stdout);
```

其中，stdin 表示标准输入设备名，stdout 表示标准输出设备名。

操作系统可以将标准输入输出设备指定为其他设备，这种称为 I/O 重定向的技术给用户带来了便利。流对象 cerr 和 clog 都是显示错误信息的流，一定与显示终端相连接，一般情况下使用 cerr，因为 cerr 采用非缓冲方式，错误信息输出后用户能够立即看到，而不是发送到缓冲区，待缓冲区满后才显示到显示终端。

7.3.3 预定义插入抽取运算符

C++的流插入运算符<<和流抽取运算符>>是 C++在类库中提供的，在类库提供的头文件中已经对<<和>>进行了重载，使之作为流插入运算符和流抽取运算符，能用来输出和输入 C++基本类型的数据。因此，凡是用 cout<<和 cin>>对基本类型数据进行输入输出的，都要用#include 把头文件 iostream.h 包含到程序文件中。

在 ostream 流类中，针对每个基本数据类型重载<<运算符为友元运算符。例如，在 iostream.h 中声明如下。

```
ostream & operator <<(ostream & dest, int source);        //针对整型
ostream & operator <<(ostream & dest, char source);       //针对字符型
ostream & operator <<(ostream & dest, char * source);     //针对字符串
...
```

参数表的第 1 个、第 2 个参数分别是插入运算符<<的左、右操作数；返回 ostream 对象的引用，目的是能够连续输出。

在 istream 流类中，针对每个基本数据类型重载>>运算符为友元运算符。例如，在 iostream.h 中声明如下。

```
istream & operator >> (istream & dest, int source);       //针对整型
istream & operator >> (istream & dest, char source);      //针对字符型
istream & operator >> (istream & dest, char * source);    //针对字符串
...
```

参数表的第 1 个、第 2 个参数分别是抽取运算符>>的左、右操作数；返回 istream 对象的引用，目的是能够连续输入。

7.4 无格式 I/O 的 ios 类成员函数

1. get()

（1）原型：int get();

功能：从流中返回 1 个字符，如果到达文件尾，返回 EOF。

（2）原型：istream & get(char & ch);

功能：从流中读取 1 个字符，结果保存在指定引用中，如果到达文件尾，返回空字符。

（3）原型：istream & get(char * buf, int num, char delim='\n');

功能：从流中读取字符直到指定终止符（默认为\n），或者抽取字符达到第二个参数给定的数量或直到文件尾，保存在第一个参数指定的字符数组中。

2. getline()

原型：istream & getline (char * buf, int num, char delim='\n');

功能：从流中读取多个字符串。从流中读取至多 num 个字符（包含终止符）保存在指定字符数组中，如果遇到指定终止符或字符数达到上限，则读取终止，终止符不会被保存。

3. read()

原型：istream & read(char * buf, int num);

功能：从流中读取一行字符。num 规定读取字符的总字符数上限。

4. gcount()

原型：int gcount();

功能：返回成员函数 getline()或成员函数 read()上一次实际读入的字符个数。

5. putback()

原型：istream & putback();

功能：将最后一次用函数 get()从输入流读取的字符放回输入流中。

6. peek()

原型：int peek();

功能：返回流中下一个字符，但不移动文件指针。

7. eof()

原型：bool eof();

功能：判别输入流是否遇到文件结束符 EOF，若遇到则返回 1（真），否则返回 0（假）。

8. ignore()

原型：istream & ignore(int n, char ch = '\n');

功能：跳过流中的 n 个字符，或者遇到指定的终止符时结束。

9. put()

原型：ostream & put(char ch);

功能：向流中输出一个字符。参数可以是字符或 ASCII 码表达式，可以连续调用。例如，cout.put('A').put('B').put('\n');这个语句在输出字符 A 后，接着输出字符 B，最后输出换行符\n。

10. write()

原型：ostream & write(char * buf, int n);

功能：向流中输出指定长度的字符串。

11. flush()

原型：ostream & flush();

功能：刷新流，输出所有缓冲的但还未输出的数据。

【例 7-1】成员函数 get()和 put()的用法。

程序代码如下：

```
//e7_1.cpp
```

```
#include <iostream>
using namespace std;
void main(){
    char ch;
    while((ch = cin.get())!='\n')
        cout.put(ch);
}
```

程序运行结果：

```
welcome you!
welcome you!
```

【例7-2】不同格式的get()函数、getline()函数、write()函数和read()函数的用法。

程序代码如下：

```
//e7_2.cpp
#include <iostream>
using namespace std;
void main(){
    char a[80],b[80] ,c[80] ,d[20];
    cout<<"请键入一个字符:";
    cout<<cin.get()<<endl;
    cin.get();
    cout<<"请输入一行字符串:";
    for(int i=0; i<80; i++){              //实现字符串的输入
        a[i] = cin.get();
        if(a[i] == '\n'){
            a[i] = '\0';
            break;
        }
    }
    cout<<a<<endl;
    cout<<"请输入一行字符串:";
    cin.get(b,80);                        //3个参数get()函数
    cout<<b<<endl;
    cin.get();
    cout<<"请输入一行字符串:";
    cin.getline(c,80);
    cout<<c<<endl;
    cout<<"请输入一行字符串:";
    cin.read(d,10);
    cout.write(d,7);                      //输出字符串中前7个字符
    cout<<endl;
}
```

程序运行结果：

```
请输入一个字符: a
97
请输入一行字符串: Hello world!
Hello world!
请输入一行字符串: Thank you!
Thank you!
请输入一行字符串: C++ program
```

```
C++ program
请输入一行字符串：Welcome you
Welcome
```

【例 7-3】ignore()函数和 putback()函数的用法。

程序代码如下：

```
//e7_3.cpp
#include <iostream>
using namespace std;
void main(){
    char a[20]; char ch;
    cout<<"请输入一个字符串:";
    cin.ignore(5);              //跳过输入流中的 5 个字符
    cin.getline(a,20);
    cout<<a<<endl;
    cout<<"请输入一个字符:";
    ch = cin.get();
    cout<<ch<<endl;
    cin.putback(ch);
    cout<<ch<<endl;
    cin.get(ch);
    cout<<ch<<endl;
}
```

程序运行结果：

```
请输入一行字符串：Hello world!
world!
请输入一个字符：a
a
a
a
```

7.5　格式化 I/O 流

前面各节主要讨论的是无格式的 I/O 功能，这意味着应用程序将按照默认的系统设置来执行 I/O 操作。但是，程序开发人员通常需要拥有精细控制能力，这就要用到格式化控制功能。格式化数据通常有两种方式：第一种是直接访问 ios 类的成员，确切地说，可以设置 ios 类定义的各种格式状态标志或调用 ios 类的成员函数；第二种是使用名为操纵算子的特殊函数，该函数是 I/O 表达式的一部分。

7.5.1　使用格式状态标志或调用格式化成员函数

C++在头文件 iostream.h 中定义了一些格式状态标志和格式化函数，在头文件 iomanip.h 中定义了一些格式化函数，实现对输入输出的格式控制，如表 7.1、表 7.2 和表 7.3 所示，在使用时要将相应的头文件包含进来。

表 7.1 格式状态标志

格式标志	作　　用
ios::right	右对齐。在默认情况下，该标志是打开的
ios::left	左对齐。在默认情况下，该标志是关闭的
ios::scientific	指出是否以科学记数法的形式表示浮点数值，在默认情况下，该标志是关闭的
ios::showbase	指出是否在数值前面输出进制（0 表示八进制，0x 或 0X 表示十六进制）。在默认情况下，该标志是关闭的
ios::showpoint	指出是否显示小数点以及小数点后面的零，在默认情况下，该标志是关闭的
ios::showpos	指出是否在整数和负数前面显示+和-，在默认情况下，该标志是关闭的
ios::uppercase	在以十六进制的形式表示整数值时，使用大写的 A～F，在以科学记数法表示浮点数值时，使用大写的 E
ios::hex	以十六进制的形式表示整数值，在默认情况下，该标志是关闭的
ios::oct	以八进制的形式表示整数值，在默认情况下，该标志是关闭的
ios::dec	以十进制的形式表示整数值，在默认情况下，该标志是打开的
ios::fixed	指出是否以定点记数法表示浮点数值，在默认情况下，该标志是关闭的
ios::skipws	指出是否忽略空白字符，在默认情况下，该标志是关闭的
ios::boolalpha	指出是否可以用关键字 true 和 false 输入或输出布尔值，在默认情况下，该标志是关闭的

表 7.2 定义于头文件 iostream.h 中的格式化函数

格式化函数	作　　用
fill()	返回当前的填充字符
fill(char ch)	将当前填充字符设置为 ch，并返回以前的填充字符
precision()	返回当前的浮点数精度
precision(int d)	将当前的浮点数精度设置为 d，返回以前的浮点数精度
setf(int m)	打开 m 的格式状态标志，并返回以前的格式状态标志
setf(int m1,int m2)	打开 m1 的格式状态标志，关闭 m2 的格式状态标志，并返回以前的格式状态标志
unseft(int m)	关闭 m 的格式状态标志
width()	返回当前的宽度
width(int w)	将当前宽度设置为 w，并返回以前的宽度

表 7.3 定义于头文件 iomanip.h 中的格式化函数

格式化函数	作　　用
setw(int m)	置显示宽度为 m，只影响它后面的要输出的数据，当这个数据打印完毕后，域宽恢复到默认状态
setfill(char ch)	置填充字符为 ch,作用同 ios::fill()
setbase(int b)	设置整数的基为 b(b = 8, 10, 16)
setprecision(int d)	设置浮点数精度位数为 d

格式化函数	作　用
setiosflags(long m)	打开 m 的格式状态标志
resetiosflags(long m)	关闭 m 的格式状态标志

【例 7-4】头文件 iostream.h 和 iomanip.h 中定义的一些控制符的用法。

程序代码如下：

```
//e7_4.cpp
#include <iostream>
#include <iomanip.h>
using namespace std;
void main(){
    int a=28;
    double b=3.4567;
    cout<<"a="<<a<<endl;
    cout<<"b="<<b<<endl;
    cout<<"a="<<hex<<a<<endl;
    cout<<"b="<<setprecision(3)<<b<<endl;
    cout<<"a="<<setiosflags(ios::showbase)<<hex<<a<<endl;
    cout<<"b="<<resetiosflags(ios::scientific)<<b<<endl;
}
```

程序运行结果：

```
a=28
b=3.4567
a=1c
b=3.46
a=0x1c
b=3.46
```

【例 7-5】填充控制符 setfill 和域宽控制符 setw 的用法。

程序代码如下：

```
//e7_5.cpp
#include <iostream>
#include<iomanip.h>
using namespace std;
ostream & fprint(ostream & stream){
    stream.setf(ios::left);
    stream<<setw(10)<<setfill('*');
    return stream;
}
void main(){ cout<<28<<" "<<fprint<<28; }
```

程序运行结果：

```
28 28********
```

程序说明：

在用一个或多个语句输出多个变量值时，每次都需要用控制符 setw 设置合适的字宽，因为 setw 无长效性，每输出一个值后，字宽即变为 0。

【例 7-6】控制符 setiosflags 和 resetiosflags 的用法。

程序代码如下：

```
//e7_6.cpp
#include <iostream>
#include <iomanip.h>
using namespace std;
void main(){
    const double pi=3.14159;
    double r=5,c,s;
    c = 2.0 * pi * r;
    s = pi * r * r;
    cout<<"圆的周长（小数）为："<<setiosflags(ios::fixed)<<c<<endl;
    //使用定点形式表示浮点数，第一个输出语句
    cout<<"圆的面积（小数）为："<<setiosflags(ios::fixed)<<s<<endl;
    cout<<"圆的周长（指数）为："<<setiosflags(ios::scientific)<<c<<endl;
    cout<<"圆的面积（指数）为："<< setiosflags(ios::scientific)<<s<<endl;
    cout<<setiosflags(ios::fixed);              //固定浮点显示
    cout<<"圆的周长（小数）为："<<c<<endl;
    cout<<"圆的面积（小数）为："<<s<<endl;
    cout<<resetiosflags(ios::fixed);            //清除格式状态标志
    cout<<setiosflags(ios::scientific);         //指数表示
    cout<<"圆的周长（指数）为："<<c<<endl;
    cout<<"圆的面积（指数）为："<<s<<endl;
}
```

程序运行结果：

圆的周长（小数）为：31.415900
圆的面积（小数）为：78.539750
圆的周长（指数）为：31.4159
圆的面积（指数）为：78.5397
圆的周长（小数）为：31.4159
圆的面积（小数）为：78.5397
圆的周长（指数）为：3.141590e+001
圆的面积（指数）为：7.853975 e+001

程序说明：

在第一个输出语句中将 c 的输出格式规定为 setiosflags(ios::fixed)，使 c 在显示时以定点格式显示浮点数，因此在第三个与第四个输出语句显示结果仍然为默认的显示样式。若在第二个输出语句之后加上语句 cout<<resetiosflags(ios::fixed);用于清除格式状态标志，则第三个与第四个输出语句显示的结果与第七个和第八个输出语句的结果相同。

【例 7-7】对输出数据的宽度、精度等进行设置。

程序代码如下：

```
//e7_7.cpp
#include <iostream>
#include <iomanip.h>
using namespace std;
void main(){
    cout.width(6);              //只对随后一个数的输出域宽起作用
```

```
        cout<<123<<3.145<<endl;
        cout<<setw(6)<<123<<setw(8)<<3.145<<endl;
        cout.width(6);
        cout.precision(3);
        cout<<123<<setw(8)<<3.145<<endl;
        cout<<setw(6)<<123<<setw(8)<<setprecision(2)<<3.145<<endl;
        //setprecision(2)设置浮点数的有效数字
        cout.setf(ios::fixed,ios::floatfield); //今后以定点格式显示浮点数(无指数部分)
        cout.width(6);
        cout.precision(3);
        //当格式为ios::fixed时,设置小数点后的位数为3
        cout<<123<<setw(8)<<3.145<<endl;
}
```

程序运行结果:

```
1233.145
123    3.145
123       3.15
123        3.1
123    3.145
```

7.5.2 使用操纵算子

使用 ios 类的成员函数进行格式控制,每改变一次格式要写一个函数调用语句。使用操纵算子则方便一些,C++预定义的操纵算子如表 7.4 所示。每个操纵算子返回一个指向同一流的引用,因而可以嵌入到插入或抽取表达式中来改变流的状态。这些操纵算子的原型说明,一些(无参的)在头文件 iostream.h 中,一些(有参的)在头文件 iomanip.h 中。

表 7.4   操纵算子

操纵算子	作　　用	输入输出
skipws	跳过输入中的空白	输入
left	输出数据按输出域左对齐	输出
right	输出数据按输出域右对齐	输出
internal	在符号位或基指示符之后填充字符	输出
dec	转换基数为十进制形式	输入输出
oct	转换基数为八进制形式	输入输出
hex	转换基数为十六进制形式	输入输出
showbase	输出带有一个表示制式(基)的字符	输出
showpoint	浮点输出时必须带有一个小数点	输出
uppercase	十六进制输出时,表示制式的字符 X 及表示数值的字符 A~F 一律为大写形式	输出
showpos	在正数之前添加+	输出
scientific	使用科学记数法表示浮点数(如 1.234E2)	输出
fixed	使用定点计数法表示浮点数(如 123.4)	输出
unitbuf	在插入操作后立即刷新流的缓冲区	输出

操纵算子	作 用	输入输出
stdio	在插入操作后刷新 stdout 和 stderr	输出
setfill(int ch)	设置填充字符为 ch	输入输出
setw(int w)	设置域宽为 w	输入输出
setprecision(int d)	设置数据显示精度（小数点后 d 位）	输出
setiosflags(long f)	设置 f 声明的格式状态标志	输入输出
resetiosflags(long f)	关闭 f 声明的格式状态标志	输入输出
setbase(int base)	设置数据的基指示符为 base（base=8,10,16）	输出
endl	输出一个换行符并刷新流	输出
ends	输出一个空字符	输出

【例 7-8】用 * 字符输出倒置的三角形。

程序代码如下：

```
//e7_8.cpp
#include <iostream>
#include <iomanip.h>
using namespace std;
void main(){
    for(int n=1; n<5; n++){
        cout<<setfill(' ')<<setw(n)<<" "<<setfill('*')
            <<setw(9-2*n)<<"*"<<endl;
    }
}
```

程序运行结果：

```
*******
 *****
  ***
   *
```

【例 7-9】设置整数流的基数和浮点数的精度。

程序代码如下：

```
//e7_9.cpp
#include <iostream>
#include <iomanip.h>
#include <math.h>
using namespace std;
void main(){
    int n;
    double b = sqrt(3.0);
    cout<<"请输入一个整数：";
    cin>>n;
    cout<<n<<"十六进制为："<<hex<<n<<endl<<dec<<n
        <<"八进制为："<<oct<<n<<endl<<n<<"十进制为："<<n<<endl;
    cout<<setiosflags(ios::fixed)
        <<"Precision set by precision member function："<<endl;
```

```
    for(int i=0; i<5; i++){
        cout.precision(i);
        cout<<b<<endl;
    }
    cout<<"Precision set by the setprecision manipulator: "<<endl;
    for(i=0; i<5; i++){
        cout<<setprecision(i)<<b<<endl;
    }
}
```

程序运行结果：

请输入一个整数：20

20 十六进制为：14

20 八进制为：24

24 十进制为：24

```
Precision set by precision member function:
2
1.7
1.73
1.732
1.7321
Precision set by the setprecision manipulator:
2
1.7
1.73
1.732
1.7321
```

7.6 文 件 操 作

7.6.1　文件与文件流概述

文件是相同类型数据的任意序列，一般是指存放在外部介质上的数据的集合。操作系统以文件为单位对数据进行管理。前面介绍的数据输入输出都是以终端为对象，即从键盘输入数据，运行结果显示在终端的显示器上。从操作系统角度看，每一个与主机相连的输入输出设备都可以看作一个文件。当输出流被连接到输出设备时，数据流传输到输出设备，这个过程可以看作数据流被写入一个"文件"。反之，当输入流被连接到输入设备时，来自输入设备的数据被程序读出，这个过程可以看作从输入设备内的"文件"读出数据。写入文件或从文件读出的数据流称为文件流。如果输入设备不是键盘，输出设备不是显示器，则与输入、输出设备相关的文件称为非标准文件。

在 C++中可以把文件看作字符或字节的序列。根据数据的组织形式，文件可分为 ASCII 文件（文本文件）和二进制文件。

ASCII 文件的每个字节存放一个 ASCII 码，每一个 ASCII 码对应一个可以显示的字符。二进制文件则是把内存中的数据按其在内存中的存储形式原样输出到磁盘上存放。用 ASCII 形式输出时，一个字节代表一个字符，因而便于对字符进行逐个处理，也便于输出字符；缺点是占存储空间较多，而且要花费二进制形式与 ASCII 形式之间的转换时间。用二进制形式输出数值数据，可以节省外存空间和转换时间，但一个字节不能对应一个字符，不能直接输出字符形式。需要暂时保存在外存上，以后又要输入到内存的中间结果数据，通常用二进制形式保存。

7.6.2 文件流的类层次

在 C++中进行文件处理，需要包括头文件 iostream.h 和 fstream.h。fstream.h 头文件包括流类 ifstream（从文件输入）、ofstream（向文件输出）和 fstream（文件输入/输出）的定义。这些流类的对象可以打开文件，这些流类分别从 istream、ostream 和 iostream 类派生。前面介绍的 C++输入/输出流成员函数、运算符和流操纵算子也可以用于文件流。I/O 类的继承关系如图 7.4 所示。

图 7.4　I/O 类的继承关系

7.6.3 文件的打开和关闭

对非标准文件进行 I/O 操作，通常有三个步骤：首先是打开该文件（创建一个流，将这个流与文件相关联，此时，要说明文件访问方式是读、写或修改）；然后对文件进行 I/O 操作（读写操作）；最后，在操作结束后，要关闭文件。

打开或创建一个指定的文件需要下列两个步骤。

（1）打开一个输入文件流，对文件进行读操作，必须先创建一个类型为 ifstream 的对象；打开一个输出文件流，对文件进行写操作，必须先创建一个类型为 ofstream 的对象；对文件进行读写操作，必须先创建一个类型为 fstream 的对象。举例如下。

```
ifstream infile;     //声明一个输入（读）文件流对象
ofstream outfile;    //声明一个输出（写）文件流对象
fstream iofile;      //声明一个可读可写的文件流对象
```

（2）用文件流类的成员函数打开或创建一个指定的文件，使得该文件与声明的文件流对象相关联，这样，对流对象的操作也就是对文件的操作。举例如下。

```
infile.open("file1.txt");
outfile.open("file2.txt");
iofile.open("file3.txt",ios::in|ios::out);
```

① 上述两个步骤也可合为一步进行，即在声明对象时指定文件名。举例如下。

```
ifstream infile("file1.txt");
ofstream outfile("file2.txt");
fstream iofile("file3.txt",ios::in|ios::out);
```

② open()函数的函数原型如下。

```
void open(const char * szName,int nMode,int nProt = filebuf::openprot);
```

其中：第一个参数 szName 表示相关联的文件名（包括路径和扩展名）；第二个参数 nMode 表示文件的打开方式，如表 7.5 所示；第三个参数 nProt 表示文件的共享方式，默认为 filebuf::openprot，表示 DOS 兼容方式。

③ 参数 nMode 表示文件的打开方式，其中一些打开方式是相互"兼容"的，可以通过|（或运算符）结合起来。例如，打开一个可供读写的文件，其方式可以定义为

ios::in|ios::out。参数 nMode 默认情况下：在用 ifstream 定义的输入流对象打开文件时，打开方式为 ios::in；在用 ofstream 定义的输入流对象打开文件时，打开方式为 ios::out；文件以文本方式打开。

表 7.5　　　　　　　　　　　　　　　文件的打开方式

打开方式	含　　义
ios::in	对打开的文件进行读操作（适用于 ifstream）
ios::out	对打开的文件进行写操作（适用于 ofstream）
ios::app	打开文件用于追加数据，打开文件后指针指向文件尾
ios::ate	打开一个已有文件，文件指针指向文件尾
ios::trunc	如文件已存在，则清除原有内容；如文件不存在，则创建新文件
ios::binary	以二进制方式打开文件（否则默认以文本方式打开文件）
ios::nocreate	打开一个已有文件，如该文件不存在，则打开失败（nocreate 的意思是不建立新文件）
ios::noreplace	如文件不存在，则建立新文件；如文件存在，则打开失败（noreplace 的意思是不更新原有文件）
ios::in|ios::out	以读和写的方式打开文件
ios::out|ios::binary	以二进制写方式打开文件
ios::in|ios::binary	以二进制读方式打开文件

与文件打开操作相对应的是文件的关闭操作。举例如下。

```
infile.close();          //关闭与输入流 infile 相关联的文件
```

　　文件使用结束后要及时调用 close()函数关闭文件，以防文件被“误用”。

从一个文件中读取数据，可以使用 get()、getline()、read()函数以及抽取符>>；向一个文件写入数据，可以使用 put()、write()函数以及插入符<<。

7.6.4　文件读写操作

【例 7-10】从键盘输入一列数字，保存到 test.txt 中，然后打开文件 test.txt，将文件中的数字显示在屏幕上。

程序代码如下：

```
//e7_10.cpp
#include <iostream>
#include "fstream.h"
#include "iomanip.h"
using namespace std;
void main(){
    ofstream outfile;
    ifstream infile;
    int x;                          //用来存放读入的数据
    outfile.open("test.txt");
```

```
    if(!outfile){                          //判断文件是否成功打开
        cout<<"文件打开失败! "<<endl;
        return;
    }
    cout<<"请输入一行数字, 以 9999 结束, 如: 123 34 9999"<<endl;
    cin>>x;
    while(x!=9999){
        outfile<<x<<" ";                   //加入空格以分隔数字
        cin>>x;
    }
    cout<<"数字已经写入文件! \n";
    outfile.close();
    infile.open("test.txt");        //存放整数的文件
    if(!infile){                           //判断文件是否成功打开
        cout<<"打不开输入文件 test.txt "<<endl;
        return;
    }
    //从文件中读入整数并输出, 直至文件尾, 循环结束
    while( infile>>x )      cout<<setw(8)<<x;
    cout<<"\n 读入文件结束! "<<endl;
    infile.close();                        //关闭文件
}
```

程序运行结果:

```
请输入一行数字, 以 9999 结束, 如: 123 34 9999
56 345 123 666 268 9999
数字已经写入文件!
  56     345     123     666     268
读入文件结束!
```

程序说明:

（1）将数据写入文件时, 用的是 outfile<<x<<" ";语句, outfile 是输出流文件对象, 类似 cout, 只不过 cout 是在屏幕上输出。输出时加空格是为了分隔数字, 这样读入时才不会出错。

（2）读文件是从与文件关联的流中取元素。ifstream 类从 istream 类继承了输入操作>>。输入文件流建立后, 可以像 cin 一样输入数据。不同的是: cin 是从键盘输入, 而输入流对象是从文件输入。例如, 上面程序中的语句 infile>>x 表示从文件 test.txt 输入一个整数。在默认情况下, 输入运算符>>会自动跳过空格, 然后读入对应于输入对象类型的字符。例如, 上面的整数文件中, 整数是用空格隔开的, 在读入时, >>会自动跳过空格, 读出下一个整数。

（3）test.txt 文件自动创建在本程序的目录下, 也可以指明文件的具体路径, 当然打开时也需要指明路径。

例如, test.txt 在目录 c:\temp 下, 则 open()函数应该写为如下形式。

```
infile.open("c:\\temp\\test.txt");      //文件路径必须使用双斜杠
```

【例 7-11】编写一个文件的复制程序, 把源文件的内容全部复制到目标文件中。

程序代码如下:

```
//e7_11.cpp
#include <iostream>
```

```
#include "fstream.h"
using namespace std;
void main(){
    char filename[255];
    cout<<"请输入要打开的文件名: ";
    cin>>filename;
    ifstream infile(filename);
    if(!infile){
        cout<<"源文件打开失败! "<<endl;
        return;
    }
    cout<<"请输入目标文件名: ";
    cin>>filename;
    ofstream outfile(filename);
    if(!outfile){
        cout<<"打不开目标文件"<<endl;
        return;
    }
    char c;
    while(!infile.eof()){          //判断是否到文件尾
        c=infile.get();            //读入一个字符并赋给 c
        outfile.put(c);            //写入一个字符
    }
    cout<<"\n 文件复制完毕\n";
    infile.close();
    outfile.close();
}
```

程序运行结果:

请输入要打开的文件名: `test.txt`
请输入目标文件名: `target.txt`
文件复制完毕

【例 7-12】从键盘输入学生的个人信息（姓名、学号），并保存到磁盘文件中。

程序代码如下:

```
//e7_12.cpp
#include <iostream>
#include "fstream.h"
#include "string.h"
using namespace std;
void main(){
    ofstream outfile("stuInfo.txt");
    if(!outfile){
        cout<<"输出文件 stuInfo.txt 打开失败! "<<endl;
        return;
    }
    cout<<"请输入学生的个人信息，输入顺序为: "<<endl<<"姓名 学号，以空格或者回车隔开。\n"<<"输
入以 exit 0 结束\n";;
    char * name = new char[20];          //用来存储姓名
    int No;                              //用来存储学号
    cin>>name>>No;                       //从键盘输入姓名和学号
```

```
    while(strcmp(name,"exit")){              //判断是否输入了exit
        outfile<<name<<","<<No<<endl;        //将姓名和学号写入文件，用,隔开
        cin>>name>>No;
    }
    outfile.close();
    cout<<"\n数据已经写入文件。\n";
    delete []name;
}
```

程序运行结果：

请输入学生的个人信息，输入顺序为：
姓名 学号，以空格或者回车隔开。
输入以 exit 0 结束
Zhangsan 1
Lisi 2
Wangwu 3
Marry 4
exit 0
数据已经写入文件。

【例7-13】二进制文件的读写操作。

先往二进制磁盘文件中写如下3个"值"：字符串str的长度值Len（一个正整数）、字符串str本身以及一个结构体的数据。然后读取文件中的值，并将它们显示在屏幕上。

程序代码如下：

```
//e7_13.cpp
#include <iostream>
#include <fstream.h>
#include <string.h>
using namespace std;
void main(){
    char a[20]="Hello world!";
    struct student{
        char name[20];
        int age;
        double score;
    } ss={"hao zi", 20, 94};
    cout<<"写入数据到 c:\\Cfile.bin 文件"<<endl;
    ofstream fout("c:\\Cfile.bin", ios::binary);
    int Len = strlen(a);
    fout.write( (char *)(&Len), sizeof(int) );
    fout.write(a, Len);                  //数据间无需分割符
    fout.write((char *)(&ss), sizeof(ss));
    fout.close();
    cout<<"----------------------------------------"<<endl;
    cout<<"读取文件 c:\\Cfile.bin 中的数据"<<endl;
    char b[80];
    ifstream fin("c:\\Cfile.bin", ios::binary);
    fin.read( (char *)(&Len), sizeof(int) );
    fin.read(b, Len);
    b[Len]='\0';
    fin.read( (char *)(&ss), sizeof(ss) );
    cout<<"Len="<<Len<<endl;
```

```
    cout<<"b="<<b<<endl;
    cout<<"ss=>"<<ss.name<<","<<ss.age<<","<<ss.score<<endl;
    fin.close();
    cout<<"--------------------------------------"<<endl;
}
```

程序运行结果：

```
写入数据到 c:\\Cfile.bin 文件
--------------------------------------------------
读取文件 c:\\Cfile.bin 中的数据
Len =12
b=Hello world!
ss->hao zi,20,94
--------------------------------------------------
```

程序说明：

打开二进制文件时，要在 open()函数中加上 ios::binary 方式，作为第二个参数。对以二进制方式打开的文件，有两种方式进行读写操作，一种是使用函数 get()和 put()，另一种是使用函数 read()和 write()。

7.7　随机访问数据文件

在多数情况下，C++的文件是采用顺序访问方式的，即从文件头部写、读到文件末尾。与之不同的是，随机访问数据文件时，不必考虑各个元素的排列次序和位置，可以根据需要访问文件中的任一元素。

为了实现 C++文件的随机读、写操作，必须确定随机访问点（文件读、写指针）的位置。I/O流类库提供了用以定位文件读写指针的成员函数，如表 7.6 所示。

表 7.6　　　　　　　　　　I/O 流类库提供用以定位文件读写指针的成员函数

所在的类	成 员 函 数
istream	istream & istream::seekg(<流中位置>);
	istream & istream::seekg(<偏移量>，<参照位置>);
ostream	ostream & ostream::seekp(<流中位置>);
	ostream & ostream::seekp(<偏移量>，<参照位置>);

表 7.6 中，seekg()和 seekp()分别用来移动文件的读指针和写指针的位置。其中，带一个参数的函数是指从文件头开始，把文件指针向后移动<流中位置>个字节，参数是 long 型量，并以字节为单位。带两个参数的函数表示从文件中指定的位置开始移动文件指针，其中第二个参数<参照位置>用来说明文件指针起始位置，第一个参数说明相对于起始位置的偏移量，两个参数都是 long 型量，以字节为单位。参照位置举例如下。

```
ios::beg = 0      //表示以文件头作为参照位置
ios::cur = 1      //表示以当前读/写指针所指定的位置作为参照位置
ios::end = 2      //以文件尾作为参照位置
```

例如：input.seekg(100,ios::beg);表示使读指针指向从文件开始位置后移 100 个字节处。

【例 7-14】向文件中写入学生的信息，然后随机读取文件中的学生的信息。

程序代码如下：

```
//e7_14.cpp
#include <iostream>
#include <fstream.h>
using namespace std;
struct student{              //定义结构体，包括学生的学号、姓名、成绩
    char * number;
    char * name;
    float score;
}st[4]={{"2008101","zhu",98},{"2008102","li",89},{"2008103","zhang",78},{"2008104"
,"zhou",94}},s;
void main(){
    fstream f1;
    f1.open ("c:\\data.dat",ios::out|ios::in|ios::binary);
    if(!f1){
        cout<<"不能打开文件! "<<endl;
        return;
    }
    for(int i=0; i<4; i++)                        //将学生的信息写入文件
        f1.write((char *)&st[i],sizeof(student));
    f1.seekp(sizeof(student)*2);            //将文件指针定位到第 3 位同学
    f1.read((char *)&s,sizeof(student));        //读取学生的信息
    cout<<s.number<<"\t\t"<<s.name<<"\t"<<s.score<<endl;
    f1.seekp(sizeof(student)*0);            //将文件指针定位到第 1 位同学
    f1.read((char *)&s,sizeof(student));
    cout<<s.number<<"\t\t"<<s.name <<"\t"<<s.score<<endl;
    f1.seekp(sizeof(student)*1,ios::cur);      //将文件指针定位到第 3 位同学
    f1.read((char *)&s,sizeof(student));
    cout<<s.number<<"\t\t"<<s.name <<"\t"<<s.score<<endl;
    f1.seekp(sizeof(student)*0,ios::cur);      //将文件指针定位到第 4 位同学
    f1.read((char *)&s,sizeof(student));
    cout<<s.number<<"\t\t"<<s.name <<"\t"<<s.score<<endl;
}
```

程序运行结果：

```
2008103        zhang      78
2008101        zhu        98
2008103        zhang      78
2008104        zhou       94
```

程序说明：

利用上述几个成员函数就可以移动读、写指针，实现文件的随机访问。

随机访问文件读、写要点如下。

（1）打开文件。除使用追加写方式外，以其余方式打开文件后，文件的读写指针都指向文件始点。

（2）可使用文件读指针或写指针定位函数 seekg()或 seekp()把读指针或写指针移动到所需的位置。

（3）使用适当的成员函数进行文件读或写操作。

（4）关闭文件。

> 写操作完成之后，如不关闭文件，则原拟写入的信息实际上并未写入文件！

7.8 程序设计实例

【例 7-15】将数据以不同的样式显示。掌握控制符的使用方法。

程序代码如下：

```cpp
//e7_15.cpp
#include <iostream>
#include <iomanip.h>
using namespace std;
void main(){
    double ad = 3.1415926;
    int number = 2008;
    cout<<setw(10)<<ad<<endl; //以宽度为10输出数据
    cout<<setw(10)<<setfill('*')<< setprecision(0)<<ad<<endl;
    cout<<setw(10)<<setfill('&')<< setprecision(1)<<ad<<endl;
    cout<<setiosflags(ios::left)<<setw(10)<<setfill('%')<<setprecision(2)<<ad<<endl;
    cout<<setprecision(3)<<ad<< endl;
    cout<<setprecision(4)<<ad<<endl;
    cout<<setiosflags(ios::fixed);
    cout<<setprecision(8)<<ad<<endl;
    cout<<setiosflags(ios::oct + ios::left)<<setw(10)<<setfill('#')<<number<<endl;
    cout<<dec<<number<<endl<< hex<<number<<endl<< oct<<number<<endl;
    cout<<setiosflags(ios::scientific)<<ad<<endl;
    cout<<setprecision(6); cin.get(); cin.get();
}
```

程序运行结果如图 7.5 所示。

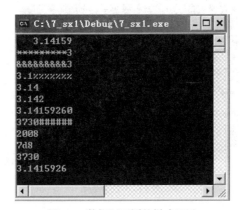

图 7.5 数据以不同的样式显示

【例 7-16】首先将从键盘输入的多行文本内容写入文件，然后读取文件中的内容并将其显示在屏幕上，并统计出文件中内容的行数。

程序代码如下：

```
//e7_16.cpp
#include <iostream>
#include <stdlib.h>
#include <fstream.h>
using namespace std;
void main(){
    char ch;
    ofstream tfile("c:\\hz.dat");
    if (!tfile){
        cerr<<"c:\\hz.dat not open!"<<endl;
        exit(1);
    }
    cout<<"要写入文件的内容(以 ctrl+z 结束): "<<endl;
    ch = cin.get();
    while(ch!=EOF){
        tfile.put(ch);
        ch = cin.get();
    }
    tfile.close();
    ifstream hfile("c:\\hz.dat",ios::in|ios::nocreate);
    if (!hfile){
        cerr<<"c:\\hz.dat not open!"<<endl;
        exit(1);
    }
    int i = 0;
    while(hfile.get(ch)){
        cout<<ch;
        if(ch=='\n ') i++;
    }
    cout<<endl<<"行数为: "<<i<<endl;
    hfile.close();
}
```

程序运行结果如图 7.6 所示。

图 7.6　文件操作

本 章 小 结

通过本章学习应理解流的概念，了解 I/O 流类的层次结构，掌握格式化输出方法和实现简单的文件读写操作编程。

C++中的数据输入输出是通过"流"来实现的，根据方向的不同，流可分为输入流和输出流两种类型。C++默认显示器是标准输出设备，并定义了 cout 等系统级输出流对象，它们与插入运算符<<和输出内容一起构成输出语句。如果对输出内容有格式要求，则需要进行格式控制，可以选用格式控制符或流对象的成员函数。C++默认标准输入设备为键盘，并定义了系统级输入对象 cin，它与抽取运算符>>和变量名等一起构成输入语句。

文件按存储结构可分为文本文件和二进制文件两大类。C++中对文件的操作是通过流来完成的。应始终以内存为中心来考虑数据流向，根据方向不同，把文件流分为文件输入流、文件输出流、文件输入输出流三种类型。如果能够熟练地使用文件流及相关成员函数，就能顺利完成文件打开、保存、复制、比较和连接等操作。

习　题　7

一、单选题

1. 语句 cout<<oct<<13;的输出结果是____。

    A. 13　　　　　　　B. 15　　　　　　　C. D　　　　　　　D. 18

2. 语句 ofstream f("SALY.DAT",ios::app|ios::binary);的功能是建立流对象 f,试图打开文件 SALY.DAT 并与之连接，并且____。

    A. 若文件存在，将文件写指针定位于文件尾；若文件不存在，建立一个新文件

    B. 若文件存在，将其置为空文件；若文件不存在，打开失败

    C. 若文件存在，将文件写指针定位于文件首；若文件不存在，建立一个新文件

    D. 若文件存在，打开失败;若文件不存在，建立一个新文件

3. 当使用 fstream 流类定义一个流对象并打开一个磁盘文件时,文件的隐含打开方式为____。

    A. ios::in　　　　B. ios::out　　　　C. ios::in|ios::out　　　D. 以上都不对

4. 语句 cout<<setw(10)<<setfill('#')<<12345;输出结果是____。

    A. 12345　　　　　　　　　　　B. #####12345

    C. ##########12345　　　　　　D. 12345#####

5. seekp(<偏移量>,<参照位置>)函数中第 2 个参数的取值有____种。

    A. 1　　　　　　　　B. 2　　　　　　　　C. 3　　　　　　　　D. 4

二、填空题

1. 根据数据的组织形式，将文件分为____和____。

2. ios 类有 4 个直接派生类，即输入流（istream）、____、____和串流（strstreambase）。

3. 运行结果是____。

```cpp
#include <iostream>
#include <iomanip.h>
using namespace std;
void main(){
    int i = 1357;
    cout<<i<<endl;
    cout<<setw(10)<<i<<endl;
    out<<resetiosflags(ios::right)<<setiosflags(ios::left)<<setfill( '*')<<setw(10
```

```
)<<i<<endl;
        cout<<resetiosflags(ios::left)<<setiosflags(ios::right )<<setprecision(3)<<set
w(10)<<12345 <<endl;
    }
```

4. 运行结果是____。

```
#include <iostream>
#include <fstream.h>
using namespace std;
void main(){
    char filename[256],buf[100];
    fstream sfile,dfile;
    cout<<"输入已存在源文件路径名:"<<endl;
    cin>>filename;
    sfile.open(filename,ios::in|ios::nocreate); //打开一个已存在的文件
    while(!sfile){
        cout<<"源文件找不到,请重新输入已存在路径名:"<<endl;
        cin>>filename; sfile.open(filename,ios::in|ios::nocreate);
    }
    cout<<"输入目标文件路径名:"<<endl;
    cin>>filename;           //只能创建文件，不能建立子目录，如路径不存在则失败
    dfile.open(filename,ios::out);
    if(!dfile)
        cout<<"目标文件创建失败"<<endl;
    while(sfile.getline(buf,100)){    //按行复制
        if(sfile.gcount()<100)
            dfile<<buf<<'\n';          //因回车符未送到
        else
            dfile<<buf;
    }
    sfile.close();
    dfile.close();
}
```

三、编程题

1. 从输入文件 file.in 读入文件内容，为每一行加上行号后，输出到输出文件 file.out 中，要求行号占 5 个字符宽度，且左对齐，最后输出文件总的字符数。

2. 产生一个二进制数据文件，将 1~50 的所有偶数写入文件 even.bin。

（提示：数组下标从 1 开始，所以应定义 26 个数组单元，保存时，也应保存 26 个数据。）

3. 从第 2 题产生的数据文件中读取二进制数据，并在显示器上以每行 5 个数的形式显示。

4. 从第 2 题的数据文件 even.bin 中，读出文件中第 n 个偶数并显示在屏幕上；再将文件指针移动 m 个偶数单元，在该单元写入新的数据 a；最后将数据文件中的全部数据以每行 5 个数的形式在屏幕上显示。其中 n、m 和 a 的值由键盘输入。

第三部分

应用篇

第 **8** 章　MFC 编程技术

【学习目标】

（1）了解 Windows 应用程序特点，理解 API 编程模式和 MFC 编程模式。

（2）掌握利用 MFC AppWizard 创建 Windows 应用程序的步骤和方法，弄清 MFC AppWizard 所创建的应用程序中所的主要类及其功能、组成文件和程序的框架结构。

（3）理解消息映射、消息处理函数的概念。掌握利用 ClassWizard 增加、修改和删除窗口消息响应函数的方法和步骤，并理解程序代码的变化过程和特点。

（4）掌握文档/视图结构应用程序的开发方法。

（5）掌握菜单、工具栏和控件的使用方法。

（6）掌握对话框应用程序的开发方法以及数据库访问操作方法。

8.1　MFC 编程模式

Windows 操作系统的特征如下。

（1）Windows 拥有一个图形用户界面，用户可以用键盘和鼠标与显示器上的图形直接交互。

（2）Windows 支持多任务操作，可在同一时刻运行多个程序，程序间可进行信息交互。每个程序只能在名为"窗口"的屏幕矩形区中实现输出。

（3）Windows 的图形设备接口，实现了程序与设备的无关性，即为 Windows 编写的应用程序可以运行于任何具有 Windows 设备驱动程序的硬件环境中，方便使用。

Windows 操作系统采用了图形用户界面，借助于它提供的 API（Application Programming Interface，应用程序接口）函数，用户可以编写出具有图形界面的程序。Windows 本身是面向对象的，因此采用面向对象的程序设计更为自然。Visual C++的微软基础类库（Microsoft Foundation Classes，MFC）封装了大部分 API 函数，并提供了一个应用程序框架，简化和标准化了 Windows 程序设计，因此 MFC 编程被称为标准 Windows 程序设计。

API 函数：为方便程序员编写 Windows 应用程序，Windows 提供了一个应用程序编程接口，称 Windows API，这是 Windows 支持的函数定义、参数定义和消息格式的集合，可供应用程序调用。上千个 API 函数包含了各种窗口类和系统资源（内存管理、文件、线程等）。利用这些函数就可以编写出具有 Windows 风格的程序。Windows API 也是 Windows 操作系统自带的在 Windows 环境下运行的软件开发包（Software Development Kit，SDK）。程序员总是直接或间接引用 API 进行应用程序的开发，所以 Windows 应用程序都有大致相同的用户界面。

　　所有的 Windows 应用程序都采用消息驱动机制，也就是说 Windows 程序是通过操作系统发送的消息来处理用户的输入。在 Windows 操作系统中，无论是系统产生的动作，还是用户运行应用程序产生的动作，都称为事件（events）产生的消息（message）。Windows 应用程序设计和应用都基于消息驱动方式，这是 Windows 应用程序与传统的应用程序最大的区别。在传统编程方式中，程序执行是主动的。在程序执行过程中，只有当需要用户通过键盘或鼠标输入信息时，才进行查询或等待，获得输入后，程序继续运行。而 Windows 应用程序是被动的，正常情况下，只是等待被消息触发。当用户操作鼠标或键盘时，由操作系统将这些操作转化为特定的消息，传递给应用程序，应用程序再用对应的消息处理方法进行处理，处理完毕后，继续等待下一个消息。

　　API 编程模式和 MFC 编程模式的最大相似之处在于它们调用的 API 函数和 MFC 成员函数的参数基本一致，在 MFC 中出现了很多默认参数，调用起来更加简单。二者的核心参数是一样的，因此，某一个函数在 API 和 MFC 编程中用法基本一致。API 编程模式和 MFC 编程模式的最大不同在于其程序的框架不一样，可以说 API 编程模式的程序框架已经由操作系统定义好了，这个框架是最原始的操作系统框架，熟悉该框架比较容易，但框架内部需要自己做的工作还很多。而 MFC 程序框架是构建在操作系统之上的应用程序框架，在编写 Windows 应用程序时，大量重复代码都由 MFC 中定义的类和支持代码提供，不必再用 Windows API 来进行编程工作。使用 MFC 提供的位于 Windows API 之上的 C++库，使程序员的工作变得更加轻松。MFC 实际上是一个扩展的、丰富的 C++类层次结构，其中封装了 SDK 结构、功能及应用程序框架内部技术，隐藏了 Windows 程序不得不处理的许多重复工作，例如，一个字符串可以是类 CString 的对象，一个窗口可以是类 CWnd 的对象，一个对话框可以是类 CDialog 的对象，等等。

　　MFC 编程可以使用 MFC 应用程序向导工具 AppWizard。AppWizard 为程序员提供了一种快捷方便的工具来定制基于 MFC 的应用程序框架，可以自动生成一些常用的标准程序结构，如一般的 Windows 应用程序结构、DLL 应用结构、单文档界面（Single Document Interface，SDI）应用程序结构、多文档界面（Multiple Document Interface，MDI）应用程序结构等。程序员只需以此为基础，添加与修改程序代码来实现所需功能。MFC 编程通常包含三种类型的应用程序。

　　（1）单文档界面（SDI）应用程序：这类程序一次只能打开一个文档，如 Windows 自带的记事本程序。

　　（2）多文档界面（MDI）应用程序：这类程序可以同时打开多个文档并进行处理，处理的过程中很容易进行切换，如 Microsoft Word 。

　　（3）基于对话框的应用程序：这类程序适合于文档较少而交互操作较多的应用场合，如 Windows 自带的计算器程序。

8.2　利用 MFC AppWizard 创建 Windows 应用程序

　　下面详细介绍利用 MFC AppWizard 创建一个 Windows 应用程序的步骤。

　　（1）启动 Visual C++ 6.0，选择 File 菜单下的 New 项，选择 Projects 标签，在列表中单击 MFC AppWizard（exe）项，在右侧的 Project name 编辑框中输入项目名 MyExp，在 Location 编辑框中指定 C:\EXAMPLE\文件夹，单击 OK 按钮。

（2）选择 Single document 应用类型，即单文档界面应用程序，其他使用默认值，单击 Next 按钮。

（3）选择程序中是否加入数据库支持，在此使用默认值 None，单击 Next 按钮。

（4）选择在程序中加入复合文档、自动化支持或 ActiveX 控件支持，在此使用默认值，单击 Next 按钮。

（5）选择应用程序的一些特性，在此使用默认值，单击 Next 按钮。

（6）选择应用程序主窗口的风格，选择在源文件中是否加入注释和使用怎样的 MFC 类库，在此使用默认值，单击 Next 按钮。

（7）对 MFC AppWizard 提供的默认类名、基类名、头文件名、源文件名进行修改，在此使用默认值，单击 Finish 按钮，显示出用户在前面几个步骤中的选择结果，单击 OK 按钮，系统开始创建应用程序，并回到 Visual C++ 6.0 的主界面。

图 8.1　采用默认选项的单文档界面应用程序

运行过的应用程序 MyExp 可以脱离 Visual C++ 6.0 单独运行，双击 C:\EXAMPLE\Debug 下的 MyExp.exe 文件，运行结果如图 8.1 所示。可以看到，和所有的 Windows 应用程序一样，MyExp 包含标题栏、菜单栏、工具栏、状态栏等窗口元素。

如果在第（7）步将 CMyExpView 类的基类改为 CEditView，则可以实现文本编辑功能。

8.3　MFC 应用程序的类和文件

8.3.1　类说明

AppWizard 在生成应用程序时，共派生了 5 个类，单击 MyExp classes 左侧的+展开所有的类。应用程序 MyExp 的 5 个派生类如图 8.2 所示。

CAboutDlg：关于 About 对话框的对话框类。

CMainFrame：主框架窗口类。

CMyExpApp：应用程序类。

CMyExpDoc：文档类。

CMyExpView：视图类。

在工程中，每个类都拥有自己的类定义文件（*.h）和类实现文件（*.cpp）。类定义文件主要保存各种类的定义，类实现文件主要保存各种类的成员函数的实现代码，如图 8.3 所示。

下面分别对这 5 个类进行说明。

（1）CAboutDlg 是工程 MyExp 的对话框类，由 MFC 类库中的 CDialog 类派生而来。

（2）CMainFrame 是工程 MyExp 的主框架窗口类，它的基类是 CframeWnd，头文件为 MainFrm.h，实现文件为 MainFrm.cpp。

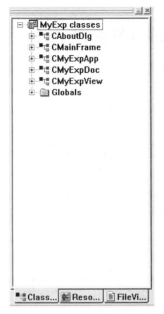

图 8.2　MyExp classes 的 5 个派生类

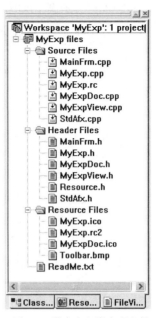

图 8.3　类定义和类实现文件

主框架窗口类用于管理主程序的窗口，显示窗口的标题栏、工具栏和状态栏等；同时还处理对窗口操作的消息，如窗口最大化、最小化和改变窗口大小等一般操作。视图窗口是主框架窗口的子集，对于多文档界面应用程序，主框架窗口是所有子窗口的容器。

（3）CMyExpApp 是工程 MyExp 的应用程序类，它的基类是 CwinApp，头文件为 MyExp.h，实现文件为 MyExp.cpp。

应用程序类管理程序的整体，控制应用程序的所有对象，包括文档、视图和边框窗口，并完成应用程序的初始化工作和程序退出时的清除工作。

每个基于 MFC 的应用程序都必须有一个从 CWinApp 类派生的对象。

（4）CMyExpDoc 是工程 MyExp 的文档类，它的基类是 Cdocument，头文件为 MyExpDoc.h，实现文件为 MyExpDoc.cpp。

文档类负责存放程序的数据并读取磁盘文件数据，或将数据写入磁盘文件。文档类必须通过视图类实现与用户的交互。

（5）CMyExpView 是工程 MyExp 的视图类，它的基类是 Cview，头文件为 MyExpView.h，实现文件为 MyExpView.cpp。

视图类主要负责管理视图窗口，显示文档类中的数据，可以显示在屏幕上，也可以输出到打印机或其他设备上；也负责处理用户数据，接受用户对数据的鼠标、键盘操作并传送给文档类对象。

8.3.2　文件说明

AppWizard 在自动生成工程时，除了生成上面介绍的各个类的头文件和实现文件外，还生成了一些建立应用程序所需要的其他文件。这些文件可以在应用程序生成时指定的路径

（C:\EXAMPLE\MyExp）下找到，如图 8.4 所示。

图 8.4　建立应用程序所需要的其他文件

下面分别对这些文件加以说明。

（1）MyExp.dsw：Workspace（工作区）文件，包含当前工作区项目的信息。一个 Workspace 文件可包含一个或多个工程。

（2）MyExp.dsp：Project 文件，即工程文件。Project 文件中保存着工程的各种信息，一个 Project 文件对应一个应用程序。

（3）MyExp.clw：ClassWizard 的信息存储文件，存储由 ClassWizard 编辑已有的类或添加新类的信息，存储由 ClassWizard 建立和编辑各种消息响应函数和映射变量等的信息。

（4）MyExp.h：主应用程序头文件。

（5）MyExp.cpp：主应用程序源文件（应用程序类源代码）。

（6）MyExpView.h：视图类头文件。

（7）MyExpView.cpp：视图类源代码。

（8）MyExpDoc.h：文档类头文件。

（9）MyExpDoc.cpp：文档类源代码。

（10）MainFrm.h：主框架窗口类头文件。

（11）MainFrm.cpp：主框架窗口类源代码。

（12）StdAfx.h：包含在所有 AppWizard 程序中的标准头文件，它用于包含其他包含在预编译头文件中的文件。

（13）StdAfx.cpp：由于 MFC 体系结构非常大，包含许多头文件，如果每次都编译，则比较费时，此将常用的 MFC 头文件都放在 StdAfx.h 中，然后让 StdAfx.cpp 包含这个 StdAfx.h 文件，这样 StdAfx.cpp 就只需编译一次。

（14）MyExp.rc：资源定义文件，包含程序资源的定义，其中保存了应用程序中使用到的各种资源的信息，包括存储在文件夹中的图标、位图和光标等。

（15）Resource.h：标准的头文件，它包含了所有资源符号的定义，与 MyExp.rc 文件相对应。

（16）res\MyExpDoc.ico：包含打开文档时所用的图标文件。

（17）res\MyExp.rc2：资源定义文件，包含了用 Visual C++不能直接编辑的资源。可以将所有不能由资源编辑器编辑的资源放置到这个文件中。

（18）res\MyExp.ico：应用程序的图标文件。应用程序图标包含在资源文件 MyExp.rc 中。

（19）res\Toolbar.bmp：用于创建工具栏按钮的位图文件。初始工具栏和状态栏是在主框架窗口类中构造的。

（20）ReadMe.txt：包含了对该程序的所有文件的解释信息，并说明了所有创建的类。

另外，如果在 AppWizard 的第（4）步中选择了 Context_sensitive Help 项，则 AppWizard 会自动生成一个.hpj 文件和一些.rtf 文件，它们用于给出上下文的帮助。

【例 8-1】在 SDI 中显示字符串。

OnDraw()是 CView 类中的一个虚成员函数，作用是绘制窗口客户区内容。每当窗口需要被重绘时，应用程序框架都要调用 OnDraw()函数。当用户改变了窗口尺寸，或者窗口恢复了先前被遮盖的部分，或者应用程序改变了窗口数据时，窗口都需要被重绘，应用程序框架会自动调用 OnDraw()函数。

如果程序中的某个函数修改了数据，则必须通过调用视图所继承的 Invalidate()或 InvalidateRect()成员函数通知 Windows，从而触发对 OnDraw()的调用。

实现步骤如下。

（1）按 8.2 节中的第（1）步到第（7）步，创建一个 Windows 应用程序。

（2）在工作区左侧的 ClassView 中，单击类 CMyExpView 左边的+，然后双击 OnDraw（CDC *pDC），如图 8.5 所示。

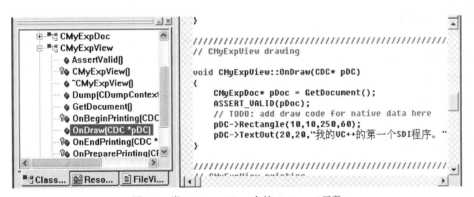

图 8.5　类 CMyExpView 中的 OnDraw()函数

（3）在右边 OnDraw()函数中加入代码如下，编译、运行结果如图 8.6 所示。

```
void CMyExpView::OnDraw(CDC * pDC){
    CMyExpDoc * pDoc = GetDocument();
    ASSERT_VALID(pDoc);
    // TODO: add draw code for native data here
    pDC->Rectangle(10,10,250,60);                    //显示一个矩形框
    pDC->TextOut(20,20,"我的 VC++的第一个 SDI 程序。");    //显示文字
}
```

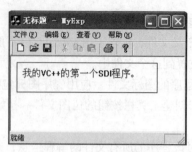

图 8.6　SDI 中显示字符串

8.4　Windows 消息响应

8.4.1　利用 ClassWizard 编制消息响应函数

用户输入响应是 Windows 程序必不可少的功能。例如，当用户在窗口中按下鼠标左键时，Windows 系统就会发送 WM_LBUTTONDOWN 消息给该窗口，如果程序需要对此消息做出反应，必然要调用相应的响应函数，如果没有定义响应函数，则该消息被忽略。编制消息响应函数有时又被称作消息映射或捕获消息。

通过消息映射，消息和它的响应函数对应起来。

消息响应函数指的是与某个消息对应的函数。消息响应函数的执行是由其对应的消息引发的，某个类对象中的消息响应函数是与这个类对象能够得到的一个消息对应的，当这个消息出现时，这个函数就会被执行。

利用 ClassWizard 可以管理消息响应函数。ClassWizard 是一个非常强大有用的工具，可以用 ClassWizard 来创建新类、定义消息响应函数、覆盖 MFC 的虚拟函数，以及从对话框、表单视图或记录视图的控件中获取数据。

可以用三种方法来激活 ClassWizard 对话框。

（1）选择 View 菜单下的 ClassWizard 项。

（2）按 Ctrl+W 组合键。

（3）在代码编辑窗口中单击鼠标右键（代码编辑窗口中必须有打开的文件），在弹出菜单中选择 ClassWizard 项。

执行以上操作后，窗口中将弹出 MFC ClassWizard 对话框，如图 8.7 所示。

MFC ClassWizard 对话框中共有 5 个选项卡，分别说明如下。

（1）Message Maps 选项卡用于进行消息映射的响应。

（2）Member Variables 选项卡用于为对话框中的控件所用到的类创建成员变量。

（3）Automation 选项卡帮助用户管理与 OLE（Object Linking and Embedding，对象连接与嵌入）自动化相联系的方法和属性。

（4）ActiveX Events 选项卡帮助用户管理 ActiveX 类支持的 ActiveX 事件。

（5）Class Info 选项卡显示类的一般信息，包括定义它的头文件和源文件、类名以及与之相联系的基类。

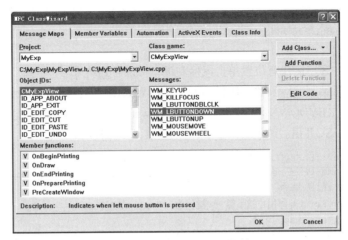

图 8.7　MFC ClassWizard 对话框

Message Maps 选项卡的最上面有两个下拉列表框：Project 中显示的是当前的项目名称，Class name 中显示的是正在编辑的消息映射所属的类名。另外，选项卡中部有两个多行列表框。左边的 Object IDs 列表框中显示的对象有三种类型：在 Class name 栏中列出的类名、菜单项对象和其他可能在 Class name 中所选的类传递消息的控件。当其中的某一个类被选中时，右面的 Messages 列表框中就显示出此类的能捕获的所有 Windows 消息。其中还会列出一些能够捕获的普通消息的虚函数。最下面 Member functions 列表框中显示的是与此消息相关的类的成员函数。

用 ClassWizard 删除窗口消息响应函数的方法很简单，例如，在操作界面中，从 Member Functions 列表框中选择刚刚添加的 OnLButtonDown()函数，这时 Delete Funtion 按钮处于激活可执行状态，单击此按钮，系统会询问是否对 OnLButtonDown()函数进行删除，并提示必须从实现文件中手工删除函数的实际代码，确认后删除这个消息响应函数。

以上操作只是从视图类 CMyExpView 中删除了函数的定义代码，从实现文件中删除了映射消息机制；而实现文件中的函数实现代码需要手工删除。其目的是避免误操作而删除大量有用的代码。

【例 8-2】在例 8-1 的客户区任意位置单击鼠标左键，弹出一个对话框。

在图 8.7 中，确保 Class name 和 Object IDs 都选择 CMyExpView（将在视图类中响应消息），Messages 选择 WM_LBUTTONDOWN 消息，单击 Add Function 按钮，下面【Member functions】列表框中显示与此消息相关的类的成员函数 OnLButtonDown()。单击 Edit Code 按钮，进入编辑 OnLButtonDown()函数的状态，在其中加入代码如下，就完成了一个简单的消息响应函数。

```
void CMyExpView::OnLButtonDown(UINT nFlags, CPoint point){
    // TODO: Add your message handler code here and/or call default
    MessageBox("欢迎您! ");
    CView::OnLButtonDown(nFlags, point);
}
```

编译、运行后在客户区任意位置单击鼠标左键，可以看到结果。

OnLButtonDown()函数还有一个很有用的参数 point，其作用是传递按下左键时鼠标指针的位置坐标。修改 OnLButtonDown()函数，加入代码如下，可以显示该位置。

```
void CMyExpView::OnLButtonDown(UINT nFlags, CPoint point){
    // TODO: Add your message handler code here and/or call default
    CString strDisplay;
    strDisplay.Format("X 坐标为%d,Y 坐标为%d",point.x,point.y);
```

```
        MessageBox(strDisplay);
        CView::OnLButtonDown(nFlags, point);
}
```

编译、运行后在客户区任意位置单击鼠标左键，可以看到结果。

可以为键盘消息编制响应函数：选择 MFC ClassWizard 对话框中的 Message Map 选项卡，Messages 选择 WM_KEYDOWN 消息，生成 OnKeyDown()函数来响应键盘消息，其中的参数 nChar 表明用户所按键的 ASCⅡ值。改造 OnKeyDown()函数，加入代码如下。

```
void CMyExpView::OnKeyDown(UINT nChar, UINT nRepCnt, UINT nFlags){
        // TODO: Add your message handler code here and/or call default
        CString strDisplay;
        strDisplay.Format("用户按下键%c,键值为%d",nChar,nChar);
        MessageBox(strDisplay);
        CView::OnKeyDown(nChar, nRepCnt, nFlags);
}
```

编译、运行后在客户区任意位置单击鼠标左键，可以看到结果。

8.4.2 Windows 消息

Windows 应用程序一般是由消息驱动的，这也是 Windows 编程方式与其他编程方式最大的不同之处。

消息就是操作系统通知应用程序某件事情已经发生的一种形式。例如，当用户移动或双击鼠标、改变窗口大小时，系统都将向相应的窗口发送消息，一个窗口也可以向另一个窗口发送消息。

Windows 系统中的消息主要有三种类型：标准的 Windows 消息、控件消息和命令消息。

1. 标准的 Windows 消息

所有以 WM_为前缀的消息都是标准的 Windows 消息（WM_COMMAND 消息除外），如 WM_PAINT、WM_QUIT 等，这些消息通常含有用于确定如何对消息进行处理的一些参数。标准的 Windows 消息一般由窗口对象和视图对象进行处理。窗口对象指的是从 CWnd 中派生出的类的对象，如 CWnd、CFrameWnd、CMDIFrameWnd、CMDIChildWnd、CView、CDialog 等 MFC 类或这些类的派生类定义的对象（这些类都是 CWnd 类直接或间接派生的）。

标准的 Windows 消息可以分为三类，即鼠标消息、键盘消息和窗口消息。下面分别加以说明。

（1）鼠标消息

移动鼠标或按鼠标键，Windows 便产生一条或多条消息并将其发送给位于鼠标指针下的窗口。编程时常用的鼠标消息如表 8.1 所示。

表 8.1   常用的鼠标消息

消息名称	动作	对应的 CWnd 类的消息响应成员函数
WM_LBUTTONDOWN	按下左键	void OnLButtonDown(UINT nFlags,CPoint point)
WM_LBUTTONUP	释放左键	void OnLButtonUp(UINT nFlags,CPoint point)
WM_LBUTTONDBLCLK	双击左键	void OnLButtonDblClk(UINT nFlags,CPoint point)
WM_RBUTTONDOWN	按下右键	void OnRButtonDown(UINT nFlags,CPoint point)
WM_RBUTTONUP	释放右键	void OnRButtonUp (UINT nFlags,CPoint point)
WM_RBUTTONDBLCLK	双击右键	void OnRButtonDblClk (UINT nFlags,CPoint point)
WM_MOUSEMOVE	移动	void OnMouseMove(UINT nFlags,CPoint point)

其中，参数 point 指明鼠标事件发生时鼠标指针所在的位置；参数 nFlags 指明鼠标事件发生时鼠标和键盘上几个控制键的状态，其可选值如表 8.2 所示。

表 8.2　　　　　　　　　　　　　　　nFlags 参数值

nFlags 参数值	含　义
MK_CONTROL	Ctrl 键被按下
MK_LBUTTON	鼠标左键被按下
MK_MBUTTON	鼠标中间键被按下
MK_RBUTTON	鼠标右键被按下
MK_SHIFT	Shift 键被按下

例如，判断是否同时按下了鼠标左键和 Shift 键。

```
if(nFlags==( MK_SHIFT | MK_LBUTTON))
    MessageBox("同时按下了鼠标左键和 Shift 键。");
```

通过重载上述消息响应成员函数，应用程序可对各种鼠标行为编程。

（2）键盘消息

键盘消息的响应函数是 OnKeyDown()，用于处理 WM_KEYDOWN 消息（按下键盘上的按键），该函数的原型如下。

```
afx_msg OnKeyDown(UINT nChar, UINT nRepCnt, UINT nFlags);
```

其中，nChar 是所按键的字符代码，常用按键代码如表 8.3 所示。

表 8.3　　　　　　　　　　　　　　　常用按键代码

代　码	说　明
VK_0~ VK_9	数字键 0~9（仅主键盘）
VK_A~ VK_Z	字母键 A~Z
VK_BACK	Backspace 键
VK_CONTROL	Ctrl 键
VK_DELETE	Delete 键
VK_DOWN	向下方向键
VK_END	End 键
VK_ESCAPE	Esc 键
VK_F1~ VK_F10	F1~F10 键
VK_HOME	Home 键
VK_INSERT	Insert 键
VK_LEFT	向左方向键
VK_MENU	Alt 键
VK_NEXT	Page Down 键
VK_PRIOR	Page Up 键
VK_RIGHT	向右方向键
VK_SHIFT	左右 Shift 键

续表

代　　码	说　　明
VK_SNAPSHOT	Print Screen 键
VK_SPACE	空格键
VK_TAB	Tab 键
VK_UP	向上方向键

nRepCnt 表示用户按键时重复击键的次数。

nFlags 表示扫描码、按键组合状态和键转换状态等。

（3）窗口消息

所有窗口消息，包括窗口内容重绘 WM_PAINT、窗口最大化 WM_MAXIMIZE、窗口最小化 WM_MINIMIZE、窗口重定义大小 WM_RESIZE、窗口滚动 WM_HSCROLL 和 WM_VSCROLL、窗口定时 WM_TIMER 等消息所带参数各不相同。

当调用成员函数 UpdateWindow()或 RedrawWindow()要求重新绘制窗口内容时，应用程序将收到 WM_PAINT 消息。窗口最小化后再还原或被其他窗口遮盖后又重新显示时，当前窗口中的内容必须重新绘制。

Windows 应用程序检索到 WM_PAINT 消息后，会重新显示窗口中的内容。WM_PAINT 消息的处理函数为 OnPaint()，其函数原型如下。

```
afx_msg void OnPaint();
```

如果想详细了解所有的标准的 Windows 消息，可以参阅 Visual C++ 6.0 联机帮助中的有关内容。

2．控件消息

控件是一个小的子窗口，属于其他窗口（如对话框等），能够接受操作并向父窗口发送消息。常见的控件有按钮、列表框、编辑框、复合框和滚动条等。

在 Visual C++ 6.0 中，对控件的操作都是通过生成相应的控件类来进行的。这些控件类仅能发送少量特定的消息，这些消息叫作控件消息。发送控件消息的控件用唯一 ID 号来进行标识，用控件类来操纵。

控件消息分为如下两类。

（1）从控件传出的消息，通常这类消息前缀的最后一个字符为 N。

（2）由系统发送给控件的消息，这类消息前缀的最后一个字符为 M。

例如，当用户对编辑框中的文本进行修改时，编辑框将发送给父窗口一条包含控件通知码 EN_CHANGE 的 WM_COMMAND 消息。窗口的消息响应函数将以某种适当的方式对通知消息做出响应，如检索编辑框中的文本。

与标准的 Windows 消息一样，控件消息也由窗口对象和视图对象进行处理。

3．命令消息

命令消息主要是由用户界面对象发送的 WM_COMMAND 消息，用户界面对象包括菜单、工具栏和快捷键等。它和控件消息的区别在于：控件消息只能由特定控件向 Windows 系统传送，而命令消息是由用户界面发送的，它可以被更多的对象处理。文档对象、视图对象、窗口对象、控件对象都能处理这种消息。

8.4.3　消息发送与接收的基本过程和机制

在 Windows 中，大部分消息是由用户和应用程序相互作用产生的。CWinApp 类的成员函数 run()用于处理消息循环，它唯一的功能就是等待消息，并将消息发送到适当的窗口。

当消息循环接收到一条 Windows 消息时，它首先通过查询一种内部结构来确定消息要发送的窗口。这种内部结构把当前所有的窗口映像成其对应的窗口类。MFC 的基类还能够检测这一目标类是否为这一消息提供了响应函数入口。如果找到入口，则消息被送往响应函数，结束消息发送过程。如果消息无对应入口，则对目标类进行基类消息映射检测，逐层向上查找，直到找到入口函数为止。

对于命令消息来说，查找较为复杂。通常命令目标类会先把命令发送给其他某些对象，使其他对象有优先处理的机会。如果这些对象都不能处理此命令，则命令目标类检查自己的消息映射；若依然不能处理此消息，则将命令发送给更多目标。

8.5　文档/视图结构

基于文档/视图结构应用程序的数据由文档对象维护，并通过视图对象提供给用户。文档是一个应用程序的数据集合，MFC 通过文档类提供了大量管理和维护数据的手段；视图是数据的用户界面，可以将文档的部分或全部内容在其窗口中显示，或者通过打印机打印出来。视图还可以提供用户与文档中数据的交互功能，将用户的输入/输出转化为对数据的操作。

文档/视图结构极大简化了多数应用程序的设计开发过程，有如下特点。

（1）将对数据的操作与数据显示界面分离，放在不同类的对象中处理。这种思路使得程序模块的划分更加合理。文档对象只负责数据的管理，不涉及用户界面；视图只负责数据输出和与用户的交互，不考虑数据的具体组织结构细节，并且一个文档类可对应多个视图类。

（2）MFC 在文档/视图结构中提供了许多标准的操作界面，如新建、打开、保存、打印等，还支持打印预览、电子邮件发送等功能（可定制），减小了程序员的工作量。

① 不是面向数据的应用程序或数据量很少的应用程序，如 Windows 自带的磁盘扫描程序、时钟程序等工具软件，以及一些过程控制程序，不宜采用文档/视图结构。
② 不使用标准窗口界面的程序，如一些游戏软件等，不宜采用文档/视图结构。

8.5.1　文档类

文档类 CDocument 的派生类对象规定了应用程序的数据。

1. 文档类的几个重要成员函数

（1）OnNewDocument()成员函数完成对文档类的数据成员的初始化工作。对于文档类来说，数据成员的初始化工作不是在构造函数中完成的。

（2）DeleteContents()成员函数完成对文档的清理工作。对于文档类来说，文档的清理不是在析构函数中完成的。

默认的 DeleteContents()成员函数什么也不做，在编写应用程序时，需要重载 DeleteContents()，并编写自己的文档清理代码。

文档类的 OnNewDocument()成员函数首先调用 DeleteContents()，并将文档修改标志改为 FALSE（关闭窗口时将根据文档修改标志决定是否提示用户保存文档）。

2. 对文档类的处理

"文档"是用户在应用程序中保存信息并在以后恢复信息的地方，文档对象负责载入、存储和保存数据。在使用文档类管理应用程序的数据时，必须做以下工作。

（1）从 CDocument 类派生出各种不同类型的文档类，每种类型对应一种文档。

（2）添加用于存储文档数据的成员变量。

（3）如果需要，可以覆盖 CDocument 类的其他成员函数。如覆盖 OnNewDocument()以便初始化文档的数据成员，覆盖 DeleteContents()以便销毁动态分配的数据。

（4）在文档类中覆盖 CDocument 类的成员函数 Serialize()。成员函数 Serialize()用于从磁盘读文档数据或把文档数据存入磁盘。

【例 8-3】在视图中显示鼠标单击位置。

第 1 步：建立 SDI 项目（My），见 8.2 节（1）～（7）。

第 2 步：修改文档类的定义，加入一个 CPoint 类的变量，记录鼠标当前单击位置。

```
class CMyDoc:public CDocument{
protected://create from serialization only
    CMydoc();
    DECLARE_DYNCREATE(CMyDoc)
//Attributes
public:
    CPoint m_pointMouse;
//Operations
public:
    …（以下省略文档类的其他定义语句）
```

第 3 步：修改视图类的 OnDraw()函数，加入显示位置代码。

```
void CMyView::OnDraw(CDC *pDC){
    CMyDoc *pDoc=GetDocument();
    ASSERT_VALID(pDoc);
    //TODO:add draw code for native data here
    CString strDisplay;
    strDisplay.Format("X=%d,Y=%d",pDoc->m_pointMouse.x,pDoc->m_pointMouse.y);
    pDC->TextOut(10,10,strDisplay);
}
```

第 4 步：用 ClassWizard 建立单击鼠标左键的消息响应函数 OnLButtonDown()，并加入代码如下。

```
void CMyView::OnLButtonDown(UINT nFlags,Cpoint point)
{
//TODO::Add your message handler code here and/or call default
    CMyDoc *pDoc=GetDocument();
    ASSERT_VALID(pDoc);
    pDoc->m_pointMouse=point;
    Invalidate();//重新调用 OnDraw()
    CView::OnLButtonDown(nFlags,point);
}
```

第 5 步：编译、运行。程序开始运行时，窗口中显示两个很大的数，单击窗口客户区任意位置，窗口内显示出当前单击位置的两个坐标值。

程序说明：

（1）通过这个例子可以看到：视图类的成员函数可以通过 pDoc 指针访问文档类的数据 m_pointMouse；OnLButtonDown()函数可以从 OnDraw()中复制两条语句，得到指向文档类的指针 pDoc，并通过这个指针访问文档类中的数据。

（2）如果修改了数据，并要求重新显示，则需要调用 Invalidate()函数或 InvalidateRect()函数发出重绘消息，从而引起对 OnDraw()的调用。

【例 8-4】用键盘移动窗口客户区中的一个气球（椭圆）。

第 1 步：建立 SDI 项目（Mm），见 8.2 节（1）～（7）。

第 2 步：修改文档类的定义，加入一个 CRect 类的变量记录椭圆的位置。

```
class CMmdoc:public CDocument{
protected://creat from serialization only
    CMydoc();
    DECLARE_DYNCREATE(CMydoc)
    //Attributes
public:
    CRect m_rectBody;
    //Operations
public :
    // ... (以下省略文档类的其他定义语句)
```

第 3 步：修改文档类的 OnNewDocument()函数，增加代码如下，对 m_rectBody 进行初始化。

```
BOOL CMmDoc::OnNewDocument(){
    if(!CDocument::OnNewDocument())
        return FALSE;
    m_rectBody=CRect(100,100,150,180);
    //TODO:add reinitilization code here
    //(SDI documents will reuse this document)
    return TRUE;
}
```

第 4 步：修改视图类的 OnDraw()函数，加入代码如下。

```
void CMmView::OnDraw(CDC*pDC){
    CMyDoc *pDoc=GetDocument();
    ASSERT_VALID(pDoc);
    //TODO:add draw code for native data here
    pDC->Ellipse(pDoc->m_rectBody);          //画出椭圆
}
```

第 5 步：用 ClassWizard 建立键盘的消息响应函数 OnKeyDown()，并加入代码如下。

```
void CMmView::OnKeyDown(UINT nChar,UNIT nRepCnt,UINT nFlags ){
    //TODO:add your message handler code here and/or call default
    CMyDoc *pDoc=GetDocument();
    ASSERT_VALID(pDoc);
    CRect rectClient;
    GetClientRect (&rectClient);              //得到客户区大小,以防移出客户区
    InvalidateRect(pDoc->m_rectBody,TRUE);    //擦除原位置图形
    switch(nChar)
    {
```

```
        case VK_UP:                                          //向上方向键
            if(pDoc->m_rectBody.top>rectClient.top){          //判断是否移出上界
                pDoc->m_rectBody.top -=5;
                pDoc->m_rectBody.bottom -=5;
            }
            break;
        case VK_DOWN:                                        //向下方向键
            if(pDoc->m_rectBody.bottom<rectClient.bottom){    //判断是否移出下界
                pDoc->m_rectBody.top +=5;
                pDoc->m_rectBody.bottom +=5;
            }
            break;
        case VK_LEFT:                                        //向左方向键
            if(pDoc->m_rectBody.left>rectClient.left){        //判断是否移出左界
                pDoc->m_rectBody.left -=5;
                pDoc->m_rectBody.right -=5;
            }
            break;
        case VK_RIGHT:                                       //向右方向键
            if(pDoc->m_rectBody.right<rectClient.right){      //判断是否移出右界
                pDoc->m_rectBody.left  +=5;
                pDoc->m_rectBody.right +=5;
            }
            break;
    }
    InvalidateRect(pDoc->m_rectBody,FALSE);                  //重画新位置图形
    CView::OnKeyDown(nChar, nRepCnt, nFlags);
}
```

8.5.2 视图类

视图类 CView 是窗口类 CWnd 的派生类。视图类对象完全覆盖窗口的用户区，没有自己的边框。视图规定了用户查看文档数据以及同数据交互的方式。

1. 视图类的几个重要成员函数

（1）GetDocument()成员函数用于从文档类中获取数据值。该函数被调用后返回一个指向与当前视图所对应的文档对象的指针，通过这个指针可以访问文档对象中的数据。

文档类的数据成员只能声明为公有的，因此不能像面向对象技术所要求的那样，将所有的数据成员均声明为私有成员。由于文档类和视图类的关系十分密切，这样做可以简化程序设计，不会因封装性被破坏而造成混乱。

（2）OnDraw()成员函数用于更新视图。该函数有一个指向 CDC 类的指针参数，通过它可以直接向视图输出。

在绘图时，可以通过传给 OnDraw()函数的设备环境指针 pDC 进行 GDI 调用。开始绘图前，可以先选择 GDI 资源（或 GDI 对象，包括画笔、字体等），将其选入设备环境。绘图代码与设备无关，也就是说在编写这些代码时并不需要知道目前使用的是什么设备。

（3）OnInitialUpdate()虚成员函数在应用程序启动或用户从 File 菜单中选择了 New 或者 Open 项时被调用。因此可以在此添加某些与文档显示有关的初始化代码。

重载该虚函数时要确保调用了基类 CView 的 OnInitialUpdate()成员函数。

2．对视图类的处理

"视图"是信息呈现给用户的方式，视图类显示存储在文档对象中的数据，并允许用户修改这些数据。视图类对象保存有指向文档类对象的指针，使得它可以访问文档的成员变量，以显示和修改这些变量。编程时，对视图类的处理主要集中在以下 4 点。

（1）处理视图类的 OnDraw()成员函数，该函数负责显示文档数据。

（2）将 Windows 消息和用户界面对象（如菜单项等）与视图类中的消息响应函数连接。

（3）实现消息响应函数，以便解释用户的输入。

（4）根据需要，在派生的视图类中覆盖 CView 的其他成员函数。如覆盖 OnInitialUpdate()，以便进行必要的视图初始化工作；覆盖 OnUpdate()，以便在视图即将重新绘制前进行必要的处理。

MFC 中提供了各种视图类，这些视图类可以增强应用程序视图的功能。例如，CScrollView 类提供自动滚动和缩放显示功能；CFormView 类提供可滚动的视图用于显示由对话控件组成的表单；CRecordView 和 CDaoRecordView 类用于在控件中显示数据库表中字段的表单视图；CEditView 类使视图具有可编辑文本控件的特性，可以使用 CEditView 对象实现简单的文本编辑器。

8.6　菜单与工具栏

菜单是 Windows 应用程序窗口的重要组成部分。在 MFC 中菜单可以用于 SDI（单文档界面）或 MDI（多文档界面），以及基于对话框的应用程序。在基于对话框的应用程序中新建、设计并编辑菜单后，将该对话框的菜单属性设置为该菜单的 ID 即可。SDI 和 MDI 应用程序可按例 8-5 中的步骤编辑菜单资源。

【例 8-5】添加/删除菜单项。

第 1 步：建立 SDI 项目（TestMenu），见 8.2 节（1）～（7）。

第 2 步：在工程工作区中单击资源视图标签 ResourceView，切换到资源视图。

第 3 步：单击 Menu 左边的+，展开 Menu，可以看到 IDR_MAINFRAME，双击之，右边显示出 IDR_MAINFRAME 对应的菜单资源，如图 8.8 所示。

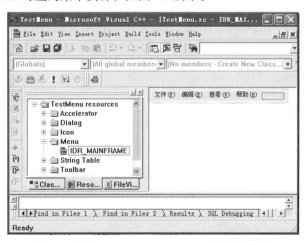

图 8.8　显示 IDR_MAINFRAME 对应的菜单资源

第 4 步：添加菜单项。在要添加的位置上（如"帮助"右边）单击鼠标右键，选 Properties

项，在 Caption 编辑框中输入"测试菜单(&C)"，如图 8.9 所示，则菜单栏中出现"测试菜单"菜单项。

图 8.9　菜单项属性对话框

第 5 步：添加菜单子项。在菜单资源窗口中"测试菜单"菜单项下面的虚框上单击鼠标右键，选 Properties 项，在 Caption 编辑框中输入"显示(&X)"，在 ID 编辑框中输入"ID_MENUXS"，如图 8.10 所示，则"测试菜单"下面出现菜单子项"显示"。

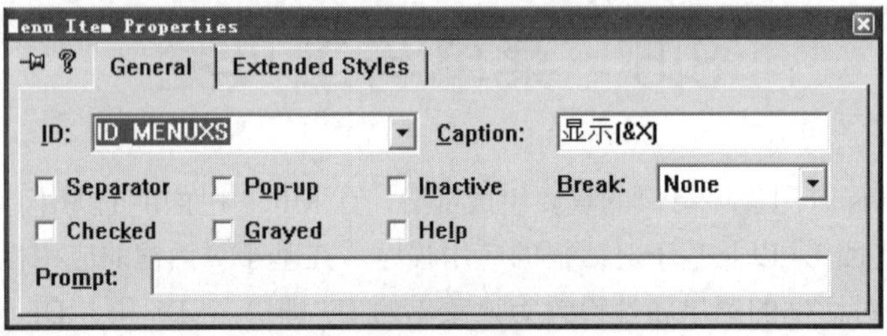

图 8.10　菜单子项属性对话框

第 6 步：调整菜单项位置。选中要调整位置的菜单项，按住鼠标左键拖动到合适的位置放手即可。若要删除菜单项，选中要删除的菜单项，按 Delete 键即可。

第 7 步：编译、运行，可以看到结果。但此时"显示"菜单子项为灰色，原因是还没有为其编制消息响应函数。

第 8 步：为菜单子项编制消息响应函数。在"显示"菜单子项上单击鼠标右键，选 ClassWizard，确保 Class name 选 CTestMenuView，Object IDs 选 ID_MENUXS，Messages 选 COMMAND，如图 8.11 所示；单击右边的 Add Function 键，为"显示"菜单子项添加消息响应函数 OnMenuxs()，代码如下。

```
void CTestMenuView::OnMenuxs(){
    MessageBox("菜单响应测试");
}
```

第 9 步：编译、运行，测试结果。

工具栏的添加方法和菜单差不多，就是在资源视图中找到 ToolBar，展开后双击 IDR_MAINFRAME，进入编辑工具栏的界面，可以利用绘图工具在按钮上绘制所需要的图形，可以移动按钮的位置，如果需要删除某个按钮，选中后将其拖出工具栏即可。双击工具栏按钮，修改其 ID，使其与对应的菜单子项的 ID 一样。

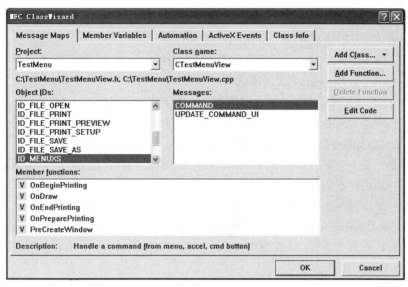

图 8.11　为菜单子项编制消息响应函数

8.7　对话框与控件

对话框是 Windows 系统中应用程序与用户交互的重要手段，程序通过对话框获取用户的输入信息，用户通过消息框等对话框获得程序执行情况的说明。一般情况下，应用程序越复杂，需要使用的对话框就越多。有时，对话框还可以直接作为应用程序的主界面，比如基于对话框的应用程序等，所以了解对话框是 Windows 编程的基础。

8.7.1　对话框

1. 对话框的种类

Windows 下的对话框分为模式对话框和非模式对话框。

模式对话框垄断用户的输入，当一个模式对话框打开时用户只能与该对话框进行交互，其他用户界面对象均收不到用户的输入信息。例如，通过 File/Open 命令打开的"打开"对话框就是模式对话框。

非模式对话框类似普通窗口，不垄断用户的输入。打开非模式对话框后，用户仍可以与其他窗口对象进行交互。例如，Word 中的"查找和替换"对话框就是典型的非模式对话框。

2. 自定义对话框的设计

对话框的设计包括对话框模板的设计和对话框类的设计两个主要方面。具体来说，应有 4 个设计步骤。

（1）向项目中添加对话框模板资源。

（2）编辑对话框模板资源，加入所需控件。

（3）使用 ClassWizard 创建新的从 CDialog 类派生的对话框类，加入与各控件相关的数据成员。

（4）使用 ClassWizard 进行消息映射，即将对话框资源的控件与对话框类中的消息响应函数联系起来。

3. 程序中使用对话框

在程序中使用模式对话框有两个步骤。

（1）在视图类或主框架窗口类的消息响应函数中说明一个对话框类的对象。

（2）调用 CDialog::DoModal()成员函数。

DoModal()函数负责模式对话框的创建和撤销。在创建对话框时，DoModal()函数的任务包括载入对话框模板资源，调用 OnInitDialog()函数初始化对话框和将对话框显示在屏幕上。完成对话框的创建后，DoModal()函数启动一个消息循环，以响应用户的输入。由于该消息循环截获了几乎所有的输入消息，使主消息循环收不到对话框的输入，因此用户只能与模式对话框进行交互，而其他用户界面对象均收不到输入信息。

如果用户在对话框内单击了标识符为 IDOK 的按钮（通常是"确定"或"OK"按钮），或者按了 Enter 键，则 CDialog::OnOK()函数会被调用。OnOK()函数首先调用 UpdateData()函数，将数据从控件传给对话框成员变量，然后调用 CDialog::EndDialog()函数，关闭对话框。关闭对话框后，DoModal()函数会返回 IDOK。

如果用户在对话框内单击了标识符为 IDCANCEL 的按钮（通常是"取消"或"Cancel"按钮），或者按了 ESC 键，则 CDialog::OnCancel()函数会被调用。该函数只调用 CDialog::EndDialog()函数关闭对话框。关闭对话框后，DoModal()函数会返回 IDCANCEL。

在应用程序中，可根据 DoModal()函数的返回值是 IDOK 还是 IDCANCEL，判断用户是确定还是取消了对对话框的操作。

【例 8-6】给例 8-5 添加一个版权说明的对话框，并使用鼠标右键弹出。

第 1 步：打开例 8-5 项目（TestMenu）。

第 2 步：在工程工作区中单击资源视图标签 ResourceView，切换到资源视图。

第 3 步：用鼠标右键单击 Dialog，选择 Insert Dialog，可看到 Dialog 下增加了一个对话框模板 IDD_DIALOG1；将鼠标放在右边对话框模板上单击右键，选 Properties 项，出现图 8.12 所示界面，可以看出当前模板的 ID 为 IDD_DIALOG1；在 Caption 编辑框中输入"欢迎使用本系统"。

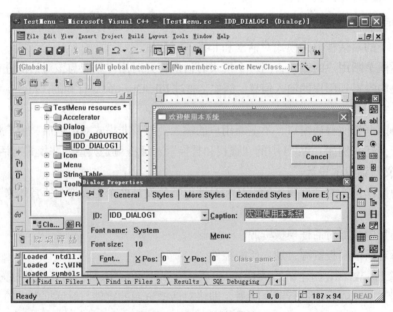

图 8.12　设置对话框属性

第 4 步：删除 Cancel 按钮控件，利用控件箱在模板上添加两个静态文本控件（Static Text）用来显示相关信息，例如，将显示内容设置为"欢迎使用本系统"和"版权所有：计算机与信息工程学院"。

第 5 步：将鼠标放在对话框模板上单击右键，选 ClassWizard 项，出现图 8.13 所示的对话框，询问是否为此对话框模板创建一个类，选择是。

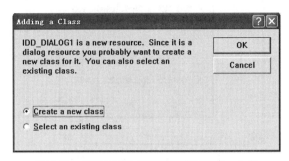

图 8.13　询问是否为此对话框模板创建一个类

在 Name 编辑框中输入 CMyDlg（对话框类的类名），如图 8.14 所示。

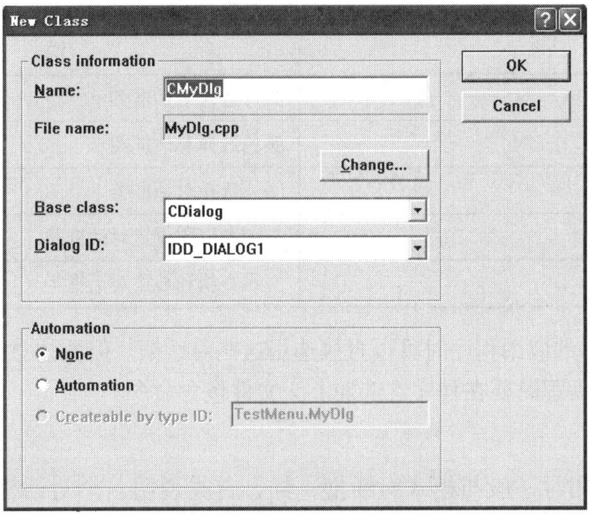

图 8.14　为对话框模板创建新类

第 6 步：在视图类的实现文件的开始部分添加代码包含对话框的头文件。

```
#include "MyDlg.h"
```

第 7 步：利用 ClassWizard 在视图类中添加响应鼠标右键消息的代码。

```
void CTestMenuView::OnRButtonDown(UINT nFlags, CPoint point){
    CMyDlg dlg;
    dlg.DoModal();
    CView::OnRButtonDown(nFlags, point);
}
```

第 8 步：编译、运行，在客户区空白处单击鼠标右键将弹出一个对话框，如图 8.15 所示。

4. 通用对话框

在 Windows 程序中，我们经常会遇到一些有特定用途的对话框，如文件选择、颜色选择、字体选择、打印和打印设置、文本查找和替换对话框。这 5 种对话框均由 Windows 支持，称为通用对话框。

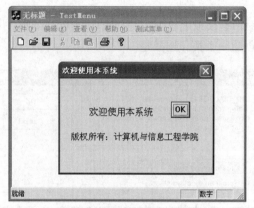

图 8.15　单击鼠标右键弹出对话框

MFC 为这些通用对话框提供了相应的对话框类（CDialog 派生类），如表 8.4 所示。

表 8.4　　　　　　　　　　　　　　　　通用对话框类

类　名	说　明
CFileDialog	文件选择对话框类
CColorDialog	颜色选择对话框类
CFontDialog	字体选择对话框类
CPrintDialog	打印和打印设置对话框类
CFindReplaceDialog	文本查找和替换对话框类

程序员在编写自己的应用程序时可以直接选用这些对话框。但要注意，这些类的说明均在头文件 afxdlgjs.h 中，在编程时要在程序首部加上头文件包含命令。

```
#include <afxdlgjs.h>
```

这些对话框在使用时一般与模式对话框一样，首先说明一个对话框类的对象，然后调用DoModal()成员函数启动该对话框。

【例 8-7】演示 Windows 的打开、保存、字体和颜色等通用对话框的功能。

第 1 步：利用 MFC AppWizard 创建一个默认的基于对话框的应用程序项目（TongDialog）。

第 2 步：将鼠标放在右边对话框模板上单击右键，选 Properties 项，将字体设为"宋体，9 号"，为对话框添加表 8.5 所示的按钮控件，添加后如图 8.16 所示。

表 8.5　　　　　　　　　　　　　　　　添加按钮控件

添加的控件	ID 号
按钮（打开）	IDC_BUTTONOPEN
按钮（保存）	IDC_BUTTONSAVE
按钮（字体）	IDC_BUTTONFONT
按钮（颜色）	IDC_BUTTONCOLOR

图 8.16　通用对话框演示

第 3 步：为对话框派生一个基于 CFileDialog 类的新类。

选择 Insert 菜单下的 New Class 项，弹出 New Class 对话框，设置新类名为 NewFileDlg，基类为 CFileDialog，单击 OK 按钮，如图 8.17 所示。

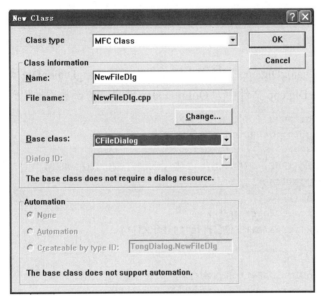

图 8.17　为对话框派生新类

第 4 步：打开 MFC ClassWizard 对话框，为新类 NewFileDlg 和 TongDialogDlg 添加表 8.6 所示的消息响应函数，方法如图 8.18 所示。

表 8.6　　　　　　　　　　　　　　　添加消息响应函数

类　名	ID	消　息	消息响应函数
NewFileDlg	NewFileDlg	WM_INITDIALOG	OnInitDialog
TongDialogDlg	IDC_BUTTONOPEN	BN_CLICKED	OnButtonopen
	IDC_BUTTONSAVE	BN_CLICKED	OnButtonsave
	IDC_BUTTONFONT	BN_CLICKED	OnButtonfont
	IDC_BUTTONCOLOR	BN_CLICKED	OnButtoncolor

第 5 步：在 TongDialogDlg.cpp 文件中，将新对话框的头文件 NewFileDlg.h 包含进来，代码如下。

```
#include "NewFileDlg.h"
```

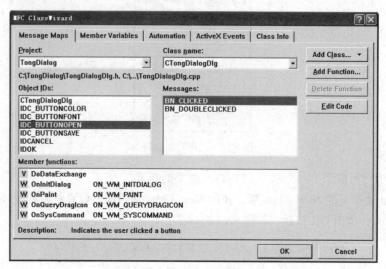

图 8.18　添加消息响应函数

第 6 步：在 TongDialogDlg.cpp 文件中为第 4 步生成的 TongDialogDlg 类的 4 个消息响应函数添加代码；在 NewFileDlg.cpp 文件中为 OnInitDialog 消息响应函数添加代码。

```
// TongDialogDlg.cpp
void CTongDialogDlg::OnButtonopen(){
    CString strname;
    NewFileDlg dlg(TRUE,_T("txt"),_T("*.txt"),OFN_EXPLORER,_T(" 文 本 文 件 (*.txt)
|*.txt|所有文件(*.*)"),NULL);
    if(dlg.DoModal()){
        strname=dlg.GetPathName();
        MessageBox(strname+"文件已打开","打开文件");
    }
}
void CTongDialogDlg::OnButtonsave(){
    CString strname;
    NewFileDlg dlg(FALSE,_T("txt"),_T("*.txt"),OFN_HIDEREADONLY|OFN_OVERWRITEPROMPT,
_T("文本文件(*.txt)|*.txt|所有文件(*.*)"),NULL);
    if(dlg.DoModal()){
        strname=dlg.GetPathName();
        MessageBox(strname+"文件已保存","保存文件");
    }
}
void CTongDialogDlg::OnButtonfont(){
    LOGFONT font;
    CFontDialog dlg(&font);
    if(dlg.DoModal()){
        CString str="设置字体为: ";
        MessageBox(str+font.lfFaceName);
    }
}

void CTongDialogDlg::OnButtoncolor(){
    COLORREF color;
    CString strcolor;
```

```
    CColorDialog dlg(0,CC_FULLOPEN);
    if(dlg.DoModal()){
        color=dlg.GetColor();
        strcolor.Format("%x",color);
        MessageBox("颜色已经取得，值为"+strcolor,"选择颜色");
    }
}
// NewFileDlg.cpp
BOOL NewFileDlg::OnInitDialog(){
    CFileDialog::OnInitDialog();
    CRect rect;
    CWnd *wndDlg=GetParent();
    SetTimer(1,200,NULL);
    wndDlg->GetWindowRect(&rect);
    wndDlg->SetWindowPos(NULL,0,0,rect.right-rect.left,rect.bottom-rect.top+60,SWP
_NOMOVE);
    rect.top+=30;
    rect.bottom-=200;
    rect.left=100;
    rect.right=200;
    return TRUE;
}
```

5. 非模式对话框

与模式对话框不同，非模式对话框不垄断用户的输入，用户打开非模式对话框后，仍然可以与其他界面对象进行交互。非模式对话框比模式对话框复杂，因为模式对话框的有关操作是由系统自动管理的，而非模式对话框的创建、显示和管理都要由程序员完成。

非模式对话框的设计与模式对话框基本类似，也包括编辑对话框模板资源和生成 CDialog 类的派生类两部分，但在对话框的创建和删除过程中，非模式对话框和模式对话框有以下区别。

（1）非模式对话框的模板资源在编辑时必须选中 Visible 属性（在属性对话框的 MoreStyles 页中设置），若没有选中，则必须调用对话框类的成员函数 ShowWindow()函数，否则对话框不可见，而模式对话框无须设置此属性。

（2）非模式对话框通过调用 CDialog::Create()函数来启动，而模式对话框使用 CDialog:: DoModal()函数来启动。由于 Create()函数不会启动新的消息循环，非模式对话框与应用程序共用一个消息循环，这样非模式对话框就不会垄断用户的输入。Create()函数在显示了非模式对话框后就立即返回，而 DoModal()函数在模式对话框被关闭后才返回。

（3）非模式对话框对象是用 new 运算符动态创建的，而模式对话框以对象变量的形式出现。

（4）非模式对话框的关闭是由用户单击 OK 或 Cancel 按钮完成的，与模式对话框不同，程序员必须分别重载这两个函数，并且在其中调用 CWnd::DestroyWindow()函数来关闭对话框。该函数用于关闭窗口。

（5）必须有一个标志表明非模式对话框是否打开，应用程序根据该标志决定是打开一个新对话框，还是仅激活原来已经打开的对话框。通常可以用拥有者窗口中指向非模式对话框对象的指针（因为非模式对话框对象是用 new 运算符动态创建的）作为这个标志，当对话框关闭时给该指针赋 NULL 值，表明该对话框对象已不存在了。

8.7.2　控件

大多数控件主要用于对话框，在对话框与用户的交互过程中担任主要角色，负责显示文本、图片和图标、接收命令、编辑文字或数据、实现内容滚动等。控件看似简单，实际上也是一个窗口，是一种特定类型的输入或输出窗口，通常为其父窗口（一般是对话框，也可以是框架窗口、视图窗口等）所拥有。通常在对话框资源模板中创建对话框控件。

Visual C++中可以使用的控件有 3 类：Windows 标准控件，ActiveX 控件和其他 MFC 控件。Windows 标准控件是由操作系统提供的，MFC 中针对每个控件提供了一个类来封装和该控件有关的低层操作，这些控件类都派生自 CWnd 类。下面介绍几个常用控件的使用方法。

（1）静态文本（Static Text）控件：用于显示字符串，不接收输入信息。使用静态文本控件一般均可保留默认属性。

（2）图片（Picture）控件：用于显示位图、图标、方框等，不接收输入信息。在图片控件的属性中，最重要的是 Type（在 General 选项卡中设置），可选类型有 Frame（矩形框）、Rectangle（矩形块）、Icon（图标）和 Bitmap（位图）等。如果选择 Frame 和 Rectangle，通过 Color 选项选择其颜色；如果选择 Icon 和 Bitmap，通过 Image 选项选择相应的资源。

（3）组框（Group Box）控件：显示一个文本字符串和一个方框，常用于组合一组相关控件。

以上 3 个控件均为 CStatic 类型，如果不对其编程，也就不要求其标识符唯一，通常可选用对话框编辑器自动提供的默认标识符（IDC_STATIC）。

（4）编辑（Edit Box）控件：最常用的控件，可用于单行或多行文本编辑，功能十分强大，相当于一个小型文本编辑器。编辑控件可用来输入数值数据和日期、时间数据。主要属性有 Align Text（文本对齐方式）、Multiline（多行编辑）、AutoHScroll（输入到窗口右边界后自动横滚）等，均可在控件属性对话框的 Styles 选项卡中设置。编辑控件为 CEdit 类型。

（5）按钮（Button）控件：用于响应用户的鼠标按键操作，触发相应的事件。编程时按钮的处理与菜单选项类似，可为其添加命令响应函数（通常借助 ClassWizard 完成）。

（6）检查框（Check Box）控件：用于选择标记，有选中、不选中和不确定等状态。

（7）单选框（Radio Button）控件：用作单项选择。在一组单选框中，第一个最重要，其 ID 可用于对话框类中建立对应的数据成员（一定要选中 Group 属性）。

按钮、检查框和单选框均对应 CButton 类型。

（8）列表框（List Box）控件：显示一个文字列表，用户可从表中选择一项或多项；主要属性为 Selection（位于 Styles 选项卡中）；可选择 Single（单选）、Multiple（多选）等。属性 Sort 表示是否对列表框的内容排序。列表框中的文字列表需在编程时确定，通常是在对话框类的 InitDialog()成员函数中给出。列表框控件为 CListBox 类型。

（9）组合框（Combo Box）控件：是编辑控件和列表框控件的组合，分为简易式（Simple）、下拉式（Dropdown）和下拉列表式（Drop List）。组合框列表中的内容可在设置时用 Data 选项卡输入。注意输入各列表项时要使用 Ctrl+Enter 开始新的一项。组合框控件为 CCombo 类型。

（10）图像列表（Image List）控件：常常用来管理多个位图和图标。图像列表控件为 CImageList 类型。

（11）标签（Tab Control）控件：通过使用标签控件，应用程序可以将一个窗口或对话框的某一区域定义为多个页面，每一页包含一套信息或一组控件，当用户选择相应的标签时，应用程序就会显示相应的信息或控件。标签控件为 CTabCtrl 类型。

注意
在向对话框资源模板中添加控件时，如果看不到控件面板，可以在 Developer Studio 的工具条空白处单击鼠标右键，选择 Controls。

8.8　程序设计实例

【例 8-8】设计一个简单的个人通信簿。单击左边列表框中的联系人，就会在右边的标签控件中显示出该联系人的"基本情况""私人资料"和"单位信息"。其中，基本情况包括姓名、籍贯、性别和生日；私人资料包括家庭住址、电话、手机和 E-mail；单位信息包括单位名称、单位地址、单位电话和单位传真。

第 1 步：用 MFC AppWizard 创建一个默认的基于对话框的应用程序项目 GRTX。

第 2 步：添加一个新的对话框，用于构造"基本情况"界面。

（1）在工程工作区中单击资源视图标签 ResourceView，切换到资源视图。用鼠标右键单击 Dialog，选择 Insert Dialog，可看到 Dialog 下增加了一个对话框模板 IDD_DIALOG1，将鼠标放在右边对话框模板上单击右键，选 Properties 项，可以看出当前模板的 ID 为 IDD_DIALOG1，将其改为 IDD_DIALOG_BASEINFO，将字体设为"宋体，9 号"，在 Styles 属性中设置 Style 为 Child，Border 为 None，如图 8.19 所示。删除 OK 按钮和 Cancel 按钮。

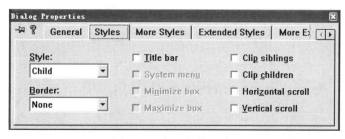

图 8.19　设置对话框属性

（2）为对话框添加表 8.7 所列的控件，并尽可能将对话框模板缩小，如图 8.20 所示。

表 8.7　　　　　　　　　　　　　　　　对话框控件列表

添加的控件	ID 号	标题	其他属性
编辑框（姓名）	IDC_EDIT_NAME	—	默认
编辑框（籍贯）	IDC_EDIT_NP	—	默认
单选框（男）	IDC_RADIO_GG	男	默认
单选框（女）	IDC_RADIO_MM	女	默认
日期/时间控件（生日）	IDC_DATETIMEPICKER1	—	默认

图 8.20　"基本情况"对话框

（3）创建对话框类：界面设计完成后，将鼠标放在对话框的空白处，单击右键，选择 ClassWizard，出现 Adding a Class 对话框，询问是否创建一个新的类，单击 OK 按钮；在 New Class 对话框的 Name 编辑中输入 CBaseInfoDlg，单击 OK 按钮。

（4）为控件添加控件变量：打开 MFC ClassWizard 的 Member Variables 页面，确保 Class name 选择 CBaseInfoDlg，选中所需的 ID 号，在其上双击或单击 Add Variable 按钮，依次为表 8.8 所列控件添加成员变量，如图 8.21 所示。

表 8.8   对话框控件变量

控件 ID 号	变量类别	变量类型	变量名
IDC_EDIT_NAME	Value	CString	m_strName
IDC_EDIT_NP	Value	CString	m_strNp
IDC_DATETIMEPICKER1	Value	CTime	m_strSpecial

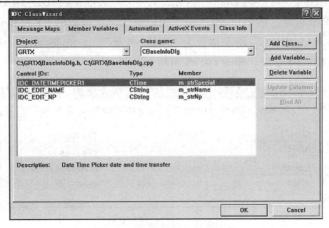

图 8.21　为控件添加控件变量

（5）为 CBaseInfoDlg 类添加一个 char 类型的成员变量 m_chSex，用来反映性别，方法如图 8.22 所示。

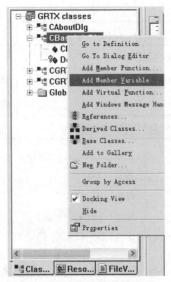

图 8.22　为类添加成员变量

（6）为 CBaseInfoDlg 类添加一个成员函数 UpdateSexField()，用来根据 m_chSex 值更新单选框的状态，方法是选择图 8.22 选中项的上一项，添加代码如下。

```
void CBaseInfoDlg::UpdateSexField(){
    if(m_chSex=='G')                //男
        CheckRadioButton(IDC_RADIO_GG,IDC_RADIO_MM,IDC_RADIO_GG);
    else
        CheckRadioButton(IDC_RADIO_GG,IDC_RADIO_MM,IDC_RADIO_MM);
}
```

（7）在 CBaseInfoDlg 类构造函数中设置变量 m_chSex 初值为 G，代码如下。

```
CBaseInfoDlg::CBaseInfoDlg(CWnd * pParent /*=NULL*/)
: CDialog(CBaseInfoDlg::IDD, pParent){
    m_chSex='G';
}
```

（8）用 MFC ClassWizard 为 CBaseInfoDlg 类添加 WM_INITDIALOG 消息映射，如图 8.23 所示，并添加初始化代码如下。

```
BOOL CBaseInfoDlg::OnInitDialog(){
    CDialog::OnInitDialog();
    UpdateSexField();
    return TRUE;
}
```

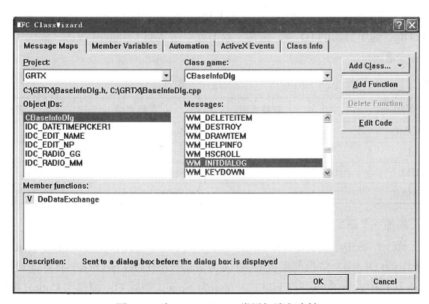

图 8.23　为 CBaseInfoDlg 类添加消息映射

第 3 步：添加一个新的对话框，用于构造"私人资料"界面。

（1）在工程工作区中单击资源视图标签 ResourceView，切换到资源视图。用鼠标右键单击 Dialog，选择 Insert Dialog，将当前模板的 ID 改为 IDD_DIALOG_PRIVATE，将字体设为"宋体，9 号"，在 Styles 属性中设置 Style 为 Child，Border 为 None，删除 OK 按钮和 Cancel 按钮。

（2）为对话框添加表 8.9 所列的控件，并尽可能将对话框模板缩小，如图 8.24 所示。

表8.9 对话框控件列表

添加的控件	ID 号	标题	其他属性
编辑框（家庭住址）	IDC_EDIT_HOME	—	默认
编辑框（电话）	IDC_EDIT_TEL	—	默认
编辑框（手机）	IDC_EDIT_GSM	—	默认
编辑框（E-mail）	IDC_EDIT_EMAIL	—	默认

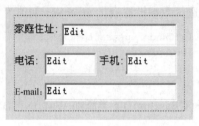

图 8.24 "私人资料"对话框

（3）创建对话框类：界面设计完成后，将鼠标放在对话框的空白处，单击右键，选择 ClassWizard，出现 Adding a Class"对话框，询问是否创建一个新的类，单击 OK 按钮；在 New Class 对话框的 Name 编辑中输入 CPrivateDlg，单击 OK 按钮。

（4）为控件添加控件变量：打开 MFC ClassWizard 的 Member Variables 页面，确保 Class name 选择 CPrivateDlg，选中所需的 ID 号，在其上双击或单击 Add Variables 按钮，依次为表 8.10 所列控件添加成员变量。

表8.10 对话框控件变量

控件 ID 号	变量类别	变量类型	变量名
IDC_EDIT_HOME	Value	CString	m_strHome
IDC_EDIT_TEL	Value	CString	m_strTel
IDC_EDIT_GSM	Value	CString	m_strGsm
IDC_EDIT_EMAIL	Value	CString	m_strEmail

第 4 步：添加一个新的对话框，用于构造"单位信息"界面。

（1）在工程工作区中单击资源视图标签 ResourceView，切换到资源视图。用鼠标右键单击 Dialog，选择 Insert Dialog，将当前模板的 ID 改为 IDD_DIALOG_WORK，将字体设为"宋体，9 号"，在 Styles 属性中设置 Style 为 Child，Border 为 None，删除 OK 按钮和 Cancel 按钮。

（2）为对话框添加表 8.11 所列的一些控件，并尽可能将对话框模板缩小，如图 8.25 所示。

表8.11 对话框控件列表

添加的控件	ID 号	标题	其他属性
编辑框（单位名称）	IDC_EDIT_WORKNAME	—	默认
编辑框（单位地址）	IDC_EDIT_WORKADD	—	默认
编辑框（单位电话）	IDC_EDIT_TEL	—	默认
编辑框（单位传真）	IDC_EDIT_FAX	—	默认

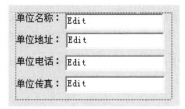

图 8.25 "单位信息"对话框

（3）创建对话框类：界面设计完成后，将鼠标放在对话框的空白处，单击右键，选择 ClassWizard，出现 Adding a Class 对话框，询问是否创建一个新的类，单击 OK 按钮；在 New Class 对话框的 Name 编辑中输入 CWorkDlg，单击 OK 按钮。

（4）为控件添加控件变量：打开 MFC ClassWizard 的 Member Variables 页面，确保 Class name 选择 CWorkDlg，选中所需的 ID 号，在其上双击或单击 Add Variables 按钮，依次为表 8.12 所列控件添加成员变量。

表 8.12 对话框控件变量

控件 ID 号	变量类别	变量类型	变量名
IDC_EDIT_WORKNAME	Value	CString	m_strWorkName
IDC_EDIT_WORKADD	Value	CString	m_strAdd
IDC_EDIT_TEL	Value	CString	m_strTel
IDC_EDIT_FAX	Value	CString	m_strFax

第 5 步：设计主对话框（IDD_GRTX_DIALOG）界面。

（1）在工程工作区中单击资源视图标签 ResourceView，切换到资源视图。双击 IDD_GRTX_DIALOG，右边出现其设计模板。删除 Cancel 按钮和静态文本控件，将 OK 按钮标题改为"退出"。

（2）为对话框添加表 8.13 所列的控件，图 8.26 中选定的控件是一个静态文本控件，ID 号为 IDC_STATIC_DLG，用此控件作为前面三个对话框的父窗口，可以控制三个对话框的显示位置。

表 8.13 对话框控件列表

添加的控件	ID 号	标题	其他属性
列表框	IDC_LIST1	—	默认
标签控件	IDC_TAB1	—	默认
静态文本控件	IDC_STATIC_DLG	—	默认

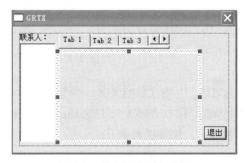

图 8.26 为对话框添加控件

（3）创建对话框类：界面设计完成后，将鼠标放在对话框的空白处，单击右键，选择 ClassWizard，出现 Adding a Class 对话框，询问是否创建一个新的类，单击 OK 按钮；在 New Class 对话框中的 Name 编辑中输入 CGRTXDlg，单击 OK 按钮。

（4）为控件添加控件变量：打开 MFC ClassWizard 的 Member Variables 页面，确保 Class name 选择 CGRTXDlg，选中所需的 ID 号，在其上双击或单击 Add Variables 按钮，依次为表 8.14 所列控件添加成员变量。

表 8.14 对话框控件变量

控件 ID 号	变量类别	变量类型	变量名
IDC_LIST1	Control	CListBox	m_List
IDC_TAB1	Control	CTabCtrl	m_Tab

第 6 步：完善代码。

（1）在工程工作区 ClassView 中的 CGRTXDlg 类上单击鼠标右键，选择 Add Member Variable，依次添加下列成员变量。

```
public:
     CBaseInfoDlg * m_pBaseInfoDlg;
     CPrivateDlg * m_pPrivateDlg;
     CWorkDlg * m_pWorkDlg;
     CImageList  m_ImageList;
```

（2）打开 GRTXDlg.h 文件，在开始部分添加包含头文件代码和用于通信簿的结构体类型声明。

```
#include "BaseInfoDlg.h"
#include "PrivateDlg.h"
#include "WorkDlg.h"
struct ADDRESS{
    CString strName;        //姓名
    CString strNp;          //籍贯
    char chsex;             //性别
    CTime tBirth;           //生日
    CString strHomeAdd;     //家庭住址
    CString strHomeTel;     //电话
    CString strGSM;         //手机
    CString strEmail;       //E-mail
    CString strWorkName;    //单位名称
    CString strWorkAdd;     //单位地址
    CString strWorkTel;     //单位电话
    CString strWorkFax;     //单位传真
};
```

（3）在工程工作区 ClassView 中的 CGRTXDlg 类上单击鼠标右键，选择 Add Member Function，添加成员函数 SetDlgState()和 DoTab()。SetDlgState()函数用来显示或隐藏指定的对话框，DoTab()函数用来切换对话框的显示。添加代码如下。

```
void CGRTXDlg::SetDlgState(CWnd *pWnd, BOOL bShow){
```

```
        pWnd->EnableWindow(bShow);
        if(bShow){
            pWnd->ShowWindow(SW_SHOW);
            pWnd->CenterWindow();        //居中显示
        }
        else
            pWnd->ShowWindow(SW_HIDE);
    }
    void CGRTXDlg::DoTab(int nSel){
        if(nSel>2)nSel=2;                //确定 nSel 值不能超过范围
        if(nSel<0)nSel=0;
        BOOL bTab[3];
        bTab[0]=bTab[1]=bTab[2]=FALSE;
        bTab[nSel]=TRUE;
        //切换对话框的显示和隐藏
        SetDlgState(m_pBaseInfoDlg,bTab[0]);
        SetDlgState(m_pPrivateDlg,bTab[1]);
        SetDlgState(m_pWorkDlg,bTab[2]);
    }
```

（4）用 MFC ClassWizard 为 IDC_TAB1 映射 TCN_SELCHANGE 消息，并添加代码如下。

```
    void CGRTXDlg::OnSelchangingTab1(NMHDR * pNMHDR, LRESULT * pResult){
        // TODO: Add your control notification handler code here
        int nSelect=m_Tab.GetCurSel();
        if(nSelect>0)
            DoTab(nSelect);
        *pResult = 0;
    }
```

（5）按下 Ctrl+R 组合键，在弹出的对话框中单击 Import 按钮，从外部磁盘中（或在 Visual C++安装盘的\COMMON\GRAPHICS\ICONS 中）调入三个图标文件，并取默认的图标 ID 号 IDI_ICON1、IDI_ICON2 和 IDI_ICON3。

（6）在 CGRTXDlg::OnInitDialog()中添加代码如下。

```
    BOOL CGRTXDlg::OnInitDialog(){
        CDialog::OnInitDialog();
        ……
        m_ImageList.Create(16,16,ILC_COLOR|ILC_MASK,3,0);  //创建图像列表
        m_ImageList.Add(AfxGetApp()->LoadIcon(IDI_ICON1));//将图标加到图像列表中
        m_ImageList.Add(AfxGetApp()->LoadIcon(IDI_ICON2));
        m_ImageList.Add(AfxGetApp()->LoadIcon(IDI_ICON3));
        m_Tab.SetImageList(&m_ImageList);
        m_Tab.InsertItem(0,"基本情况",0);
        m_Tab.InsertItem(1,"私人资料",1);
        m_Tab.InsertItem(2,"单位信息",2);
        m_Tab.SetCurSel(0);
        //以下是创建个人通信簿中的三个对话框
        m_pBaseInfoDlg=new CBaseInfoDlg;
        m_pBaseInfoDlg->Create(IDD_DIALOG_BASEINFO,GetDlgItem(IDC_STATIC_DLG));
        m_pPrivateDlg=new CPrivateDlg;
        m_pPrivateDlg->Create(IDD_DIALOG_PRIVATE,GetDlgItem(IDC_STATIC_DLG));
        m_pWorkDlg=new CWorkDlg;
```

```
        m_pWorkDlg->Create(IDD_DIALOG_WORK,GetDlgItem(IDC_STATIC_DLG));
        DoTab(0);
        //初始化联系人列表内容
        ADDRESS data,data1;
        data.strName="LiMing";
        data.strNp="江苏";
        data.chsex='G';
        data.tBirth=CTime(1980,6,6,0,0,0);
        data.strHomeAdd="江苏南京";
        data.strWorkName="南京大学";
        data1=data;
        data1.strName="wangwang";
        data1.strNp="安徽";
        data1.chsex='M';
        data1.tBirth=CTime(1982,9,5,0,0,0);
        int nIndex=m_List.AddString(data.strName);
        m_List.SetItemDataPtr(nIndex,new ADDRESS(data));
        nIndex=m_List.AddString(data1.strName);
        m_List.SetItemDataPtr(nIndex,new ADDRESS(data1));
        return TRUE;  //return TRUE  unless you set the focus to a control
    }
```

（7）用 MFC ClassWizard 为 IDC_LIST 映射 LBN_SELCHANGE 消息，并添加代码如下。

```
    void CGRTXDlg::OnSelchangeList1(){
        int nIndex=m_List.GetCurSel();
        if(nIndex!=LB_ERR)      {
            ADDRESS *data=(ADDRESS *)m_List.GetItemDataPtr(nIndex);
            //指定三个对话框中相关控件的数据并显示
            m_pBaseInfoDlg->m_strName=data->strName;
            m_pBaseInfoDlg->m_strNp=data->strNp;
            m_pBaseInfoDlg->m_chSex=data->chsex;
            m_pBaseInfoDlg->m_timeBirth=data->tBirth;
            m_pPrivateDlg->m_strHome=data->strHomeAdd;
            m_pPrivateDlg->m_strTel=data->strHomeTel;
            m_pPrivateDlg->m_strGsm=data->strGSM;
            m_pPrivateDlg->m_strEmail=data->strEmail;
            m_pWorkDlg->m_strWorkName=data->strWorkName;
            m_pWorkDlg->m_strAdd=data->strWorkAdd;
            m_pWorkDlg->m_strTel=data->strWorkTel;
            m_pWorkDlg->m_strFax=data->strWorkFax;
            m_pBaseInfoDlg->UpdateData(FALSE);
            m_pBaseInfoDlg->UpdateSexField();
            m_pPrivateDlg->UpdateData(FALSE);
            m_pWorkDlg->UpdateData(FALSE);
        }
    }
```

（8）用 MFC ClassWizard 为 CGRTXDlg 类添加 WM_DESTROY 消息映射，当退出 CGRTXDlg 对话框时，删除分配的内存，如图 8.27 所示。添加代码如下。

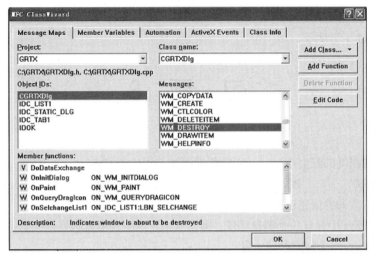

图 8.27　为 CGRTXDlg 类添加 WM_DESTROY 消息映射

```
void CGRTXDlg::OnDestroy(){
    CDialog::OnDestroy();
    for(int nIndex=m_List.GetCount()-1;nIndex>=0;nIndex--)
    {
        //删除所有与列表项相关联的数据，并释放内存
        delete(ADDRESS *)m_List.GetItemDataPtr(nIndex);
    }
    if(m_pBaseInfoDlg) delete m_pBaseInfoDlg;
    if(m_pPrivateDlg) delete m_pPrivateDlg;
    if(m_pWorkDlg) delete m_pWorkDlg;
}
```

（9）编译、运行，结果如图 8.28 所示。

图 8.28　运行结果

本 章 小 结

　　MFC 是 Microsoft 公司为简化 Windows 编程推出的一个庞大的类库，它封装了大部分 Win32 API 函数，以使 Windows 程序员能够以一致的方式进行程序的开发工作。本章介绍了 Windows 应用程序特点，API 编程模式和 MFC 编程模式，利用 MFC AppWizard 创建 Windows 应用程序的步骤和方法，消息映射、消息响应函数的概念，利用 ClassWizard 增加、修改和删除窗口消息响应函数的方法和步骤，文档/视图结构的概念，菜单、工具栏的定制；对话框与控件的使用等内容。

希望读者通过对以上内容的学习顺利入门。MFC 类库所支持的应用程序类型远不止这些，读者未来将在此基础上进一步学习。

习 题 8

一、单选题

1. 所有的文档类都派生于____，所有的视图类都派生于 CView。

    A．CView   B．CWindow   C．CDocument   D．CFormView

2. 对于消息队列的描述正确的是____。

    A．Windows 中只有一个消息系统，即系统消息队列。消息队列是一个系统定义的数据结构，用于临时存储消息

    B．系统可从消息队列将信息直接发给窗口。另外，每个正在 Windows 下运行的应用程序都有自己的消息队列

    C．系统消息队列中的每个消息最终都要被用户模块传送到应用程序的消息队列中去。应用程序的消息队列中存储了程序的所有窗口的全部消息

    D．以上都正确

3. 一个视图对象能连接____文档对象，一个文档对象能连接____视图对象。

    A．一个，多个   B．多个，一个   C．一个，一个   D．多个，多个

4. 根据对话框的行为性质，对话框可以分为____。

    A．对话框资源和对话框类   B．模式对话框和非模式对话框

    C．对话框资源和对话框模板   D．消息对话框和模式对话框

5. 菜单项助记符前用____引导。

    A．%   B．&   C．#   D．$

6. 关于工具按钮、菜单项和加速键的关系，正确的说法是____。

    A．工具按钮与菜单项必须一一对应   B．工具按钮与加速键一一对应

    C．工具按钮不必与菜单项一一对应   D．菜单项与加速键一一对应

7. 所有的控件都是____类的派生类，都可以作为一个特殊的窗口来处理。

    A．CView   B．CWnd   C．CWindow   D．CDialog

8. 设置编辑控件的文本内容，可使用函数____。

    A．SetWindowText()   B．SetSel()

    C．ReplaceSel()   D．GetWindowText()

二、填空题

1. Windows 系统中消息的主要类型有____、____和____。

2. 当用户在窗口中按下鼠标左键时，Windows 系统就会自动发送____消息给该窗口，如果要程序对此消息做出反应，则程序中应包含类似____的函数。

3. OnDraw()函数有一个指向____类的指针参数，通过该参数可以直接向视图输出。

4. 应用程序将任何东西画到设备中之前，必须明确索取一个____。

5. 对话框分为____和____两种。

6. 对话框的初始化工作一般在____和____中完成。

7. MFC 中公用对话框有____、____、____、____和____。

8. 视图派生类可以选择____类做其基类，实现文本编辑功能。

9. 对于文档类，数据成员的初始化工作是在____函数中完成的。

10. 如果修改了文档类中的数据，并要求重新显示，要用____或____发出重画消息，引起对 OnDraw()的调用。

11. 全局函数____可以得到 CWinApp 应用类指针。

12. MFC 中可自动重绘的绘图代码一般位于项目的____类的____函数中。

13. 在文档中，____和____配合可用来遍历所有和文档关联的视图。

14. 在 MFC 中，用____类来描述一个矩形区域的大小。

15. ____是 Application Framework 的简写，以 Afx 开头的函数都是____，可以在任一个类实现中调用。

16. 在视图类中为了访问与视图关联的文档对象中的数据，应该先调用____函数得到____。

17. MFC 用____类来描述一个点。

18. 利用 MFC AppWizard 可以生成 SDI 界面、____界面和基于对话框界面的程序。

19. MFC 中生成自定义模态对话框时先定义对话框类对象，然后调用____成员函数创建模态对话框。

20. Windows 程序中的消息有窗口消息、命令消息和____消息三种类型。

21. ____是指将对象写入永久存储介质或者将对象从永久存储介质中读出的过程。

22. 所有的文档类都派生于____，所有的视图类都派生于____。

23. 用户按下键盘按键并放开的过程中，将产生至少三条消息：____、____和____。

三、简答题

1. 典型的 Windows 应用程序结构有哪些？

2. 什么是消息？什么是消息映射？什么是消息循环？

3. 文档类的主要作用是什么？视图类提供的主要函数有哪些？

4. 简述利用 ClassWizard 如何添加消息映射函数。

5. 非模式对话框和模式对话框有何区别？

第 9 章　数据库编程

【学习目标】
（1）了解 Visual C++数据库访问技术。
（2）掌握 ODBC 基本概念及设置数据源方法。
（3）掌握在 MFC 下利用 MFC ODBC 进行数据库编程的方法。
（4）了解 ADO 技术的基本概念。
（5）理解 ADO 常用对象的方法和属性。
（6）掌握在 MFC 下利用 ADO 对象进行数据库编程的方法。

9.1　数据库访问技术概述

大多数应用程序都使用数据库，各种管理软件、ERP（Enterprise Resource Planning，企业资源规划）、CRM（Customer Relationship Management，客户关系管理）系统均需要数据库来保存和维护应用程序的数据。Visual C++提供了多种数据库访问技术，如 ODBC API、MFC ODBC、DAO、OLE DB、ADO。传统 ODBC 只能访问关系数据库，且速度较慢；OLE DB 和 ADO 都基于 COM 技术，使用该技术可以直接访问数据库的驱动程序，访问速度大大提高；通过 OLE DB 和 ActiveX 技术，可以利用 Visual C++提供的各种组件、控件和第三方提供的组件来扩展自己的应用程序，从而实现应用程序组件化。

1. ODBC

ODBC（Open Database Connectivity，开放式数据库接口）是被广泛用于数据库访问的应用程序编程接口。ODBC 是为互用性而设计的，即一个应用程序用相同的源代码能够访问不同的数据库管理系统（Database Management System，DBMS）。它是微软公司提出的开放式数据库互联标准接口，用户可以通过加载连接数据库的驱动程序来建立与各种数据库的连接。ODBC 可以使应用程序直接操作数据库中的数据，编程者不需要关心数据库的类型和它们的存储格式。用同样的 ODBC 数据库访问函数可以对各种数据库进行操作。使用 ODBC 不仅可以访问 Access、SQL Server、Oracle、Sybase、Lotus Notes 等数据库，而且可以访问 Excel 电子表格以及 ASCII 数据文件等非数据库对象。

ODBC 通过使用驱动程序提供了很好的数据库独立性，驱动程序与具体的数据库有关。这样，通过 ODBC 开发的数据库应用程序，如果想更换所使用的数据库，移植到其他的数据库平台上是非常容易的。例如，以前的应用程序使用的是 Access 数据库，如果要把它移植到 SQL Server 数据库上，只需要改换一下驱动程序即可，也就是说应用程序不再使用 Access 数据库的 ODBC 驱动程序，改为使用 SQL Server 数据库的 ODBC 驱动程序，即可移植到 SQL Server 数据库平台上。

2. MFC ODBC

ODBC 为关系数据库提供了统一的接口，但是 ODBC API 十分复杂。在 Visual C++中，MFC 提供了一些类，对 ODBC 进行了封装，以简化 ODBC API 的调用，这些 MFC ODBC 类使 ODBC 编程的复杂度大大降低。

MFC ODBC 类在使用上比 ODBC API 容易，但是损失了 ODBC API 对低层的灵活控制，因此，MFC ODBC 类属于高级数据库接口。

3. DAO

DAO（Data Access Object，数据库访问对象）是一组 Microsoft Access/Jet 数据库引擎的 COM（Component Object Model，构件对象模型）自动化接口。DAO 直接与 Access/Jet 数据库通信，通过 Jet 数据库引擎，DAO 也可以同其他数据库进行通信。DAO 的基于 COM 的自动化接口提供了比基于函数的 API 更多的功能，DAO 提供了一种数据库编程的对象模型。DAO 的对象模型比一般的 API 更适合于面向对象的程序开发，它将一组不关联的 API 函数集成到一个面向对象的应用程序里，一般要求开发人员编写自己的一组类来封装这些 API 函数。除了提供一组函数外，DAO 还提供了连接数据库并对数据库进行操作的对象，这些 DAO 对象很容易集成到面向对象应用程序的源代码里。

和 ODBC 一样，DAO 也是 Windows API 的一部分，可以独立于 DBMS 进行数据库的访问。MFC DAO 是微软推出的用于在 Visual C++中访问 Microsoft Jet 数据库文件（*.mdb）的强有力的数据库开发工具，当只需访问 Access 数据库时用该技术很方便。它通过对 DAO 对象的封装，向程序员提供了丰富的数据库访问和数据库操纵的手段。

此外，DAO 还封装了 Access 数据库的结构单元，如表、查询、索引等，这样，通过 DAO 就可以直接修改 Access 数据库的结构，而不必使用 SQL 的数据定义语言的语句。

DAO 也可访问 Oracle、SQL Server 等大型数据库，当利用 DAO 访问这些数据库时，对数据库的所有调用以及输出的数据都必须经过 Access/Jet 数据库引擎，这对于使用数据库服务器的应用程序来说，是个难以突破的瓶颈。

4. OLE DB

OLE DB（Object Link and Embedding Database，对象链接和嵌入数据库）提供企业网络级的通用数据集成，从主机到桌面，而不管数据的种类。OLE DB 属于数据库访问技术中低层的接口，基于 COM 接口技术；其功能强大灵活，但编程非常麻烦，使用 ADO 只需要 3～5 行代码的事情，用 OLE DB 却需要 200～300 行代码才能完成。OLE DB 比 ODBC 对数据的操纵更加普遍也更加有效，因为它涵盖更多种类的数据（包括关系数据库和非关系数据库），比传统的数据库访问技术更加优越。由于直接使用 OLE DB 需要大量代码，Visual C++提供了 ATL（Active Template Library，动态模板库）。

5. ADO

ADO（ActiveX Data Object，活动数据对象）是一种基于 COM 的自动化接口技术，以 OLE DB 为基础，利用它可以快速地创建数据库应用程序。ADO 是建立在 OLE DB 之上的高层数据库访问技术，是对 OLE DB 的封装，是面向对象的 OLE DB。微软提供了丰富的 COM 组件（包括 ActiveX）来访问各种关系型/非关系型数据库。ADO 提供了一组非常简单的、将一般通用的数据访问细节进行封装的对象。

9.2 ODBC 编程技术

ODBC 是一种基于 SQL 语言的程序设计接口，它大大简化了 Windows 应用程序与 DBMS 的连接。MFC 的 ODBC 类对复杂的 ODBC API 进行了封装，提供了简单的调用接口。使用者不必了解 ODBC API 和 SQL 的具体细节，利用 ODBC 类即可简单快速地生成数据库应用程序。ODBC 部件关系如图 9.1 所示。

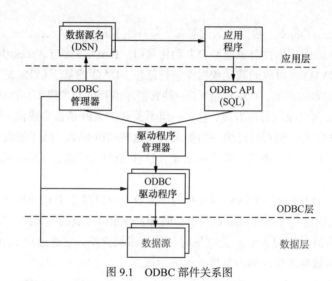

图 9.1　ODBC 部件关系图

MFC 提供的有关 ODBC 的常用类如下。

（1）CDatabase 类：建立与数据库的连接。

（2）CRecordView 类：提供一个表单视图与某个记录连接，支持记录的浏览和更新，撤销时自动关闭与之连接的记录集。

（3）CRecordset 类：从数据源选择记录集，可以滚动、修改、增加和删除记录集中的记录。

（4）CFieldExchange 类：支持记录字段数据交换，功能与 CDataExchange 类的对话框数据交换功能类似。

（5）CDBExceptionODBC 类：捕捉 ODBC 类产生的异常。

ODBC 数据库应用程序的创建步骤如下。

（1）建立数据库，在系统中注册数据源。

（2）用 MFC 应用程序向导创建基本的数据库应用程序。

（3）添加代码，实现应用程序的功能。

【例 9-1】创建一个数据库应用程序，完成数据库的一些简单操作。

第 1 步：创建数据库和数据表。

在 Microsoft Access 中创建一个数据库 D:\student.mdb，student 数据库包含一个表 stu_info，表结构如图 9.2 所示，并添加记录信息。

图 9.2　表 stu_info 结构

第 2 步：注册数据源。

（1）选择"控制面板→管理工具→数据源（ODBC）"，在"ODBC 数据源管理器"中选择"系统 DSN"标签，单击"添加"按钮，选择数据库管理系统对应的驱动程序 Microsoft Access Driver（*.mdb），如图 9.3 所示，单击"完成"按钮。

图 9.3　选择数据库驱动程序

（2）在图 9.4 中的"数据源名"编辑框中输入"学生基本信息数据库"，单击"选择"按钮，出现"选择数据库"对话框，选择 D:\student.mdb，单击"确定"按钮，回到"ODBC Microsoft Access 安装"对话框，单击"确定"，回到"ODBC 数据源管理器"对话框，单击"确定"按钮，完成数据源的配置工作。

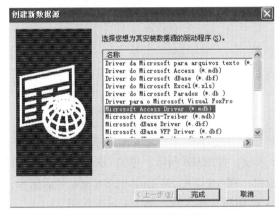

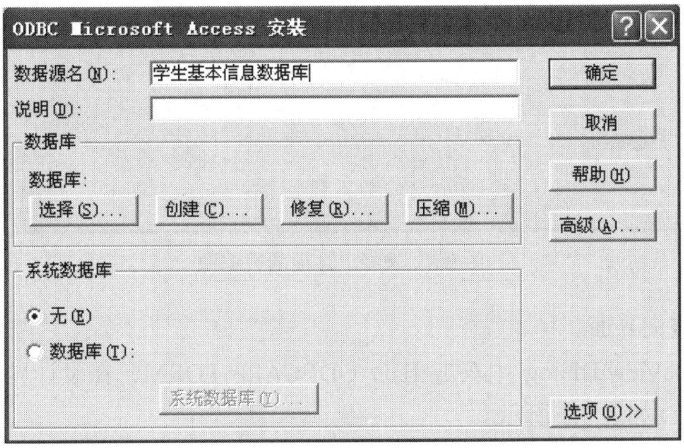

图 9.4　配置数据源

第 3 步：创建 MFC 工程。

（1）建立一个单文档工程 D:\OdbcApp。在 MFC AppWizard-Step 2 of 6 对话框中选择 Database view with file support，如图 9.5 所示。

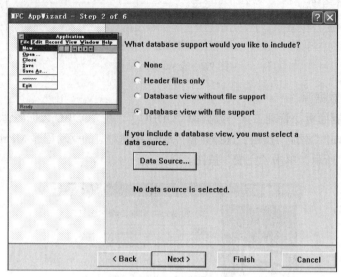

图 9.5　选择数据库支持

（2）单击 Data Sourse 按钮，在 Database Options 中选择已经注册好的数据源"学生基本信息数据库"，并选择 Dynaset 选项，如图 9.6 所示；单击 OK 按钮后，在 Select Database Tables 中选择表 stu_info，单击 OK 按钮；在 MFC AppWizard-Step 6 of 6 对话框中，将类 COdbcAppSet 改为 CstudentSet，并修改其头文件和源文件名称，单击 Finish 按钮。

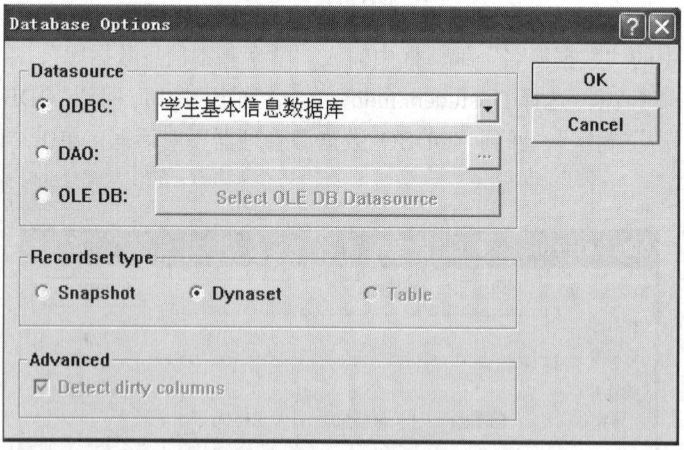

图 9.6　选择已注册的数据源

第 4 步：设计查询界面。

（1）在 ResourceView\Dialog 中双击 IDD_ODBCAPP_FORM，在设计界面添加控件如图 9.7 所示；更改各控件 ID 如表 9.1 所示。

控　　件	ID
"添加记录"按钮	IDC_BUTTON_ADD
"删除记录"按钮	IDC_BUTTON_DELETE
"清除所有字段"按钮	IDC_BUTTON_CLEAR
"学号"编辑框	IDC_EDIT_SNO
"姓名"编辑框	IDC_EDIT_SNAME
"性别"编辑框	IDC_EDIT_SEX
"年龄"编辑框	IDC_EDIT_AGE

表 9.1　　　　　　　　　　　　　　各控件 ID

图 9.7　设计界面

（2）利用 ClassWizard 在 Member Variables 中将类 CstudentSet 中字段的 Member 变量全部删除，重新为各字段添加变量（单击 Add Variable 按钮）m_AGE、m_SNAME、m_SEX、m_SNO，如图 9.8 所示。

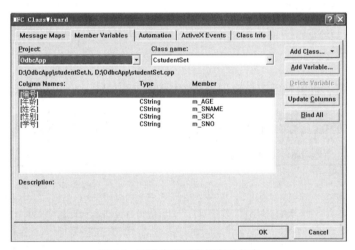

图 9.8　更改字段对应的变量名称

（3）将控件与表的字段绑定。

```
void COdbcAppView::DoDataExchange(CDataExchange* pDX){
    CRecordView::DoDataExchange(pDX);
    //{{AFX_DATA_MAP(COdbcAppView)
    //}}AFX_DATA_MAP
    DDX_FieldText(pDX,IDC_EDIT_SNO,m_pSet->m_AGE,m_pSet);
    DDX_FieldText(pDX,IDC_EDIT_SNAME,m_pSet->m_SNAME,m_pSet);
    DDX_FieldText(pDX,IDC_EDIT_SEX,m_pSet->m_SEX,m_pSet);
    DDX_FieldText(pDX,IDC_EDIT_AGE,m_pSet->m_AGE,m_pSet);
}
```

其中，m_pSet 是在类 COdbcAppView 中定义的指向 CstudentSet 类的指针变量。

（4）利用 ClassWizard 的 Message Maps，在 COdbcAppView 类中为 COdbcAppView 对象重载 OnMove()消息响应函数。

```
BOOL COdbcAppView::OnMove(UINT nlDMoveCommand){
    // TODO: Add your specialized code here and/or call the base class
    switch(nlDMoveCommand){
    case ID_RECORD_PREV:
        m_pSet->MovePrev();
        if(!m_pSet->IsBOF())
            break;
    case ID_RECORD_FIRST:
        m_pSet->MoveFirst();
        break;
    case ID_RECORD_NEXT:
        m_pSet->MoveNext();
        if(!m_pSet->IsEOF())
            break;
        if(!m_pSet->CanScroll())
            m_pSet->SetFieldNull(NULL);
        break;
    case ID_RECORD_LAST:
        m_pSet->MoveLast();
        if(!m_pSet->IsBOF())
            break;
    default:
        ASSERT(FALSE);
    }
    UpdateData(FALSE);
    return TRUE;
}
```

（5）编译、运行，可以利用三角形记录浏览按钮查看记录，如图 9.9 所示。

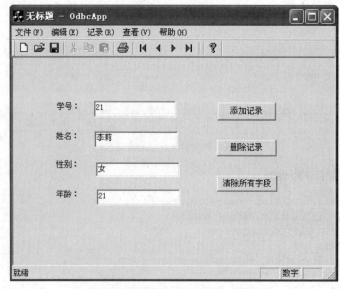

图 9.9　利用记录浏览按钮查看记录

第 5 步：为"添加记录""删除记录""清除所有字段"按钮添加消息响应函数。

双击"添加记录"按钮，增加以下代码。

```
void COdbcAppView::OnButtonAdd(){
    // TODO: Add your control notification handler code here
    m_pSet->AddNew();                       //添加一条空白记录
    UpdateData(TRUE);                       //将控件中的数据变量传给字段
    if(m_pSet->CanUpdate()){                //判断是否可以更新
        m_pSet->Update();                   //将新记录存入数据库
    }
    if(m_pSet->IsEOF()){                     //判断指针是否到了尾部
        m_pSet->MoveLast();                 //定位当前指针到最后一个记录
    }
    //m_pSet->Requery();                     //刷新记录集，这在快照集方式下是必需的
    UpdateData(FALSE);                      //更新显示
}
```

双击"删除记录"按钮，增加以下代码。

```
void COdbcAppView::OnButtonDelete(){
    // TODO: Add your control notification handler code here
    CRecordsetStatus status;
    try{
        m_pSet->Delete();                   //删除记录
    }
    catch(CDBException *e){
        AfxMessageBox(e->m_strError);
        e->Delete();
        m_pSet->MoveFirst();
        UpdateData(FALSE);
        return;
    }
    m_pSet->GetStatus(status);
    if(status.m_lCurrentRecord==0){
        m_pSet->MoveFirst();
    }
    else{
        m_pSet->MoveNext();
    }
    UpdateData(FALSE);
}
```

双击"清除所有字段"按钮，增加以下代码。

```
void COdbcAppView::OnButtonClear(){
    // TODO: Add your control notification handler code here
    m_pSet->SetFieldNull(NULL);
    UpdateData(FALSE);
}
```

9.3　ADO 编程技术

9.3.1　ADO 技术简介

ADO 是一种特殊的 OLE DB 客户程序，它支持多种编程语言，如 Visual C++、Visual Basic、VBscript、Java 等。ADO 同 OLE DB、数据库应用以及数据源之间的关系如图 9.10 所示。

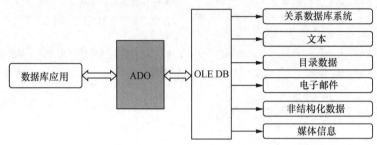

图 9.10　ADO 同 OLE DB、数据库应用以及数据源之间的关系

ADO 是 Windows 系统上比较成熟的访问数据库技术之一，凭借其自身的特点，出现后不久就迅速流行开来。ADO 是应用微软 COM 组件编程比较成功的项目，这也得益于 COM 组件的优势。COM 是高度面向对象的组件，提供了二进制级别的组件共享机制。这使得 ADO 具有易于使用、访问灵活、应用广泛、数据类型丰富、高效的特点。

ADO 易于使用。这是 ADO 技术最重要的一个特征，是它能够流行起来的重要原因。ADO 是高层应用，将低层的烦琐操作进行封装，并对外提供统一的接口，所以相对于 OLE DB 或者 ODBC 来说，它具有面向对象的特性，同时，在 ADO 的对象结构中，其对象之间的层次关系并不明显。相对于 DAO 等访问技术来讲，ADO 又不必关心对象的构造顺序和构造层次，对要用的对象不必先建立连接、会话等，只需直接构造即可，方便了应用程序的编制。Visual C++通过对自动化对象进行的封装，对 COM 组件提供了统一的编程界面，只要有 COM 编程的基础就很容易上手。同时，对脚本语言的支持也在一定程度上降低了使用的门槛。

ADO 具有 ODBC 的主要功能，而且 ADO 适用的数据源范围要大得多。ADO 技术可以访问包括关系数据库和非关系数据库在内的所有文件系统，并为不同数据的访问提供了统一的接口。这同样有利于降低程序编写的难度。ADO 适用于 ODBC 兼容的数据库和 OLE DB 兼容的数据源，包括 MS SQL Server、Access、Oracle、Excel、文本文件等。可以看出，ADO 支持的数据库范围是非常广泛的。

ADO 具备高速访问数据源的能力。由于 ADO 技术基于 OLE DB，所以，它也继承了 OLE DB 访问数据库的高速性。ADO 通过一个小型的自动化接口建立一个简单而高效的到达 OLE DB 的中间层，所以其速度与 OLE DB 相近，但使用 ADO 不需要了解 OLE DB 的低层烦琐的 COM 接口。

ADO 基于 COM 技术，所以可以通过 COM 接口与其他的 COM 对象进行交互。它可以以 ADO 控件的形式出现，所以可应用于所有支持 ActiveX 的语言，例如，一些脚本语言也可以通过自动化接口与 ADO 通信。这大大地扩展了 ADO 的应用范围，也使得基于 ADO 的程序获得了更广泛的支持。

基于 ADO 的程序占用资源较少。ADO 是基于 COM 的访问技术，本身就是为节约资源而设计的。ADO 组件作为公共组件，被所有程序调用。所以，用 ADO 产生的应用程序占用内存少。

ADO 允许进行批更新（使用 Update Batch 方法）。ADO 的批更新操作可大大减轻网络负担，提高数据库处理效率。

通过以上分析，可以看到 ADO 具有许多鲜明的优点。这也是它诞生后迅速得到广泛应用的原因所在。尤其在通过 Visual C++对 COM 进行访问时，更能凸显 ADO 的快速高效、接口简便的特点。

9.3.2 ADO 对象模型

ADO 是一个面向对象的 COM 组件库，用 ADO 访问数据库，其实就是利用 ADO 对象来操作数据库中的数据，所以首先要了解 ADO 的对象。ADO 有三个核心对象。

连接（Connection）对象：用于建立与数据库的连接。通过连接可从应用程序访问数据源。它保存指针类型、连接字符串、查询超时、连接超时和默认数据库这样的连接信息，在连接之前必须指定使用哪一个 OLE DB 供应者。

命令（Command）对象：定义了将对数据源执行的指定命令。Command 对象可以在数据库中添加、删除或更新数据，或者在表中进行数据查询。返回的结果保存在 Recordset 对象中。

记录集（Recordset）对象：来自基本表或命令执行结果的记录全集。任何时候，Recordset 对象所指的当前记录均为集合内的单个记录。使用 ADO 时，通过 Recordset 对象可对几乎所有数据进行操作。所有 Recordset 对象均使用记录（行）和字段（列）进行构造。在一个 Connection 对象上，可以同时打开多个 Recordset。Recordset 对象用来查询返回的结果集，它可以在结果集中添加、删除、修改和移动记录。当创建一个 Recordset 对象时，一个游标也就自动创建了，查询所产生的记录将放在本地的游标中。游标类型有四种：仅能向前移动的游标、静态游标、键集游标和动态游标。

Recordset 对象是对数据库进行查询和修改的主要对象。

在使用这三个对象时，需定义与之对应的 3 个智能指针，分别为_ConnectionPtr，_CommandPtr 和_RecordsetPtr，然后调用它们的 CreateInstance 方法进行实例化，从而创建这 3 个对象的实例。

_ConnectionPtr 接口返回一个记录集或一个空指针。通常使用它来创建一个数据连接或执行一条不返回任何结果的 SQL 语句。要返回记录的操作通常用_RecorderPtr 来实现，因为如果用_ConnectionPtr 操作需要遍历所有记录，而用_RecorderPtr 时不需要。

_CommandPtr 接口返回一个记录集。它提供了一种简单的方法来执行返回记录集的存储或 SQL 语句。在使用_CommandPtr 接口时，可以利用全局_ConnectionPtr 接口，也可以在_CommandPtr 接口里直接使用连接串。

_RecordsetPtr 是一个记录集对象。与以上两种对象相比，它对记录集提供了更多的控制功能，如记录锁定、游标控制等。

下面的对象是为完成数据库访问而设置的辅助对象，它们配合上面几个关键对象来完成具体的访问工作。

Record 对象：记录集或数据提供者的一条记录。它提供了对单条记录的数据字段的操作，通过它对数据字段进行读取、修改。

Stream 对象：主要用来处理记录集中的二进制数据流，如文件内容、图片对象等。

Field 对象：用于表示记录集中的列信息，包括列值等信息。一个记录集包含了数据库表中的若干行记录。如果将记录集看作二维网格，则字段构成"列"。每一字段（列）分别有名称、数据类型和值等属性，字段包含来自数据源的真实数据。要修改数据源中的数据，可在记录集中修改 Field 对象的值，对记录集的更改最终被传送给数据源。Fields 集合处理记录中的各个列，记录集中返回的每一列在 Fields 集合中都有一个相关的 Field 对象。Field 对象使得用户可以访问列名、列数据类型以及当前记录中列的实际值等信息。

Parameter 对象：Command 对象包含一个 Parameters 集合。Parameters 集合包含参数化的 Command 对象的所有参数，每个参数信息由 Parameter 对象表示。

Property 对象：Connection、Command、Recordset 和 Field 对象都含有 Properties 集合。Properties 集合用于保存与这些对象有关的各个 Property 对象。Property 对象表示各个选项设置或其他没有被对象的固有属性处理的 ADO 对象特征。

Error 对象：Connection 对象包含一个 Errors 集合。Errors 集合包含的 Error 对象给出了数据提供者出错时的扩展信息。

9.3.3 使用 ADO 对象开发数据库应用程序

在应用程序中，通过 ADO 和 SQL 语句的配合，可以实现对数据库的一系列操作，例如，创建数据库，创建表，创建索引，实现数据库的多重查询、高级查询和数据的汇总等。

在 Visual C++中，使用 ADO 开发数据库应用程序通常有四个步骤。

（1）初始化 OLE/COM 库，引入 ADO 库定义文件。

（2）创建一个 Connection 对象，用 Connection 对象连接数据库。

（3）利用建立好的连接，通过 Connection 对象、Command 对象执行 SQL 命令，或利用 Recordset 对象取得结果记录集进行查询、处理。

（4）使用完毕后关闭连接，释放对象。

【例 9-2】通过 ADO 控件访问数据库。

第 1 步：在 Access 中建立数据库 student.mdb，并添加表 stu_info，表结构如图 9.11 所示。

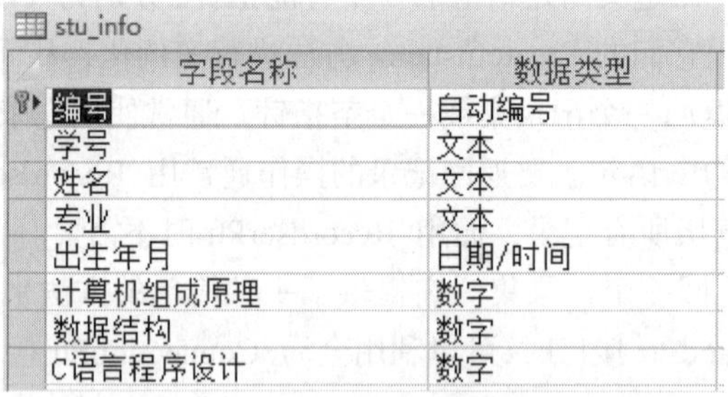

字段名称	数据类型
编号	自动编号
学号	文本
姓名	文本
专业	文本
出生年月	日期/时间
计算机组成原理	数字
数据结构	数字
C语言程序设计	数字

图 9.11 数据库结构

第 2 步：建立一个 MFC 对话框工程 AdoScore。

第 3 步：在对话框界面编辑器中增加如下 2 个 ADO 控件：ADO Data 控件，用于建立数据库连接；ADO DataGrid 控件，用于表示一个结果记录集。

在对话框编辑器中单击鼠标右键，选择 Insert ActiveX Control，在对话框中（如图 9.12 所示）选择 Microsoft ADO Data Control 6.0，单击 OK 按钮，ADO Data 控件 IDC_ADODC1 就加入到对话框中了；同样方法，选择 Microsoft DataGrid Control 6.0，DataGrid 控件 IDC_DATAGRID1 就加入到对话框中了。

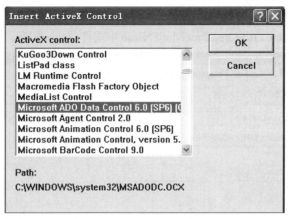

图 9.12 Insert ActiveX Control 对话框

第 4 步：在创建的对话框中用鼠标右键单击 ADO Data 控件，选择 Properties，在属性对话框中选择 Gerneral 选项卡，更改 Caption 为"查看记录"；切换到 Control 选项卡，选择 Use Connection String 选项，如图 9.13 所示。

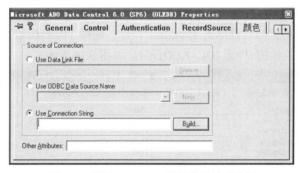

图 9.13 设置 ADO Data 控件的属性对话框

单击 Build 按钮，在出现的对话框中选择 Microsoft Jet 4.0 OLEDB Provider，单击"下一步"，选择刚建立的 Access 数据库文件名称 D:\student.mdb。单击"测试连接"，显示测试连接成功，如图 9.14 所示。

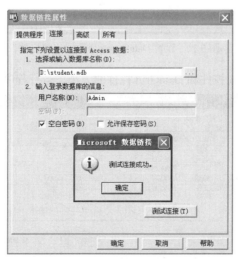

图 9.14 测试数据库连接成功

单击“确定”按钮直至回到属性对话框，选择 RecordSource 选项卡，在 Command Type 中选择 2-adCmdTable，在 Table Or Stored Procedure Name 中选择 stu_info 表，如图 9.15 所示。

Microsoft ADO Data Control 6.0 (SP6) (OLEDB) Properties
General
Control
Authentication
RecordSource
颜色
RecordSource
Command Type
2 - adCmdTable
Table or Stored Procedure Name
stu_info
Command Text (SQL)

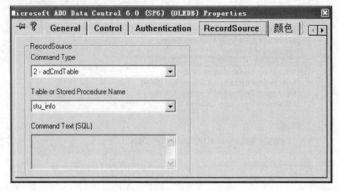

图 9.15　选择 RecordSource

第 5 步：设置 DataGrid 控件的属性。

在属性对话框中选择 Gerneral 选项卡，更改 Caption 为“学生信息”；切换到 Control 选项卡，选中 Allow AddNew 和 Allow Delete 复选框。

在创建的对话框中用鼠标右键单击 DataGrid 控件，选择 Properties，选择 All 选项卡，设置 DataSource 参数为连接控件的 ID 即 IDC_ADODC1。如图 9.16 所示。

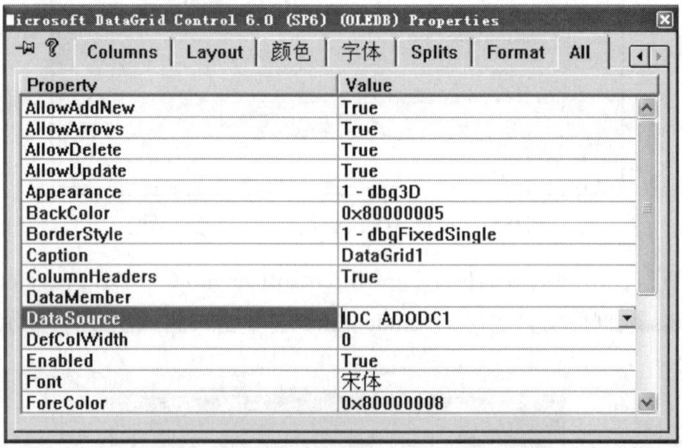

Microsoft DataGrid Control 6.0 (SP6) (OLEDB) Properties
Columns
Layout
颜色
字体
Splits
Format
All
Property
Value
AllowAddNew
True
AllowArrows
True
AllowDelete
True
AllowUpdate
True
Appearance
1 - dbg3D
BackColor
0x80000005
BorderStyle
1 - dbgFixedSingle
Caption
DataGrid1
ColumnHeaders
True
DataMember
DataSource
IDC_ADODC1
DefColWidth
0
Enabled
True
Font
宋体
ForeColor
0x80000008

图 9.16　设置 DataSource 参数为连接控件

第 6 步：调整 ADO Data 控件和 DataGrid 控件的大小。运行程序，如图 9.17 所示。

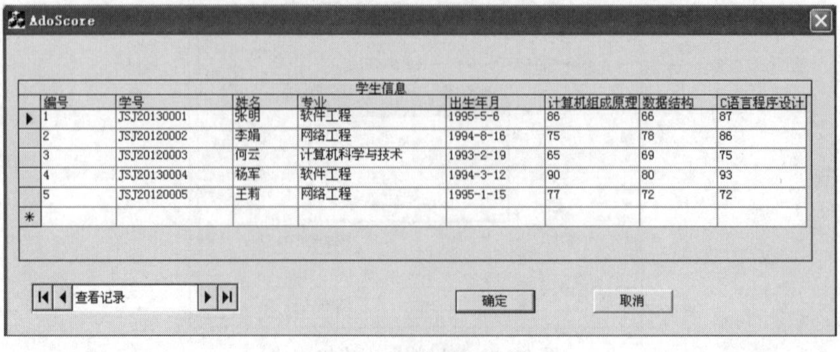

AdoScore
学生信息
编号 学号 姓名 专业 出生年月 计算机组成原理 数据结构 C语言程序设计
1 JSJ20130001 张明 软件工程 1995-5-6 86 66 87
2 JSJ20120002 李娟 网络工程 1994-8-16 75 78 86
3 JSJ20120003 何云 计算机科学与技术 1993-2-19 65 69 75
4 JSJ20130004 杨军 软件工程 1994-3-12 90 80 93
5 JSJ20120005 王莉 网络工程 1995-1-15 77 72 72
查看记录
确定
取消

图 9.17　程序运行结果

【例 9-3】使用 ADO 对象进行数据库开发。

第 1 步：新建数据库 student.mdb，内有表 stu_info，结构如图 9.18 所示，记录如图 9.19 所示。

图 9.18 数据库结构

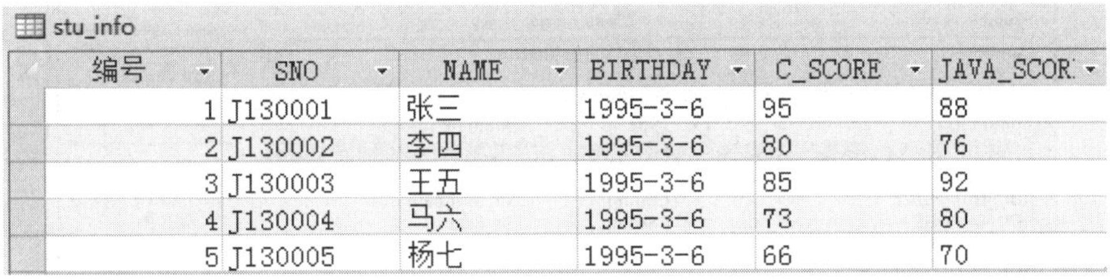

图 9.19 数据表记录

第 2 步：创建一个基于 MFC 对话框的工程 AdoObject，将 student.mdb 复制到该目录下；设计对话框界面如图 9.20 所示。

图 9.20 设计对话框界面

第 3 步：更改控件 ID，如表 9.2 所示；使用 ClassWizard 添加控件关联变量，如图 9.21 所示。

表 9.2　　　　　　　　　　　　　　添加控件关联变量

控件	ID	CString 变量
编辑框（学号）	IDC_SNO	m_sno
编辑框（姓名）	IDC_NAME	m_name
编辑框（出生日期）	IDC_BIRTHDAY	m_birthday
编辑框（C 语言成绩）	IDC_CSCORE	m_cscore

续表

控件	ID	CString 变量
编辑框（Java 成绩）	IDC_JAVASCORE	m_javascore
按钮（下一条记录）	IDC_FORWARD	
按钮（前一条记录）	IDC_BACK	
按钮（添加记录）	IDC_ADD	
按钮（删除记录）	IDC_DELETE	

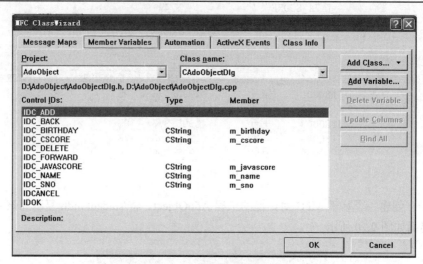

图 9.21　添加控件关联变量

第 4 步：在 stdafx.h 中引入 ADO 库定义文件，包含头文件，代码如下。

```
#include "icrsint.h"
#import "C:\Program Files\Common Files\system\ado\msado15.dll" no_namespace rename
("EOF","EndOfFile") rename("BOF","FirstOfFile")
```

第 5 步：在 AdoObjectApp::InitInstance()函数中，初始化 COM 库。

```
BOOL CAdoObjectApp::InitInstance(){
    ::CoInitialize(NULL);
    /*if(!AfxOleInit()){
        AfxMessageBox("COM Error!");
        return FALSE;
    }*/
    AfxEnableControlContainer();
    //......
}
```

第 6 步：在对话框类定义中（AdoObjectDlg.h）添加成员变量。

```
_ConnectionPtr m_pConnection;          //数据库连接指针（对象）
_RecordsetPtr m_pRecordSet;            //记录集指针（对象）
_variant_t vFieldValue;                //字段对应的记录值
CString strFieldValue;                 //字段对应的记录值
```

第 7 步：在对话框类 AdoObjectDlg 中的 OnInitDialog() 函数中添加如下代码，实现数据库连接。

```
//数据库连接
m_pConnection.CreateInstance(_uuidof(Connection));
try{
    m_pConnection->Open("Provider=Microsoft.Jet.OLEDB.4.0;Data Source=student.mdb;
","","",-1);
}catch(_com_error e){
    AfxMessageBox("数据库连接失败，确认数据库 student.mdb 是否在当前路径下！");
    return FALSE;
}
//打开数据库记录
m_pRecordSet.CreateInstance(_uuidof(Recordset));
try{
    m_pRecordSet->Open("select * from stu_info",m_pConnection.GetInterfacePtr(),ad
OpenDynamic,adLockOptimistic,adCmdText);
}catch(_com_error *e){
    AfxMessageBox(e->ErrorMessage());
}
//移动游标到打开的第一条数据库记录
m_pRecordSet->MoveFirst();
DisplayFields();                                   //显示表中的记录信息
```

第 8 步：添加对话框成员函数 DisplayFields()，负责显示对应表中的记录信息。

```
void CAdoObjectDlg::DisplayFields(){               //显示记录到绑定的对话框控件上
    vFieldValue= m_pRecordSet->GetCollect("SNO");
    strFieldValue = (char*)_bstr_t(vFieldValue);
    m_sno = strFieldValue;
    vFieldValue.Clear();
    vFieldValue= m_pRecordSet->GetCollect("NAME");
    strFieldValue=(char*)_bstr_t(vFieldValue);
    m_name = strFieldValue;
    vFieldValue.Clear();
    vFieldValue= m_pRecordSet->GetCollect("BIRTHDAY");
    strFieldValue=(char*)_bstr_t(vFieldValue);
    m_birthday = strFieldValue;
    vFieldValue.Clear();
    vFieldValue= m_pRecordSet->GetCollect("C_SCORE");
    strFieldValue=(char*)_bstr_t(vFieldValue);
    m_cscore = strFieldValue;
    vFieldValue.Clear();
    vFieldValue= m_pRecordSet->GetCollect("JAVA_SCORE");
    strFieldValue=(char*)_bstr_t(vFieldValue);
    m_javascore = strFieldValue;
    vFieldValue.Clear();
    UpdateData(FALSE);
}
```

第 9 步：编写按钮消息响应函数。

```
void CAdoObjectDlg::OnForward(){
    // TODO: Add your control notification handler code here
    m_pRecordSet->MoveNext();
    if(m_pRecordSet->EndOfFile==VARIANT_FALSE) DisplayFields();
    else{
        m_pRecordSet->MovePrevious();
        AfxMessageBox("已经到最后一条记录！");
```

```
            }
        }
    void CAdoObjectDlg::OnBack(){
        // TODO: Add your control notification handler code here
        m_pRecordSet->MovePrevious();
        if(m_pRecordSet->FirstOfFile==VARIANT_FALSE) DisplayFields();
        else{
            m_pRecordSet->MoveNext();
            AfxMessageBox("已经到第一条记录!");
        }
    }
    void CAdoObjectDlg::OnAdd(){
        // TODO: Add your control notification handler code here
        UpdateData(TRUE);
        m_pRecordSet->AddNew();
        m_pRecordSet->PutCollect("SNO",_variant_t(m_sno));
        m_pRecordSet->PutCollect("NAME",_variant_t(m_name));
        m_pRecordSet->PutCollect("BIRTHDAY",_variant_t(m_birthday));
        m_pRecordSet->PutCollect("C_SCORE",_variant_t(m_cscore));
        m_pRecordSet->PutCollect("JAVA_SCORE",_variant_t(m_javascore));
        m_pRecordSet->Update();                    //存入数据库
        m_sno=" ";
        m_name=" ";
        m_birthday=" ";
        m_cscore=" ";
        m_javascore=" ";
        UpdateData(FALSE);
    }
    void CAdoObjectDlg::OnDelete(){
        // TODO: Add your control notification handler code here
        m_pRecordSet->Delete(adAffectCurrent);
        m_sno=" ";
        m_name=" ";
        m_birthday=" ";
        m_cscore=" ";
        m_javascore=" ";
        UpdateData(FALSE);
    }
```

第 10 步：运行程序，如图 9.22 所示。

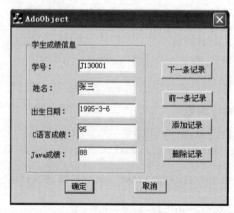

图 9.22　显示记录

【例 9-4】使用 ADOX 创建 Access 数据库，使用 ADO 创建 Access 数据表。

ADOX 是核心 ADO 对象的扩展库。它提供的附加对象可用于创建、修改和删除模式对象，如表和过程。要使用 ADOX，则应建立对 ADOX 类型库的引用。ADOX 库文件名为 Msadox.dll。通俗地讲，ADO 是访问数据库的一种接口，可以使用它方便地进行数据库编程。而 ADOX 是微软对 ADO 功能的扩展，比如：ADOX 可以创建数据库,而 ADO 没有创建数据库的功能。用 ADOX 创建 Access 数据库方法很简单，只需要创建一个 Catalog 对象，然后调用它的 Create 方法就可以了。Catalog 是 ADOX 的一个对象，它包含描述数据源模式目录的集合。

具体步骤如下。

第 1 步：新建一个基于对话框的工程 ADOXCREATE_DB_TB。

第 2 步：在对话框 IDD_ADOXCREATE_DB_TB_DIALOG 中添加表 9.3 所示控件。

表 9.3　　　　　　　　　　　　　　对话框控件列表

控件	ID	Caption
编辑框	IDC_DBNAME	输入数据库名称
按钮	IDC_BTN_CREATE	创建数据库
编辑框	IDC_TABLENAME	输入表名
按钮	IDC_BTN_CREATE_TABLE	创建表

第 3 步：使用 ClassWizard 给两个编辑框控件添加表 9.4 所示的 CString 变量。

表 9.4　　　　　　　　　　　　　　对话框控件变量

控件	CString 变量
编辑框 IDC_DBNAME	m_dbName
编辑框 IDC_TABLENAME	m_tableName

第 4 步：为了使用 API 函数 PathFileExists()，在 ADOXCREATE_DB_TBDlg.cpp 中加入以下代码。

```
#include "Shlwapi.h"
#pragma comment(lib,"shlwapi.lib")
```

第 5 步：使用 ADOX，需要引入 ADOX 的动态链接库 msadox.dll，在 stdafx.h 中加入以下语句。

```
#import "C:\Program Files\Common Files\system\ado\msadox.dll" rename("EOF","adoEOF")
```

另外，ADOX 属于 COM 对象，要在 CADOXCREATE_DB_TBApp::InitInstance()函数中加入以下代码。

```
//初始化 COM
if(!AfxOleInit()){
    AfxMessageBox("OLE 初始化出错! ");
    return FALSE;
}
```

第 6 步：双击"创建数据库"按钮，编辑 OnBtnCreate()函数如下。

```
void CADOXCREATE_DB_TBDlg::OnBtnCreate(){
    //使输入到编辑框 IDC_DBNAME 的内容更新到 m_dbName 变量中
```

```
    UpdateData(TRUE);
    CString str;
    str="d:\\"+m_dbName+".mdb";
    //使用 API 函数 PathFileExists()检查路径文件是否存在, 如已存在, 弹出消息框, 返回
    if(PathFileExists(str)){
        CString strTemp;
        strTemp.Format("%s 已存在!",str);
        AfxMessageBox(strTemp);
        return;
    }
    _CatalogPtr m_pCatalog = NULL;      //定义 ADOX 对象指针并初始化为 NULL
    CString DBName="Provider=Microsoft.JET.OLEDB.4.0;Data source=";
    DBName=DBName+str;
    try{
        m_pCatalog.CreateInstance(__uuidof(Catalog));
        m_pCatalog->Create(_bstr_t((LPCTSTR)DBName));
    }catch(_com_error &e) {
        AfxMessageBox(e.ErrorMessage());
        return;
    }
}
```

第 7 步: 编译、运行。

在编辑框中输入一个数据库名称, 单击"创建数据库"按钮, 该数据库将在 D 盘根目录下创建; 再次输入该数据库名称并单击"创建数据库"按钮, 将弹出警告对话框。

第 8 步: 双击"创建表"按钮, 编辑 OnBtnCreateTable()函数并添加代码如下。

```
void CCREATE_DB_TABLEDlg::OnBtnCreateTable(){
    // TODO: Add your control notification handler code here
    //先判断表名编辑框是否为空
    UpdateData(TRUE);
    if(!m_tableName.IsEmpty()){
        ADOX::_CatalogPtr m_pCatalog=NULL;
        ADOX::_TablePtr m_pTable=NULL;
        CString str;
        str="d:\\"+m_dbName+".mdb";
        CString DBName="Provider=Microsoft.JET.OLEDB.4.0;Data source=";
        DBName=DBName+str;
        //检查表是否已经存在, 如果表已经存在, 不再创建, 直接返回
        try{
            m_pCatalog.CreateInstance(__uuidof(ADOX::Catalog));
            m_pCatalog->PutActiveConnection(_bstr_t(DBName));
            int tableCount=m_pCatalog->Tables->Count;
            int i=0;
            while(i<tableCount){
                m_pTable=(ADOX::_TablePtr)m_pCatalog->Tables->GetItem((long)i);
                CString tableName=(BSTR)m_pTable->Name;
                if(tableName==m_tableName){
                    AfxMessageBox("该表已经存在!");
                    return;
                }
                i++;
            }
        }catch(_com_error &e){
```

```
            AfxMessageBox(e.Description());
            return;
        }
        /*在 CREATE_DB_TABLEDlg.cpp 中添加以下两条语句:
        #import "C:\Program Files\Common Files\System\ado\msado15.dll" rename("EOF",
"adoEOF")
        using namespace ADODB; */
        ADODB::_ConnectionPtr m_pConnection;
        _variant_t RecordsAffected;
        try{
            m_pConnection.CreateInstance(__uuidof(ADODB::Connection));
            /*Open 方法的原型:
            Open(_bstr_t ConnectionString,_bstr_t UserID,_bstr_t Password,long
Options)
```

ConnectionString 为连接字串, UserID 是用户名, Password 是登录密码

Options 是连接选项, 可以是如下几个常量

adModeUnknown: 缺省, 当前的许可权未设置

adModeRead: 只读

adModeWrite: 只写

adModeReadWrite: 可以读写

adModeShareDenyRead: 阻止其他 Connection 对象以读权限打开连接

adModeShareDenyWrite: 阻止其他 Connection 对象以写权限打开连接

adModeShareExclusive: 阻止其他 Connection 对象打开连接

adModeShareDenyNone: 阻止其他程序或对象以任何权限建立连接 */

```
            m_pConnection->Open(_bstr_t(DBName),"","",ADODB::adModeUnknown);
        } catch(_com_error e) {
            CString errormessage;
            errormessage.Format("连接数据库失败!\r 错误信息:%s",e.ErrorMessage());
            AfxMessageBox(errormessage);
            return;
        }
        try{
            CString strCommand;
```

/*执行 SQL 命令 create table 创建表格。该表包含三个字段: 记录编号 INTEGER; 姓名 TEXT; 出生年月 DATETIME。SQL 语言中的 create table 语句用来建立新数据表。

create table 语句的使用格式如下:

create tablename (column1 data type,column2 data type,column3 data type);

如果用户希望在建立新表时规定列的限制条件, 可以使用可选的条件选项:

create table tablename(column1 data type[constraint],column2 data type[constraint], column3 data type[constraint]);

例如: create table employee (firstname varchar(15), lastname varchar(20),age number (3),address varchar(30), city varchar(20));

使用 SQL 语句创建的数据表和表中列的名称必须以字母开头, 后面可以使用字母, 数字或下画线, 名称长度不能超过 30 个字符*/

```
            strCommand.Format("CREATE TABLE %s( 记 录 编 号   INTEGER, 姓 名   TEXT, 出 生 年
月 DATETIME)",m_tableName);
            /*Execute(_bstr_t CommandText,VARIANT* RecordsAffected,long Options)
```

CommandText 是命令字串, 通常是 SQL 命令

参数 RecordsAffected 是操作完成后所影响的行数

参数 Options 表示 CommandText 中内容的类型, 可以取下列值之一:

adCmdText 表明 CommandText 是文本命令

```
            adCmdTable  表明 CommandText 是一个表名
            adCmdProc   表明 CommandText 是一个存储过程
            adCmdUnknown 表明类型未知 */
    m_pConnection->Execute(_bstr_t(strCommand),&RecordsAffected,ADODB::adCmdText);
          if(m_pConnection->State)  m_pConnection->Close();
        }catch(_com_error &e){
            AfxMessageBox(e.Description());
        }
    }
}
```

第 9 步：运行程序，如图 9.23 所示。

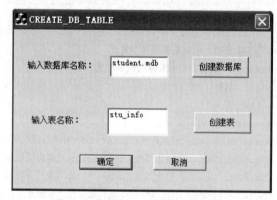

图 9.23　创建 Access 数据库和数据表

程序说明：

（1）先用 ADOX 的 Catalog 对象检查表是否已经存在，如果该表已经存在，直接返回；如果还没有该表，使用 ADO 的 Connection 对象的 Execute()函数创建表。

（2）Connection 对象的用法：首先定义一个 Connection 类型的指针，然后调用 CreateInstance()来创建一个连接对象的实例，再调用 Open()函数建立与数据源的连接，最后使用 Execute()函数执行 SQL 语句创建表。

关于调用 CreateInstance()来创建连接对象的实例，还需做一点说明。ADO 库包含三个基本接口：_ConnectionPtr 接口，_RecordsetPtr 接口和_CommandPtr 接口。其分别对应 Connection 对象（完成应用程序对数据源的访问连接），Recordset 对象（将查询的结果以记录集的方式存储）和 Command 对象（对已连接的数据源进行命令操作）。

```
_ConnectionPtr m_pConnection;
_RecordsetPtr m_pRecordset;
_CommandPtr m_pCommand;
```

这三个对象实例的创建，可以使用如下语句，上下两种方法的作用完全相同。

```
m_pConnection.CreateInstance(__uuidof(Connection)); 或
m_pConnection.CreateInstance("ADODB.Connection");
m_pRecordset.CreateInstance(__uuidof(Recordset)); 或
m_pRecordset.CreateInstance("ADODB.Recordset");
m_pCommand.CreateInstance(__uuidof(Command)); 或
m_pCommand.CreateInstance("ADODB.Command");
```

（3）ADOX 属于 COM 对象，要在 CADOXCREATE_DB_TBApp::InitInstance()函数中加入以

下代码。

```
if(!AfxOleInit()){
    AfxMessageBox("OLE 初始化出错! ");return FALSE;  }
```

（4）使用 ADOX，需要引入 ADOX 的动态链接库 msadox.dll，在 stdafx.h 中加入以下语句。

```
#import "C:\Program Files\Common Files\system\ado\msadox.dll"
```

使用 ADO，需要在 CREATE_DB_TABLEDlg.cpp 中添加以下语句。

```
#import "C:\Program Files\Common Files\System\ado\msado15.dll" rename("EOF","adoEOF")
```

关于这两条语句，需要进行特别说明。

由于同时使用 ADOX 和 ADO，需要同时引入 msado15.dll 和 msadox.dll 两个库。这两个库的名字空间是不同的，msado15.dll 的名字空间是 ADODB，msadox.dll 的名字空间是 ADOX。使用 ADO 所属的名字空间的变量和函数时，要在前面加上 ADODB::，使用 ADOX 所属的名字空间的变量和函数时，要在前面加上 ADOX::。

重命名 EOF 是必要的，因为典型的 VC++应用都已经定义了 EOF 为常数-1，为了避免冲突，将 ADO 中的 EOF 重命名为 adoEOF。

#import 中通常还有一个属性为 no_namespace，这是告诉编译器该类不在一个单独的名字空间中，使用 no_namespace 意味着不需要在初始化变量的时候引用名字空间。如果在应用中需要导入多个类型库，则不要使用 no_namespace，以免引起名字冲突。

如果只导入一个类型库，可以在#import 语句中加入 no_namespace 属性，程序可以直接使用这个类型库的名字空间的内容，而不必使用 using namespace XXX;或 XXX::，这是因为 no_namespace 属性告诉编译器该类型库不是在名字空间中，而是在全局空间中工作；如果导入几个类型库，而这几个类型库之间没有定义冲突，也可以使用 no_namespace 属性。

在本例中，可以将语句

```
#import "C:\Program Files\Common Files\system\ado\msadox.dll"
#import "C:\Program Files\Common Files\system\ado\msado15.dll" rename("EOF","adoEOF")
```

改为

```
#import "C:\Program Files\Common Files\system\ado\msadox.dll"
#import "C:\Program Files\Common Files\system\ado\msado15.dll" no_namespace rename
("EOF","adoEOF")
```

这样改动后，代码中的 ADODB::需要完全省略掉。当然，也可以改为如下语句。

```
#import "C:\Program Files\Common Files\system\ado\msadox.dll" no_namespace
#import "C:\Program Files\Common Files\system\ado\msado15.dll" rename("EOF","adoEOF")
```

这样改动后，代码中的 ADOX::需要完全省略掉。

由于 ADOX 和 ADO 有定义冲突，也就是说，msado15.dll 和 msadox.dll 有相同的定义部分，所以在本例中，不允许使用 no_namespace。

本 章 小 结

数据库及其编程 API 来源于不同的背景，开发人员可以从众多的数据库中选择一种，每种数据库都有自己的一套编程 API，这使得数据库编程有很大的局限性。为此，出现了数据库的客户访问技术，即数据库访问技术。数据库访问技术将数据库外部与其通信的过程抽象化，通过提供访问接口，简化了客户端访问数据库的过程。

Windows 系统常见的数据库接口包括：ODBC，MFC ODBC，DAO，OLE DB，ADO。

ODBC 的设计目的是允许访问多种数据库，ODBC 为数据库供应商提供了一致的 ODBC 驱动程序标准，遵循这个标准开发的数据库驱动程序，开发人员都可以通过 ODBC API 透明访问，而不必关心实际的数据库是什么。ODBC 接收开发人员的数据库操作指令，调用相应的 ODBC 驱动程序，向一个数据库或者多个数据库发送数据，并接收来自数据库的数据。

OLE DB 对 ODBC 进行两个方面的扩展：一是提供了一个数据库编程的 OLE 接口，即 COM；二是提供了一个可用于关系型和非关系型数据源的接口。COM 是微软组件技术的基础，同传统数据库接口相比，有更好的健壮性和灵活性，具有很强的错误处理能力，能够同非关系型数据源进行通信。与 ODBC API 一样，OLE DB 也属于低层的数据库编程接口。

ADO 建立在 OLE DB 之上。ADO 实际上是一个 OLE DB 供应程序，使用 ADO 的应用程序要间接地使用 OLE DB。ADO 提供了一种数据库编程对象模型，类似于 DAO 的对象模型，但比 DAO 有更高的灵活性。ADO 简化了 OLE DB，属于高层的数据库接口。另外，同 OLE DB 相比，能够使用 ADO 的编程语言更多。

习 题 9

一、单选题

1. ____不是数据库的连接以及数据访问技术。
   A. Excel   B. ADO   C. DAO   D. ODBC
2. ODBC 体系结构不包括的组件是____。
   A. ODBC 管理器   B. 数据源
   C. 驱动程序管理器   D. 数据库管理系统 DBMS
3. 以下不能完成对数据库编程的工具是____。
   A. SOCKET   B. ODBC   C. DAO   D. ADO
4. 访问数据库时，先要和数据库进行连接，完成这一步的类是____。
   A. Cdatabase   B. CRecordset   C. CfieldExchange   D. CRecordView
5. 记录集类 CRecordset 有一个成员函数 DoFieldExchange()。它的作用是____。
   A. 记录集和视图之间进行数据交换   B. 记录集和数据源之间进行数据交换
   C. 记录集和对话框之间进行数据交换   D. 数据源和视图之间进行数据交换
6. _RecordsetPtr 接口对应于____。
   A. 连接对象   B. 命令对象   C. 记录集对象   D. 字段对象
7. 在 ODBC 中，记录集为记录视图类提供了数据，通过____形成了可视化的交互界面。
   A. DDX 机制   B. RFX 机制   C. DSN   D. Provider
8. CRecordView 类是____类的派生类。
   A. CListView   B. CEditView   C. CFormView   D. CTreeView
9. 在 CDataBase 类、CRecordset 类和 CRecordView 类中，____起到了承上启下的作用。

A．CDataBase　　　B．CRecordset　　　C．CrecordView　　　D．Execute

10．在 ADO 的记录集对象中，若要删除当前行，则 Delete（）方法的 AffectRecords 参数的取值为____。

    A．adAffectCurrent　　　　　　　　B．adAffectGroup

    C．adAffectAll　　　　　　　　　　D．adAffectChapters

11．____是一套程序，用来定义、管理和处理数据库与应用程序之间的联系。

    A．DSN　　　　　B．ODBC　　　　C．Access　　　　D．ADO.NET

12．ADO 技术是基于____的访问接口。

    A．OLE DB　　　B．ODBC　　　　C．DAO　　　　D．RDO

13．____相当于 MFC 中的 CDatabase 类。

    A．_RecordsetPtr　B．_ConnectionPtr　C．_CommandPtr　D．都不是

14．ADO 是以____服务器的形式提供的。

    A．ATL　　　　　B．DLL　　　　　C．COM　　　　D．CLR

二、填空题

1．记录集可以分为____和____两种。

2．MFC 的 ODBC 主要包括 5 个类，分别是____、____、CRecordView、CDBException 和 CFieldExchange。

3．可以利用 CRecordset 类的____函数添加一条新记录，利用 CRecordset 类的____函数将记录指针移动到第一条记录上，利用 CRecordset 类的____函数实现数据库记录的保存。

4．Visual C++提供的数据库编程接口主要有 5 种：ODBC API、____、MFC 的 DAO 类、MFC 的 OLE/DB、____。

5．ADO 的重要对象中，Connection 对象代表与数据源之间的一个连接；____对象代表一个对数据源执行的命令（利用此对象可对数据库进行查询、修改等操作）；____对象表示从一个数据源选择的一组记录的集合。

6．ADO 有 4 个集合，分别是域集合 Fields、____、属性集合 Properties 以及错误集合 Errors。

7．利用 ADO 技术编写程序，第一步应该在文件开头加上如下语句：____。

8．一般说来，ADO 打开记录集有 3 种方式：利用____对象的 Execute()方法执行 SQL 命令；利用____对象执行 SQL 命令；直接利用____对象的 Open()方法打开记录集。

9．MFC 中封装了对 ODBC 编程的类，它们中最主要的两个类是____类和____类。

10．在 ADO 中，保存对 Recordset 对象的当前记录所有更改的函数是____。

11．在使用 CRecordSet 类时，将记录指针移动到第一条记录的成员函数是____，将记录指针移动到最后一条记录的成员函数是____。

三、简答题

1．简述 dynaset 类型和 snapshot 类型的记录集对数据更新的反映能力的区别。

2．分别描述类 CDatabase 和类 CRecordset 的用途。

3．如何定义 ODBC 的数据源？试叙述其过程。

4．简述在 MFC 下使用 ADO 对象进行数据编程的基本步骤和方法。

四、编程题

1．使用 MFC ODBC 技术编写数据库应用程序。

（1）新建一个 Access 数据库 StudentScore，其中成绩表 Score_info 中有学号（No）、姓名

（Name）、成绩（Score）。

（2）建立数据库 StudentScore 的 ODBC 数据源"学生成绩信息"。

（3）新建一个单文档应用程序，选择数据库支持，增加菜单项"数据维护"，在其中设置"增加记录""修改记录""删除记录"和"显示记录"菜单命令。

（4）编写以上 4 个菜单命令的消息响应函数，实现相应功能。

2. 在 MFC 下使用 ADO 技术编写具有以下功能的数据库应用程序。

数据库中有 10 条记录，记录包含的字段有"姓名""年龄""出生年月""性别""所在学院""专业"，编写应用程序，使它具备按每个字段进行查询的功能。

第 **10** 章　图形绘制

【学习目标】

（1）了解设备环境和图形设备接口的基本概念。

（2）理解设备环境类 CDC、掌握 CPaintDC、CClientDC 和 CWindowDC 类的用法。

（3）理解坐标映射，了解映射模式设置方法。

（4）掌握几种常用的图形数据结构和类的用法。

（5）了解图形设备接口，掌握常用的绘图工具类的用法。

（6）掌握简单图形的绘制和常用文本输出函数的用法。

10.1　设备环境和设备环境类

10.1.1　设备环境

设备环境（Device Context，DC），也叫设备描述表或设备上下文，是一个虚拟逻辑设备。它是 Windows 定义的一个数据结构，该数据结构包含了向设备输出时所需要的绘图属性。在使用任何 GDI（Graphics Device Interface，图形设备接口）函数之前，必须首先创建一个设备环境。

DC 是一个用来确定设备（如显示器、打印机）的 GDI 输出位置和内容属性的集合，是 Windows 系统下的一个保存 GDI 内部数据的数据结构，它与特定的显示设备相关。就显示器而言，DC 总是与显示器上的特定窗口相关。DC 中保存了显示图形所需要的各种参数值，如显示颜色、显示坐标、显示方式和背景颜色。在 Windows 系统下，程序员对所有绘图功能的调用都是通过 DC 来进行的。

GDI 为 Windows 提供图形绘制功能，而 DC 提供抽象层的设备，应用程序通过 DC 操控物理设备。

不同设备的上下文含义是不一样的，虽然都叫 DC，但不同设备的 DC，其作用是不同的。

Windows 应用程序的绘图过程如图 10.1 所示。

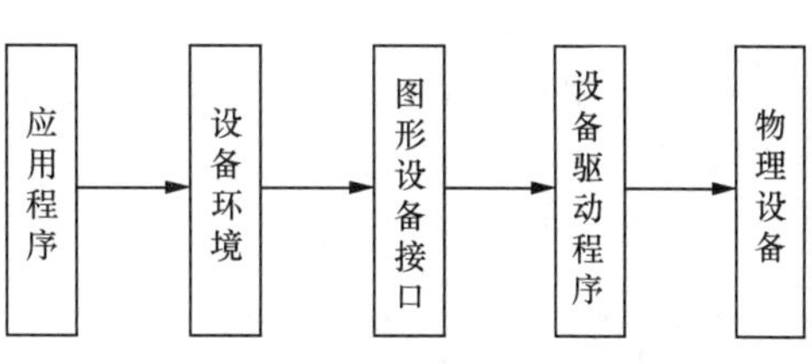

图 10.1　Windows 应用程序的绘图过程

1．DC

DC 是 Windows 内部的一种数据结构，用来保存与某个设备相关的绘制属性信息。所有的绘制调用都必须通过 DC 进行。DC 允许 Windows 在设备中进行与设备无关的绘制，用于绘制到屏幕、打印机和图元文件。

（1）作画之前需要准备好画布、画笔、调色板等。使用 GDI 函数如 MoveToEx()、LineTo()、TextOut()，只是告诉系统要画线或写字了，但用什么样的笔（HPEN），字是什么颜色（SetTextColor），画在哪张"纸"（HBITMAP）上，需要从一个由系统定义的数据结构中读取，这个数据结构就是 DC。换句话说，GDI 函数只是绘画的动作，DC 则保存了绘画所需的材料和工具。

（2）DC 是一个结构，它定义了一系列图形对象及其相关属性，以及会影响输出结果的绘图方式。这些图形对象包括：画笔（用于画直线），笔刷（用于绘图和填充），位图（用于屏幕的复制或滚动），调色板（用于定义可用的颜色集），剪裁区（用于剪裁和其他操作），路径（用于绘图和画图操作）。DC 函数用于对 DC 进行创建、删除或获取信息。

2. HDC

HDC（Handle Device Context，设备环境句柄）是一个指针类型对象，指向 DC 对象在 Windows 内部的位置。HDC 是最原始的 DC 句柄，很多 API 的第一个参数就是一个 HDC。

3. CWnd

窗口类 CWnd 是大多数"看得见的东西"的父类（Windows 里绝大多数看得见的东西都是窗口，大窗口里有许多小窗口）。

10.1.2 图形设备接口

在 Windows 中，GDI 提供了很多关于图形操作的 API 函数，DC 作为参数传递给这些函数，提供图形设备的属性说明。任何图形程序的输出都离不开 GDI，它管理 Windows 应用程序在窗口内的绘图操作和与此相关的许多其他信息，如图形设备（打印机、显示器）的信息、绘图的坐标系统和映射模式、绘图工具的当前状态（画笔、画刷、文本的前景色与背景色、文本所使用的字体等）。

Windows 的 GDI 绘制的各种图形是与设备无关的，即在屏幕的窗口内绘制和在打印机上绘制是相似的。GDI 是一个可执行程序，它接收 Windows 应用程序的绘图请求（表现为 GDI 调用），并将它们传送给相应的设备驱动程序，再由设备驱动程序驱动相应的硬件设备，如打印机或显示器输出。

应用程序使用 GDI 可以进行三种类型的图形操作：文本操作、矢量图形操作和光栅图形操作（图像操作）。

（1）文本操作以逻辑坐标为单位来计算输出位置，用户可以通过各种 GDI 函数做出具有各种效果的文本。

（2）矢量图形指的是利用画点、直线、曲线（折线、贝塞尔曲线等）、多边形、扇形、矩形等函数所绘制的图形。

（3）光栅图形操作是指通过光栅图形函数对以位图形式存储的数据进行操作，包括各种位图和图标的输出，在屏幕上表现为对若干个行和列的像素操作。光栅图形操作是直接从内存到显存的复制操作，其缺点是需要额外的内存空间，优点是操作速度快。

10.1.3 设备环境类

Windows 使用与具体设备无关的 DC 来进行显示。为了方便用户使用 DC，MFC 将 API 封装成类来操作，因此有了设备环境类 CDC 及其派生类。

1. CDC 类

Windows 的 GDI 提供了绘图的基本工具，如画点、线、多边形、位图的函数以及文本输出函数等。Visual C++的 CDC 类是设备环境类的基类，对 GDI 的所有绘图函数进行了封装。当然，绘制图形和文字时还必须指定相应的设备环境，使得绘制的图形既可以显示，又可以打印。

CDC 类定义了 DC 对象，并且提供在显示器、打印机或 Windows 用户区上绘图的方法，它封装了使用 DC 的 GDI 函数。所有的绘图操作都直接或间接运用了 CDC 类的成员函数，这些函数有的用来进行 DC 操作，有的用来画图，还有的用来获取或设置绘图属性，为映像和视点服务。视图类中的 OnDraw()成员函数是一个处理图形的关键虚函数，它带有一个指向设备环境对象的指针 pDC，MFC 的绘图大多是通过 pDC 这个指针来加以访问的。CDC 类是 MFC 绘图类的根类，它是一个功能非常全的类，包含 170 多个成员函数和数据成员，使用它可以访问整个显示设备。从功能上来看，CDC 的内容可以分为以下几类。

- 当前 GDI 绘图对象及其管理：GDI 绘图对象包括画笔、画刷、调色板、字体、区域、位图等。
- 映射模式：实现设备坐标和逻辑坐标的相互转换。
- 绘图操作：如画点、画线、画矩形、画圆、画多边形、区域的运算及操作、文本的输出等。

使用 CDC 类必须首先调用 Win32 API 的 BeginPaint()函数为重绘工作做一些准备工作，在完成绘制之后还需用 Win32 API 的 EndPaint()函数来结束绘制工作。所有的绘图操作都必须在这两个函数之间完成。

CDC 类并不像它的派生类那样，生成对象时在构造函数里获取相应的 HDC。所以，最好不要使用::GetDC()等函数来获取 DC，而应使用 BOOL CreateCompatibleDC(CDC* pDC)来创建一个 DC。在 CDC 析构函数中，如果 HDC 不空，则调用 DeleteDC()删除它。如果 DC 不是创建的，则应该在析构函数被调用前分离出 HDC 并用::RealeaseDC()释放它，释放后 m_hDC 为空，则在析构函数调用时不会执行::DeleteDC()。当然，不用担心 CDC 的派生类的析构函数调用 CDC 的析构函数，因为 CDC::~CDC()不是虚拟析构函数。

2. CPaintDC 类

CPaintDC 类是 CDC 类的派生类，用于响应窗口重绘消息 WM_PAINT（窗口刷新）的绘图输出，一般用在 OnPaint()函数中，OnPaint()函数首先构造一个 CPaintDC 对象，再调用 OnPrepareDC()函数将其准备好，最后以这个准备好的 CPaintDC 对象指针为参数，来调用 OnDraw()函数进行绘图操作。其绘图控制区为窗口的客户区（不包括边框、标题栏、选单栏以及状态栏）。如果为了维护图形的完整性，需要重新编写视窗的 OnPaint()函数，就必须使用 CPaintDC 类来定义一个绘图对象。

使用 CPaintDC 类绘图时，必须发出让绘制图形的窗口刷新的指令，才能在窗口重画时，将图形绘制到客户区，当然客户区的其他图形同时也会重画。也就是说 CPaintDC 类不可以实时地将图形绘制到客户区。

CPaintDC 在构造函数中调用 BeginPaint()取得 DC，在析构函数中调用 EndPaint()释放 DC。EndPaint()除了释放 DC 外，还负责从消息队列中清除 WM_PAINT 消息。因此，在处理窗口重画时，必须使用 CPaintDC，否则 WM_PAINT 消息无法从消息队列中清除，窗口将不断重画。

OnDraw()和 OnPaint()有什么区别呢？CView 类派生自 CWnd 类，而 OnPaint()是 CWnd 的类成员，同时负责响应 WM_PAINT 消息。OnDraw()是 CView 的成员函数，并且没有响应消息的功能。这就是视图类只有 OnDraw()没有 OnPaint()的原因。要想在屏幕上绘图或显示图形，首先需要建立 DC。其实 DC 是一个数据结构，它包含对输出设备的绘图属性的描述。MFC 提供了 CPaintDC 类和 CWindwoDC 类来进行实时响应。CPaintDC 支持重画，当视图变得无效时（包括大小的改变、移动、被遮盖等），Windows 将 WM_PAINT 消息发送给它。该视图的 OnPaint()处理函数通过创建 CPaintDC 类的 DC 对象来响应该消息并调用视图的 OnDraw()成员函数。既然 OnPaint()最后也要调用 OnDraw(),我们一般会直接在 OnDraw()函数中进行绘制。一般用 OnPaint() 维护窗口的客户区（例如，在窗口客户区加一个背景图片），用 OnDraw()维护视图的客户区（例 如，通过鼠标在客户区画图）。另外，还可以利用 Invalidate()、ValidateRgn()、ValidateRect()函数 强制重画窗口。

3. CClientDC 类和 CWindowDC 类

（1）CClientDC 类代表窗口客户区的设备环境。CClientDC 类派生于 CDC 类，在构造时调用 Windows 函数 GetDC()，在析构时调用 ReleaseDC()。其绘图控制区为窗口的客户区，可以实时地 将图形绘制到客户区，坐标原点通常是客户区的左上角。它是为不响应 Windows 消息 WM_PAINT 的成员函数提供的绘图类，即在 OnPaint()函数中不使用 CClientDC 类。在使用 CClientDC 进行绘 图时，通常先调用窗口的 GetClientRect()函数来获取客户区域的大小。

（2）CWindowDC 类代表整个窗口（客户区和非客户区）的设备环境。在使用 CWindowDC 绘图时，通常先调用 GetWindowRect()函数，获取窗口在屏幕坐标系中的外边框坐标。CWindowDC 类也是派生于 CDC 类，CWindowDC 对象在构造时调用 Windows API 函数 GetWindowDC()，在 析构时调用相应的 API 函数 ReleaseDC()。其绘图控制区为整个窗口区域，既包括客户区，也包 括非客户区，坐标原点在整个窗口的左上角。其他方面与 CClientDC 类似。

与 CClientDC 类相比，CWindowDC 类更适用于主框架窗口，即 CWindowDC 类一般在主框 架窗口类（CMainFrame）中引用。在视图类中引用 CWindowDC 类时，由于视图类只能管理客户 区，所以并不能在非客户区绘图。在使用 CWindowDC 进行绘图时，一般要调用 GetWindowRect() 函数来获取整个应用程序窗口区域的大小。

4. CMetaFileDC 类

CMetaFileDC 类代表了 Windows 图元文件的设备环境。CMetaFileDC 类封装了在一个 Windows 图元文件中绘图的方法，它也是 CDC 类的派生类。Windows 图元文件包含了一系列 GDI 绘图命令。CMetaFileDC 类不常用，要使用它，必须自己调用 OnPrepareDC()函数。由于它对图像 的保存比像素级更精确，因而往往在要求较高的场合使用，如 AutoCAD 的图像保存等。

CWindowDC 与 CClientDC、CPaintDC 的区别：CWindowDC 可在非客户区绘制图形，而 CClientDC、CPaintDC 只能在客户区绘制图形；CWindowDC 下坐标原点在屏幕的左上角， CClientDC、CPaintDC 下坐标原点在客户区的左上角。

CPaintDC 与 CClientDC 的区别：CPaintDC 的对象一般用在 OnPaint()内以响应 Windows 消息 WM_PAINT，自动完成绘制，在整个窗口内进行重画，维持原有窗口完整性；CClientDC 应用在 非响应 Windows 消息 WM_PAINT 的情况下，进行实时绘制，绘制的区域内被重画。

10.1.4 获取设备环境的几种方法

（1）在视图类的 OnDraw()函数中输出图形或文本。

视图类的 OnDraw()函数的参数 pDC 就是一个指向 CDC 的指针，在 OnDraw()函数中绘图就 是使用指针 pDC 标志的设备环境。

（2）使用设备环境类的对象获取设备环境。

如果不是在视图类的 OnDraw()函数中绘图，则需要自己声明设备环境类的对象，并使用 this 指针初始化该对象。

（3）使用窗口类的 GetDC( )函数获取设备环境。

通过调用窗口类的成员函数 GetDC()获取设备环境，调用 ReleaseDC()释放设备环境。

在 Windows 环境中，可以申请的设备环境的数量是有限制的。如果设备环境没有被及时释放，计算机资源会迅速消耗，Visual C++也会在调试窗口中报错。

10.2　坐标映射

设备坐标系都是以像素为单位，水平（x 轴）从左到右递增，垂直（y 轴）从上到下递增。原点(0, 0)坐标有如下三种。

（1）屏幕坐标：以显示屏幕左上角为原点。

（2）窗口坐标：以窗口左上角为原点。

（3）客户区域坐标：以客户区左上角为原点。

默认的映射模式是 MM_TEXT，其逻辑坐标（在各种映射模式下的坐标）和设备坐标（显示设备或打印设备坐标系下的坐标）相等，因此图形在 1024 像素×768 像素的显示器上看起来要比在 640 像素×480 像素的显示器上显得小一些，若打印在 600dpi 精度的激光打印机上，就会显得更小。为了保证打印结果不受设备的影响，Windows 支持 8 种映射模式，这些映射决定了设备坐标和逻辑坐标之间的关系，如表 10.1 所示。

表 10.1　　　　　　　　　　　坐标映射模式及含义

映射模式	含　义
MM_TEXT	每个逻辑单位等于一个设备像素，x 向右为正，y 向下为正
MM_HIENGLISH	每个逻辑单位为 0.001 英寸（1 英寸等于 25.4 毫米），x 向右为正，y 向上为正
MM_LOENGLISH	每个逻辑单位为 0.01 英寸，x 向右为正，y 向上为正
MM_HIMETRIC	每个逻辑单位为 0.01 毫米,x 向右为正，y 向上为正
MM_LOMETRIC	每个逻辑单位为 0.1 毫米，x 向右为正，y 向上为正
MM_TWIPS	每个逻辑单位转换为打印点的 1/20（即 1/1440 英寸），x 向右为正，y 向上为正
MM_ANISOTROPIC	x，y 可变比例
MM_ISOTROPIC	x，y 等比例

可以通过调用 CDC::SetMapMode(int nMapMode)来设置映射模式。例如，在 MM_ISOTROPIC 映射模式下，纵横比保持不变，也就是说，无论比例因子如何变化，圆总是圆。但在 MM_ANISOTROPIC 映射模式下，x 和 y 的比例因子可以独立地变化，即圆可以被拉扁成椭圆。

在映射模式 MM_ANISOTROPIC 和 MM_ISOTROPIC 中，常常可以调用 CDC::SetWindowExt (设置窗口大小)和 CDC::SetViewportExt(设置视口大小)函数来设置所需要的比例因子。

"窗口"和"视口"的概念往往不易理解。所谓"窗口"，可以理解为一种逻辑坐标下的窗口；而"视口"是我们实际看到的那个窗口，也就是设备坐标下的窗口。根据"窗口"和"视口"的大小就可以确定 x 和 y 的比例因子，它们的关系如下。

x 比例因子=视口 x 大小/窗口 x 大小

$$y \text{ 比例因子} = \text{视口 } y \text{ 大小/窗口 } y \text{ 大小}$$

【例 10-1】将一个椭圆绘制在窗口中央，且当视图的大小发生改变时，椭圆的形状也会随之改变（通过设置窗口和视口大小来改变显示的比例）。

第 1 步：建一个单文档应用程序（MyExp2）。

第 2 步：在 CMyExp2View 类的 OnDraw()函数里添加代码如下。

```
void CMyExp2View::OnDraw(CDC* pDC){
    //CMyDoc* pDoc = GetDocument();
    //ASSERT_VALID(pDoc);
    CRect rectClient;                         //定义矩形对象
    GetClientRect(rectClient);                //获得当前窗口的客户区大小
    pDC->SetMapMode(MM_ANISOTROPIC);          //设置 MM_ANISOTROPIC 映射模式
    pDC->SetWindowExt(1000,1000);             //设置窗口范围
    pDC->SetViewportExt(rectClient.right,-rectClient.bottom);    //设置视口范围
    pDC->SetViewportOrg(rectClient.right/2,rectClient.bottom/2);//设置视口（设备环境）
原点
    pDC->Ellipse(CRect(-500,-500,500,500));   //椭圆的 4 个坐标点
    // TODO: add draw code for native data here
}
```

第 3 步：编译运行，当改变窗口大小时，椭圆也随之改变。

10.3 几种常用的图形数据结构和类

绘图程序中常用到几种 Windows 的结构类型：POINT、SIZE、RECT。在 MFC 中与之对应的类为：CPoint（点）、CSize（大小）、CRect（矩形）。

```
typedef struct tagPOINT{
    LONG x;                      //点的 x 坐标
    LONG y;                      //点的 y 坐标
}POINT;
Typedef struct tagSIZE{
    int cx;                      //水平大小 (表示矩形的宽度)
    int cy;                      //垂直大小 (表示矩形的高度)
}SIZE;
typedef struct tagRECT{
    LONG left;                   //矩形左上角点的 x 坐标
    LONG top;                    //矩形左上角点的 y 坐标
    LONG right;                  //矩形右下角点的 x 坐标
    LONG bottom;                 //矩形右下角点的 y 坐标
}RECT;
```

1. CPoint 类

CPoint 类与 POINT 结构类似，它还包含了用来处理 CPoint 类和 POINT 结构数据的成员函数。CPoint 类的对象可以用在任何使用 POINT 结构数据的地方。CPoint 类与 SIZE 结构和 CSize 类可以互相使用，因为它们的数据结构是一样的。CPoint 类是由 POINT 结构派生出的类，因此 POINT 结构的成员变量 x、y 也是 CPoint 类的成员变量。

CPoint 类带参数的常用构造函数原型如下。

```
CPoint(int initX,int initY);
CPoint(POINT initPt);
```

其中 initX 和 initY 分别用于指定 CPoint 的成员 x 和 y 的值。initPt 用于指定一个 POINT 结构或 CPoint 对象来初始化 CPoint 的成员。

2. CSize 类

CSize 类是由 SIZE 结构派生出的类，故它与 SIZE 结构类似，常用作表示点的相对坐标或位置。CSize 类的对象可以用在任何使用 SIZE 结构数据的地方。CSize 类与 SIZE 结构的成员变量 cx、cy 是公有成员变量。

CSize 类带参数的常用构造函数原型如下。

```
CSize(int initCX,int initCY);
CSize(SIZE initSize);
```

其中 initCX 和 initCY 分别用于设置 CSize 的 cx 和 cy 成员。initSize 用于指定一个 SIZE 结构或 CSize 对象来初始化 CSize 的成员。

3. CRect 类

CRect 类与 RECT 结构类似，它还包含了用来处理 CRect 类和 RECT 结构数据的成员函数。CRect 类的对象可以用在任何使用 RECT、LPCRECT 和 LPRECT 结构数据的地方。CRect 类与 SIZE 结构和 CSIZE 类可以互相使用，因为它们的数据结构是一样的。CRect 类是由 RECT 结构派生出的类，因此 RECT 结构的成员变量 left、top、right、bottom 也是 CRect 类的成员变量。

CRect 类带参数的常用构造函数原型如下。

```
CRect(int l,int t,int r,int b);
CRect(const RECT &srcRect);
CRect(LPCRECT lpSrcRect);
CRect(POINT point,SIZE size);
CRect(POINT topLeft,POINT bottomRight);
```

其中 l、t、r、b 分别用于指定 CRect 的 left、top、right 和 bottom 成员的值。srcRect 和 lpSrcRect 分别用于用一个 RECT 结构或指针来初始化 CRect 的成员。point 用于指定矩形的左上角位置。size 用于指定矩形的长度和宽度。topLeft 和 bottomRight 分别用于指定 CRect 的左上角和右下角的位置。

由于一个 CRect 类对象包含用于定义矩形的左上角和右下角点的成员变量，因此凡是传递 LPRECT、LPCRECT 或 RECT 结构作为参数，都可以使用 CRect 对象。

当构造一个 CRect 时，要使它符合规范。也就是说，使其 left 小于 right，top 小于 bottom。例如，若左上角为（20，20），而右下角为（10，10），那么定义的这个矩形就不符合规范，这样一来，CRect 的许多成员函数都不会有正确的结果。因此，常常使用 CRect::NormalizeRect() 函数使一个不符合规范的矩形变得合乎规范。CRect 类常用的成员函数如表 10.2 所示。

表 10.2　　　　　　　　　　　　　　　　CRect 类常用的成员函数

成员函数	功能说明
int Width()const;	返回矩形的宽度
int Height()const;	返回矩形的高度

成员函数	功能说明
CSize Size()const;	返回矩形左下角的点坐标
CPoint & BottomRight	返回矩形右下角的点坐标
CPoint CenterPoing()const	返回 CRect 的中点坐标
BOOL IsRectEmpty()const	如果一个矩形的宽度或高度是 0 或负值，则称这个矩形为空，返回 TRUE
BOOL IsRectNull()const;	如果一个矩形的上、左、下和右边的值都等于 0，则返回 TRUE
BOOL PtInRect(POINT point)const;	如果点 point 位于矩形中（包括点在矩形的边上）则返回 TRUE
void SetRect(int x1,int y1,int x2,int y2);	将矩形的各边设为指定的值，左上角点为（x1,y1），右下角点为（x2,y2）
void SetRectEmpty();	将矩形的所有坐标设置为 0
void NormalizeRect();	使矩形符合规范。例如：左上角为（10，10），右下角为（20，20）是规范的；而左上角为（20，20），右下角为（10，10）是不规范的

void OffsetRect(int x,int y);
void OffsetRect(POINT point);
void OffsetRect(SIZE size);
	移动矩形，水平和垂直移动量分别由 x、y 或 point、size 的 2 个成员来指定

void InflateRect(int x,int y);
void InflateRect(SIZE size);
void InflateRect(LPCRECT lpRect);
void InflateRect(int l,int t,int r,int b);
	增大或减小指定矩形的宽和高

void DeflateRect(int x,int y);
void DeflateRect(SIZE size);
void DeflateRect(LPCRECT lpRect);
void DeflateRect(int l,int t,int r,int b);
	通过朝 CRect 的中心移动边来缩小 CRect

成员函数 InflateRect()和 DeflateRect()用于扩大和缩小一个矩形。若指定 InflateRect()函数的参数为负值，那么操作的结果是缩小矩形。

InflateRect 函数的参数如下。

x：指定移动 CRect 左和右边的单位数。

y：指定移动 CRect 上、下边的单位数。

size：一个指定扩大 CRect 的单位数的 SIZE 或 CSize。cx 指定移动左、右边的单位数，cy 指定移动上、下边的单位数。

lpRect：指向一个 RECT 结构或 CRect，指定扩大每一边的单位数。

l、t、r、b 分别用于指定扩大 CRect 左、上、右、下边的数值。

由于 InflateRect()是通过将 CRect 的边向远离其中心的方向移动来扩大 CRect 的，因此对于前两个重载函数来说，CRect 的总宽度增加了 2 倍的 x 或 cx，总高度增加了 2 倍的 y 或 cy。

成员函数 IntersectRect()和 UnionRect()分别用于取得两个矩形的交集和并集。当结果为空时返回 FALSE，否则返回 TRUE。它们的原型如下。

```
BOOL IntersectRect(LPCRECT lpRect1,LPCRECT lpRect2);
BOOL UnionRect(LPCRECT lpRect1,LPCRECT lpRect2);
```

其中：lpRect 和 lpRect2 用于指定两个矩形，举例如下。

```
CRect rectOne(125,0,150,200);
CRect rectTwo(0,75,350,95);
CRect rectInter;
rectInter.IntersectRect(rectOne,rectTwo);    //结果为（125，75，150，95）
ASSERT(rectInter==CRect(125,75,150,95));
rectInter.UnionRect(rectOne,rectTwo);        //结果为（0，0，350，200）
ASSERT(rectInter==CRect(0,0,350,200));
```

【例 10-2】CRect 类应用：改变窗口大小时，窗口会以三种不同的颜色显示窗口背景。

第 1 步：建一个单文档应用程序。

第 2 步：在 MyExp3View.h 的 public 里添加如下代码。

```
CRect r;
```

第 3 步：在 MyExp3View.cpp 里添加颜色预定义。

```
#define RED RGB(255,0,0)            //红色
#define GREEN RGB(0,255,0)         //绿色
#define BLUE RGB(0,0,255)          //蓝色
#define BLACK RGB(0,0,0)           //黑色
```

第 4 步：在 OnDraw()函数中添加如下代码。

```
void CMyView::OnDraw(CDC* pDC){
    CMyDoc* pDoc = GetDocument();
    ASSERT_VALID(pDoc);
    GetClientRect(r);                                  //获取窗口大小
    if(r.right>750&&r.right<1000||r.bottom>750&&r.bottom<1000)
        pDC->FillSolidRect(r,RED);                      //充填窗口背景红色
    else
    if(r.right>500&&r.right<750||r.bottom>500&&r.bottom<750)
        pDC->FillSolidRect(r,GREEN);                    //充填窗口背景绿色
    else
        if(r.right<500||r.bottom<500)
            pDC->FillSolidRect(r,BLUE);                 //充填窗口背景蓝色
        else
            pDC->FillSolidRect(r,BLACK);               //充填窗口背景黑色
    //TODO: add draw code for native data here
}
```

第 5 步：运行后出现的窗口是绿色，最大化时窗口背景是红色，拉小后窗口背景是蓝色。

10.4　绘图工具类

图形设备接口（GDI）的主要任务是实现系统与绘图程序之间的信息交换，处理所有 Windows 程序的图形输出。MFC 中封装了一些 Windows 的图形设备接口对象类，即绘图工具类，它们是作图的笔、给图形涂色的画刷，以及字体、位图、区域和调色板等影响绘图的工具。绘图工具类主要有：CGdiObject、CPen、CBrush、CFont、CRgn、CBitmap 和 CPalette 等。其中 CGdiObject 类是 CObject 类的派生类，它是绘图工具类的基类。CGdiObject 类为它的派生类提供了大部分操作，但不能直接建立一个 CGdiObject 类的对象。

画笔类 CPen 用于绘制直线、矩形、圆等几何图形，其属性主要有线宽、线型和颜色等。画刷类 CBrush 用于填充绘图区域，其属性有填充图案和颜色。

在生成 CDC 类对象时，如果没有指定画笔和画刷，那么默认画笔为线宽 1 个像素的黑色实线，默认画刷为单一白色图案，即图形内部填充白色。

常用绘图工具类如表 10.3 所示。

表 10.3　　　　　　　　　　　　　　　常用绘图工具类

类　名	说　　明
CBitmap	"位图"是一种位矩阵，每一个显示像素对应于其中的一个或多个位，用户可以利用位图来表示图像，也可以利用它来创建画刷
CBrush	"画刷"定义了一种位图形式的像素，利用它可对区域内部填充颜色或样式
CFont	"字体"是具有各种风格和尺寸的所有字符的完整集合，它常常被当作资源存于磁盘中，其中一些还依赖于特定设备
CPalette	"调色板"是一种颜色映射接口，它允许应用程序在不干扰其他应用程序的前提下，充分利用输出设备的颜色描绘能力
CPen	"画笔"是一种用于画线及绘制有形边框的工具，用户可以指定它的颜色及宽度，并且可以指定实线、点线或虚线等
CRgn	"区域"是由多边形、椭圆或二者组合形成的一种范围，可以利用它来进行填充、裁剪以及鼠标点中测试等

10.4.1　使用 GDI 对象

对绘图工具的使用包括创建、选择和使用后的释放等过程。CDC 类提供了两个成员函数 SelectStockObject()和 SelectObject()来选择 GDI 绘图工具。选择自己创建的新绘图工具后，程序将使用该工具绘图，直到选择其他的工具为止。绘图完成后，应该恢复绘图以前的旧绘图工具，并及时释放当前绘图工具，以释放其占用的内存空间。

选择 GDI 对象进行绘图时，一般要遵循下列步骤。

（1）定义一个 GDI 对象（如 CPen、CBrush 对象），然后用相应的函数（如 CreatePen()、CreateSolidBrush()）创建此 GDI 对象。要注意，有些 GDI 派生类的构造函数允许用户提供足够的信息，从而一步完成对象的创建任务，这些类有 CPen、CBrush。

（2）将已构造出的 GDI 对象利用 CDC 类对象的成员函数 SelectObject()选入当前环境，同时将原来的 GDI 对象保存起来。

（3）绘图结束后，恢复当前设备环境中原来的 GDI 对象。

程序中的代码（以画笔为例）示例如下。

```
void CMyView::OnDraw(CDC *pDC){
    CPen penBlack;                              //定义一个画笔变量
    penBlack.CreatePen(PS_SOLID,2, RGB(255,0,0; //创建画笔(实线,线宽为2个单位,颜色为红色)
    CPen * pOldPen=pDC->SelectObject(&penBlack);//将此画笔选入当前设备环境并保存原来的画笔
    pDC->MoveTo(…);                            //用此画笔绘图
    pDC->LineTo(…);
    ...                                        //其他绘图函数
    pDC->SelectObject(pOldPen);                //恢复设备环境中原来的画笔
}
```

调用 CDC 类的成员函数 SelectStockObject() 选择 GDI 库存的绘图工具，其格式如下。

```
virtual CGdiObject * SelectStockObject( int nIndex );
```

其中参数 nIndex 的取值如表 10.4 所示。

表 10.4　　　　　　　　　　　参数 nIndex 可选用的库存 GDI 对象类型值

类型值	含　义
BLACK_BRUSH	黑色画刷
DKGRAY_BRUSH	深灰色画刷
GRAY_BRUSH	灰色画刷
HOLLOW_BRUSH	中空画刷（相当于 NULL_BRUSH）
LTGRAY_BRUSH	浅灰色画刷
NULL_BRUSH	空画刷（无画刷填充）
WHITE_BRUSH	白色画刷（系统默认值）
BLACK_PEN	黑色画笔（系统默认值）
NULL_PEN	空画笔（即不画）
WHITE_PEN	白色画笔
DEVICE_DEFAULT_FONT	设备默认字体
SYSTEM_FONT	系统字体

如果函数调用成功，其返回值为一指向被替换的 CGdiObject 绘图工具对象的指针（其实际所指的对象可能是 CPen、CBrush 或 CFont）。如果函数调用失败，返回 NULL。

对于显示设备环境来说，在每个消息控制函数的入口处，设备环境都是未被初始化的，函数退出后，在该函数内部进行的任何 GDI 选择都不再有效，因此，每次都必须从头开始设置设备环境。

10.4.2　CPen 类和 CBrush 类

绘制图形通常需要先创建画笔和画刷，然后调用相应的绘图函数。

1. CPen 类

CPen 类是 CGdiObject 类的一个派生类，它封装了 Windows GDI 中有关画笔的操作。创建一个 CPen 对象有以下几种方法。

（1）定义一个 CPen 对象，用其成员函数 CreatePen() 或 CreatePenIndirect() 对其进行初始化。举例如下。

```
CPen pen;
Pen.CreatePen(PS_SOLID,1,RGB(255,0,0));
```

（2）定义一个 CPen 对象，并初始化所有参数。举例如下。

```
CPen pen(PS_SOLID,1,RGB(255,0,RGB(255,0,0));
```

（3）动态地创建一个 CPen 对象。举例如下。

```
CPen * pen;
```

```
Pen=new CPen(PS_SOLID,1,RGB(255,0,0));
...
delete pen;
```

在一个函数中多次创建一个 CPen 对象时可以采用这种方法。应用这种方法时，注意操作完毕后要删除分配的 CPen 对象，即：delete pen;。

（4）使用库存对象。库存画笔有三种：BLACK_PEN（黑色画笔）、WHITE_PEN（白色画笔）、NULL_PEN（空画笔）等。使用库存画笔需要调用 CDC 类的成员函数 SelectStockObject()。

CPen 类的 CreatePen()函数，其原型如下。

```
BOOL CreatePen(int nPenStyle,int nWidth,COLORREF crColor);
```

第一个参数是笔的风格。nPenStyle 可选值有：PS_SOLID（实线）、PS_DASH（虚线）、PS_DOT（点线）、PS_DASHDOT（点画线）、PS_DASHDOTDOT（双点画线）、PS_NULL（不可见线）、PS_INSIDEFRAME（内框线）等。

第二个参数是线的宽度，单位为逻辑单位。若线宽设为 0，则不管在什么映射模式下，线宽始终为 1 个像素。

第三个参数是线的颜色，可以从 16 种颜色中选择一种。颜色用一个 RGB 宏（COLORREF RGB(cRed,cGreen,cBlue)）来指定。

CrearePenIndirect()函数也用于创建画笔对象，它的作用与 CreatePen()函数完全一样，只是画笔的 3 个属性不是直接出现在函数参数中，而是通过一个 LOGPEN 结构间接地给出。

```
BOOL CreatePenIndirect(LPLOGPEN lpLogPen);
```

此函数用由 LOGPEN 结构指针指定的相关参数创建画笔。LOGPEN 结构如下。

```
typedef struct tagLOGPEN{
  UINT lopnStyle;            //画笔风格
  POINT lopnWidth;           //POINT 结构的 y 不起作用，x 表示画笔宽度
  COLORREF lopnColor;        //画笔颜色
}LOGPEN;
```

① 当线的宽度大于 1 个像素时，笔的风格只能取 PS_NULL、PS_SOLID 或 PS_INSIDEFRAME，其他风格不会起作用。

② 画笔的创建工作也可在画笔的构造函数中进行，函数原型如下。

```
        CPen(int nPenStyle,int nWidth,COLORREF crColor);
```

【例 10-3】演示各种画笔。

在 CPenTestView::OnDraw(CDC* pDC)中添加如下程序代码。

```
void CPenTestView::OnDraw(CDC* pDC){
    CBrushTestDoc* pDoc = GetDocument();
    ASSERT_VALID(pDoc);
    _int8 i;CPen* pOldPen;
    for(i=0;i<7;i++){                       //用不同风格的画笔绘图
    CPen NewPen;                            //声明一个画笔对象
        if(NewPen.CreatePen(i,1,RGB(0,0,0))){
            pOldPen=pDC->SelectObject(&NewPen);
            pDC->MoveTo(60,60+i*30);
    pDC->LineTo(200,60+i*30);                       //用新创建的画笔画直线
```

```
pDC->SelectObject(pOldPen);                    //恢复 DC 中原有的画笔
    }
    else{
        AfxMessageBox("不能创建画笔！");          //给出错误提示
        return;}
}
pDC->TextOut(60,60+i*30,"不同风格的画笔");
//设置颜色表
struct tagColor{
int r,g,b;}color[6]
={{255,0,0},{0,255,0},{0,0,255},{255,255,0},{255,0,255},{0,255,255}};
for(i=5;i>=0;i--){                            //用不同颜色的画笔画圆
    CPen NewPen;
if(NewPen.CreatePen(PS_SOLID,3,RGB(color[i].r,color[i].g,color[i].b))){
    pOldPen=pDC->SelectObject(&NewPen);
//用新创建的画笔画圆
    pDC->Ellipse(400-(i+1)*15,150-(i+1)*15,400+(i+1)*15,150+(i+1)*15);
    pDC->SelectObject(pOldPen);
}
else{
    AfxMessageBox("不能创建画笔！");
    return;  }
}
pDC->TextOut(400-(i+4)*15,150+(i+9)*15,"不同颜色的画笔");
}
```

编译、运行，结果如图 10.2 所示。

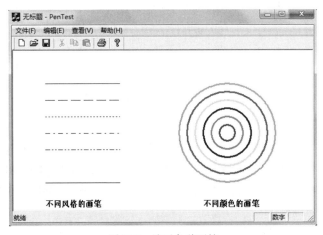

图 10.2　演示各种画笔

【例 10-4】15 个不同颜色和半径的圆彼此相切于公共点（300，100），最小圆的半径为 10，其余各圆的半径按级差 10 递增。分析圆心的变化规律，编写绘制该图的程序。

在 void CMyView::OnDraw(CDC* pDC)中添加代码如下。

```
void CMyView::OnDraw(CDC* pDC){
    CMyDoc* pDoc = GetDocument();
    ASSERT_VALID(pDoc);
    CPen *pPen,*pOldPen;
    CPoint p1(290,100),p2(310,120);
```

```
        int i;
        int  rgb[15]={RGB(0,0,0),RGB(0,0,255),RGB(0,0,128),RGB(0,255,0),RGB(0,128,0),
RGB(0,255,255),RGB(0,128,128),RGB(255,0,0),RGB(128,0,0),RGB(255,0,255),RGB(128,0,128),
RGB(255,255,0),RGB(128,128,0),RGB(128,128,128),RGB(192,192,192)};
        for(i=0;i<15;i++){
            pPen=new CPen(PS_SOLID,0,rgb[i]);
            pOldPen=(CPen*)pDC->SelectObject(pPen);
            pDC->SelectStockObject(NULL_BRUSH);
            pDC->Ellipse(CRect(p1,p2));
            p1.Offset(-10,0);
            p2.Offset(10,20);
            pDC->SelectObject(pOldPen);
            delete pPen;
        }
    }
```

编译、运行，结果如图 10.3 所示。

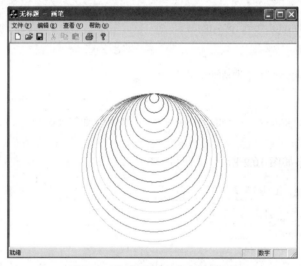

图 10.3　绘制不同颜色和半径的圆

2．CBrush 类

Cbrush 类用颜色和图案来填充指定的区域。画刷工具的使用方法与画笔工具类似。

库存画刷有六种：BLACK_BRUSH（黑色画刷）、DKGRAY_BRUSH（深灰色画刷）、
GRAY_BRUSH（灰色画刷）、LTGRAY_BRUSH（浅灰色画刷）、NULL_BRUSH（空画刷）、
WHITE_BRUSH（白色画刷）。

CBrush 类的构造函数原型如下。

```
CBrush( COLORREF crColor );
CBrush( int nIndex, COLORREF crColor );
CBrush( CBitmap * pBitmap );
```

画刷的颜色参数 crColor 的取值与初始化画笔的颜色不同，不必是纯色，可以是任意的颜色
值，如果不是纯色，Windows 会自动配色。

可以用以下几种方法创建画刷。

（1）建立实心画刷。

这种画刷以定义的颜色实心填充指定区域。建立该画刷的方法如下。

① 定义一个 CBrush 对象，并用其成员函数 CreateSolidBrush()构造画刷。

```
CBrush brush;
brush.CreateSolidBrush(RGB(255,0,0));        //创建了一个红色的 CBrush 对象 b
```

② 使用 Cbrush 的构造函数，一次性地构造一个红色画刷对象。

```
CBrush brush(RGB(255,0,0));
```

③ 用画刷指针动态创建一个红色画刷。

```
CBrush brush;
brush.CreateSolidBrush(PS_SOLID,RGB(255,0,0));
```

（2）建立带阴影的画刷。

这种画刷以定义的颜色和图案，在指定区域中填充阴影图案。建立该画刷的方法如下。

① 用成员函数 CreateHatchBrush()构造画刷。

```
CBrush brush;
brush.CreateHatchBrush( HS_FDIAGONAL, RGB(255,0,0) );      //创建了一个红色 45 度斜线图案
```
的 CBrush 对象

阴影模式取值如下。

HS_BDIAGONAL：45 度向上，从左至右的阴影线（//////）。

HS_CROSS：水平和垂直交叉阴影线（+++++）。

HS_DIAGCROSS：45 度交叉阴影线（XXXXX）。

HS_FDIAGONAL：45 度向下，从左至右的阴影线（\\\\\\）。

HS_HORIZONTAL：水平阴影线（-----）。

HS_VERTICAL：垂直阴影线（|||||）。

crColor：指定用于阴影的前景色。

② 使用 Cbrush 的构造函数，一次性地构造一个画刷对象。

```
CBrush brush (HS_FDIAGONAL, RGB(255,0,0));
```

③ 用画刷指针动态创建一个画刷。

```
CBrush *pBrush;
pBrush=new CBrush( HS_FDIAGONAL, RGB(255,0,0) );
```

（3）通过 CreatePatternBrush(CBitmap * pBitmap)用一个位图做画刷。一般采用 8 像素×8 像素的位图，因为画刷可以看作 8 像素×8 像素的小位图。

```
CBrush brush;
brush.CreatPatternBrush(pBitmap);
```

参数 pBitmap 是一个位图对象的指针。

（4）使用 SelectStockObject()从库存画刷中选取一个。

3. 设置绘图模式

绘图模式是指系统将当前绘图工具（包括画笔、画刷等）的颜色和屏幕显示的颜色进行混合以得到新的显示颜色的方式。用户可以通过 CDC 的成员函数 SetROP2()改变绘图模式。

```
int SetROP2(int nDrawMode);
```

其中，参数 nDrawMode 指定新的绘图模式，其取值如表 10.5 所示。

表 10.5 参数 nDrawMode 的可选值

绘图模式	说　　明
R2_BLACK	所有绘制出来的像素为黑色
R2_WHITE	所有绘制出来的像素为白色
R2_NOP	任何绘制不改变当前的状态
R2_NOT	绘制的像素为屏幕像素的反色，这样可以覆盖掉上次的绘图（自动擦除上次绘制的图形）
R2_COPYPEN	绘制的像素为当前画笔的颜色
R2_NOTCOPYPEN	绘制的像素为当前画笔的反色

【例 10-5】演示各种画刷。

在 CBrushTestView::OnDraw(CDC* pDC)中添加如下程序代码。

```
void CBrushTestView::OnDraw(CDC* pDC){
    CBrushTestDoc* pDoc = GetDocument();
    ASSERT_VALID(pDoc);
    _int8 i;                          //_int8 数据类型与类型 char 是同义词
    CBrush *pNewBrush,*pOldBrush;      //定义新画刷和旧画刷的指针变量
    //设置纯色画刷的颜色表
    struct tagColor
    {int r,g,b;}color[7]={{255,0,0},{0,255,0},{0,0,255},{255,255,0},{255,0,255},{0,255,255}};
    for(i=0;i<6;i++){                          //使用不同颜色的实体画刷
        pNewBrush=new CBrush;                  //在栈中构造新画刷
    if(pNewBrush->CreateSolidBrush(RGB(color[i].r,color[i].g,color[i].b)))
    {
        pOldBrush=pDC->SelectObject(pNewBrush);
        //将新建的新画刷选入设备环境
        pDC->Rectangle(40,20+i*40,200,50+i*40); //绘制矩形
        pDC->SelectObject(pOldBrush);          //恢复 DC 中原有画刷
    }
        delete pNewBrush;                      //删除新画刷
    }
    pDC->TextOut(100,20+i*40,"纯色画刷");
    //实体画刷的图案索引值
    int nBrushPattern[6]={HS_BDIAGONAL,HS_CROSS,HS_DIAGCROSS,HS_FDIAGONAL,HS_HORIZONTAL,HS_VERTICAL};
    //实体画刷的图案名称
    char *cBrushPatternName[6]={"HS_BDIAGONAL","HS_CROSS","HS_DIAGCROSS","HS_FDIAGONAL","HS_HORIZONTAL","HS_VERTICAL"};
    for(i=0;i<6;i++){                              //使用不同图案的实体画刷
        //构造新画刷
        pNewBrush=new CBrush;
        if(pNewBrush->CreateHatchBrush(nBrushPattern[i],RGB(0,0,255))){
            pOldBrush=pDC->SelectObject(pNewBrush);           //选择新画刷
            pDC->Ellipse(260,20+i*40,420,50+i*40);            //绘制椭圆
            pDC->TextOut(440,50-20+i*40,cBrushPatternName[i]);
            pDC->SelectObject(pOldBrush);                 //恢复 DC 中原有画刷
```

```
            }
            delete pNewBrush;                             //删除新画刷
        }
        pDC->TextOut(320,20+i*40,"阴影画刷");
    }
```

编译、运行，结果如图 10.4 所示。

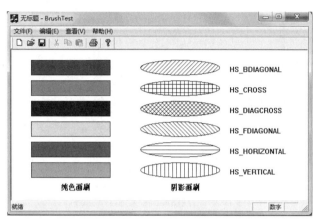

图 10.4　演示各种画刷

【例 10-6】用不同图案的画刷绘制的柱状图。

在 void CMyView::OnDraw(CDC* pDC)中添加代码如下。

```
void CMyView::OnDraw(CDC* pDC)
{
    CMyDoc* pDoc = GetDocument();
    ASSERT_VALID(pDoc);
    CPen *pPen,*pOldPen;
    CBrush *pBrush,*pOldBrush;
    int bs[6]={HS_CROSS,HS_HORIZONTAL,HS_BDIAGONAL,
        HS_FDIAGONAL,HS_VERTICAL,HS_DIAGCROSS};
    CRect r(0,0,50,300);
    CPoint p1(40,20), p2(40,300);
    pPen=new CPen(PS_SOLID, 1, RGB(0,0,0));            //动态创建画笔
    pOldPen=(CPen *)pDC->SelectObject(pPen);
    pDC->MoveTo(p1); pDC->LineTo(p2);                  //绘制直线
    p2=CPoint(450,300); pDC->LineTo(p2);
    srand( (unsigned)time(NULL) );                     //用系统时间设置随机数发生器
    int i;
    for(i=0;i<6;i++){
        pBrush=new CBrush(bs[i], RGB(0,0,0));          //动态创建画刷
        pOldBrush=(CBrush *)pDC->SelectObject(pBrush);
        r.top=(int)(250*rand()/(float)(RAND_MAX));     //随机产生矩形上边 y 坐标
        r+=CPoint(52,0);
        pDC->SetBrushOrg( r.TopLeft() );               //设置画刷的原点
        pDC->Rectangle(r);
        pDC->SelectObject(pOldBrush);                  //恢复旧画刷
        delete pBrush;                                 //删除动态创建的画刷
    }
    pDC->SelectObject(pOldPen);
```

```
        delete pPen;                                    //删除动态创建的画笔
}
```

编译、运行，结果如图 10.5 所示。

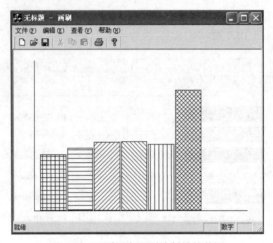

图 10.5　不同图案画刷绘制的柱状图

10.4.3　简单图形的绘制

1. 画点、线

（1）画点是最基本的绘图操作，它是通过调用 CDC::SetPixel()或 CDC::SetPixelV()函数来实现的，这两个函数都用于在指定的坐标上设置指定的颜色，只不过 SetPixelV()函数不需要返回实际像素点的 RGB 值。正是因为这一点，函数 SetPixelV()比 SetPixel()效率高。

```
COLORREF SetPixel(int x,int y,COLORREF crColor);
COLORREF SetPixel(POINT point,COLORREF crColor);
BOOL SetPixelV(int x,int y,COLORREF crColor);
BOOL SetPixelV(POINT point,COLORREF crColor);
```

实际显示像素的颜色未必等同于 crColor 所指定的颜色值，因为有时受设备限制，不能显示 crColor 所指定的颜色值，而只能取其近似值。

与上述函数相对应的 GetPixel()函数用于获取指定点的颜色。

```
COLORREF GetPixel(int x,int y)const;
COLORREF GetPixel(POINT point)const;
```

（2）画线也是常用的绘图操作之一。CDC 类的 LineTo()和 MoveTo()函数是用来实现画线功能的两个函数，通过这两个函数的配合使用，可完成任何直线和折线的绘图操作。画线时存在一个名为"当前位置"的特殊位置，每次画直线都是以当前位置为起点。画线操作结束之后，直线的结束点又成为当前位置。有了当前位置的自动更新，就不必每次画线时都给出两点的坐标。当然，这个当前位置还可用函数 CDC::GetCurrentPosition()来获得，其原型如下。

```
CPoint GetCurrentPosition()const;
```

LineTo()函数正是以当前位置为直线起始点，指定直线终点画出一段直线的，其原型如下。

```
BOOL LineTo(int x,int y);
BOOL LineTo(POINT point);
```

如果当前要画的直线并不与上一条直线的终点相接，那么应该调用 MoveTo()函数来调整当前位置。此函数不但可以用于更新当前位置，还可以用于返回更新前的当前位置，其函数原型如下。

```
CPoint MoveTo(int x,int y);
CPoint MoveTo(POINT point);
```

2. 画折线

除了 LineTo()函数可用于画线之外，CDC 类还提供了一系列用于画各种折线的函数。它们主要是 Polyline()、PolyPolyline()和 PolylineTo()。这三个函数中，Polyline()和 PolyPolyline()既不使用当前位置，也不更新当前位置；而 PolylineTo()总是把当前位置作为起始点，并且在折线画完之后，把折线终点设为新的当前位置。

```
BOOL Polyline(LPPOINT lpPoints,int nCount);
BOOL PolylineTo(const POINT *lpPoints,int nCount);
```

这两个函数用于画一系列连续的折线。参数 lpPoints 是 POINT 或 CPoint 的顶点数组；nCount 表示数组中顶点的个数，它至少为 2。

```
BOOL PolyPolyline(const POINT *lpPoints,const DWORD *lpPolyPoints,int nCount);
```

此函数可用于绘制多条折线。其中 lpPoints 同前定义，lpPolyPoints 表示各条折线所需的顶点数，nCount 表示折线的数目。举例如下。

```
POINT polypolylinePt[9]={{95,160},{120,185},{120,250},{145,160},{120,185},{90,185}
,{150,185},{80,210},{160,210}};
DWORD dwPolyPoints[4]={3,2,2,2};//4 条折线,分别占用 3,2,2,2 个顶点
pDC->PolyPolyline(polypolylinePt,dwPolyPoints,4);
```

 由于一条折线至少需要 2 个顶点，因此 lpPolyPoints 数组中的数不应该小于 2。

3. 画矩形和圆角矩形

CDC 类提供的 Rectangle()和 RoundRect()函数分别用于矩形和圆角矩形的绘制，它们的原型如下。

```
BOOL Rectangle(int x1,int y1,int x2,int y2);
BOOL Rectangle(LPCRECT lpRect);
BOOL Rectangle(int x1,int y1,int x2,int y2,int x3,int y3);
BOOL Rectangle(LPCRECT lpRect,POINT point);
```

lpRect 的成员 left、top、right、bottom 分别表示 x1、y1、x2、y2,point 的成员 x、y 分别表示 x3、y3；而 x1、y1 表示矩形的左上角坐标，x2、y2 表示矩形的右上角坐标，x3、y3 表示绘制圆角的椭圆大小。

4. 设置多边形填充模式

多边形填充模式决定图形填充时寻找填充区域的方法，有两种选择：ALTERNATE 和 WINDING。ALTERNATE 模式是寻找相邻的奇偶边作为填充边界，而 WINDING 是按顺时针或逆时针方向进行寻找。一般情况下，这两种模式的填充效果是相同的，但对于像五角星这样的图形，二者的填充结果大不一样。

```
POINT pt[5]={{247,10},{230,90},{290,35},{210,30},{275,85}};
CBrush brush(HS_FDIAGONAL,RGB(255,0,0));
```

```
CBrush * oldbrush=pDC->SelectObject(&brush);
pDC->SetPolyFillMode(ALTERNATE);
pDC->Polygon(pt,5);
for(int i=0;i<5;i++) pt[i].x+=80;
pDC->SetPolyFillMode(WINDING);
pDC->Polygon(pt,5);
pDC->SelectObject(oldbrush);
brush.DeleteObject();
```

代码中 SetPolyFillMode()是 CDC 类的一个成员函数，用于设置填充模式，它的参数可以是 ALTERNATE 或 WINDING。

5. 画多边形

多边形可以说是由首尾相接的封闭折线所围成的图形。

画多边形的函数原型如下。

（1）BOOL Polygon(LPPOINT lpPoints,int nCount);

lpPoints 指定多边形顶点数组中每一点是一个 POINT 结构或一个 CPoint 对象，nCount 指定数组中顶点数。

可以看出，Polygon()函数的参数形式与 Polyline()函数基本相同，但稍有一点差异。例如，要画一个三角形，使用 Polyline()函数，顶点数组中得给出 4 个顶点（尽管始点和终点重复出现），而用 Polygon()函数则只需给出 3 个顶点。

（2）BOOL PolyPolygon(LPPOINT lpPoints,LPINT lpPolyCounts,int nCount);

lpPoints 指向一个 POINT 结构或 CPoint 对象数组，每个数组定义一个多边形的顶点；lpPolyCounts 指向一个整数数组，每个整数说明 lpPoints 数组中一个多边形的顶点数，nCount 为 LpPolyCounts 数组中的项数，即指定要画的多边形数。

与 PolyPolyline()可画多条折线一样，使用 PolyPolygon()函数，一次可画出多个多边形。

6. 画弧线和椭圆

通过调用 CDC 类的 Arc()函数可以画一条椭圆弧线或者整个椭圆。这个椭圆的大小是由其外接矩形所决定的。Arc()函数的原型如下。

```
BOOL Are(int x1,int y1,int x2,int y2,int x3,int y3,int x4,int y4);
BOOL Are(LPCRECT lpRect,POINT ptStart,POINT ptEnd);
```

x1、y1、x2、y2 或 lpRect 用于指定外接矩形的位置和大小，而椭圆中心与点（x3,y3）或 ptStart 所构成的射线与椭圆的交点就成为椭圆弧线的起始点，椭圆中心与点（x4,y4）或 ptEnd 所构成的射线与椭圆的交点就成为椭圆弧线的终点。椭圆上始点到终点的部分是要绘制的椭圆弧线。

要确定一条椭圆弧线，除了上述参数外，还需要一个重要参数，那就是弧线绘制的方向。默认方向为逆时针方向，但可以通过调用 SetArcDirection()函数将绘制方向改设为顺时针方向。

```
int SetArcDirection(int nArcDirection);
```

nArcDirection 可以是 AD_CLOCKWISE（顺时针）或 AD_COUNTERCLOCKWISE（逆时针）。此方向对函数 Arc()、Pie()、ArcTo()、Rectange()、Chord()、RoundRect()、Ellipse()有效。

另外，ArcTo()也是一个画椭圆弧线的 CDC 类成员函数，它与 Arc()函数的唯一区别是：ArcTo()函数将弧线的终点作为新的当前位置，而 Arc()不会。

```
BOOL ArcTo(int x1,int y1,int x2,int y2,int x3,int y3,int x4,int y4);
BOOL ArcTo(LPCRECT lpRect,POINT ptStart,POINT ptEnd);
```

与上述函数类似，调用 CDC 类成员函数 Ellipse()可以用当前画刷绘制一个椭圆区域。

```
BOOL Ellipse(int x1,int y1,int x2,int y2);
BOOL Ellipse(LPCRECT lpRect);
```

参数 x1、y1 为限定椭圆范围的矩形左上角坐标，x2、y2 为限定椭圆范围的矩形右下角坐标。LpRect 指定椭圆的限定矩形，可为其传递一个 CRect 对象。

7. 画弧形和扇形

CDC 类成员函数 Chord()和 Pie()用于绘制弧形和扇形，具有和 Arc()一样的参数。

```
BOOL Chord(int x1,int y1,int x2,int y2,int x3,int y3,int x4,int y4);
BOOL Chord(LPCRECT lpRect,POINT ptStart,POINT ptEnd);
BOOL Pie(int x1,int y1,int x2,int y2,int x3,int y3,int x4,int y4);
BOOL Pic(LPCRECT lpRect,POINT ptStart,POINT ptEnd);
```

8. 画贝塞尔曲线

贝塞尔曲线是最常见的非规则曲线之一，它的形状便于控制，更主要的是它具有几何不变性（形状不随坐标的变换而改变），因此在许多场合往往采用这种曲线。这里的贝塞尔曲线属于 3 次曲线，只需给定 4 个点（第 1 和第 4 个点是端点，另 2 个是控制点），就可确定其形状。

函数 PolyBezier()用于画一条或多条贝塞尔曲线，其函数原型如下。

```
BOOL PolyBezier(const POINT *lpPoints,int nCount);
```

参数 lpPoints 是曲线端点和控制点所组成的数组，nCount 表示 lpPoints 数组中的点数。

如果 lpPoints 用于画多条贝塞尔曲线，那么除了第 1 条曲线要用到 4 个点之外，后面的曲线只需用 3 个点，因为后面的曲线总是把前一条曲线的终点作为自己的起始端点。

函数 PolyBezier()不使用也不更新当前位置。如果需要使用当前位置，那么就应该使用 PolyBezierTo()函数。

```
BOOL PolyBezierTo(const POINT *lpPoints,int nCount);
```

9. 填充函数

函数原型如下。

（1）BOOL FillSolidRect(LPCRECT lpRect, COLORREF crColor)；

lpRect 指定矩形可传递一个指向 RECT 结构的指针或 CRect 对象。

（2）BOOL FillSolidRect(int x, int y, int cx, int cy, COLORREF Clr)；

Clr 为填充颜色；x，y 为矩形左下角坐标；cx 为矩形宽，cy 为矩形高。

（3）BOOL ExtFloodFill(int x, int y, COLORREF crColor, UINT nFillType)；

x、y 为开始填充处坐标；crColor 为填充颜色；FloodFillBorder 指填充区域由 crColor 参数所指定颜色包围部分；FloodFillSurface 表示填充区域由 nColor 指定颜色来定义矩形填充。

（4）BOOL FloodFill(int x, int y, COLORREF Clr)；

x、y 为填充处逻辑坐标或边界，crColor 指定填充颜色。

在 MFC 环境下绘图时，首先用 MFC 应用程序向导创建一个单文档或多文档应用程序框架，然后在视图类的 OnDraw()函数中添加语句，实现具体的绘图功能。步骤如下。

（1）设置映射模式。

（2）设置窗口、视口的大小。

（3）设置画笔。

（4）设置画刷。

（5）画笔选入设备环境。

（6）画刷选入设备环境。

（7）设置绘图模式。

（8）用绘图函数绘制各种图形。

其中的（1）～（7）可以省略，即使用默认值绘图。

【例 10-7】用 MFC 屏幕绘图方法绘制图形，要求雪人的
位置不随窗口大小的改变而改变，雪人形状如图 10.6 所示。

图 10.6　雪人形状

第 1 步：新建一个单文档应用程序 My。

第 2 步：在视图类函数 OnDraw(CDC* pDC)中添加如下
代码。

```cpp
void CMyView::OnDraw(CDC* pDC){
    CEx7_5Doc* pDoc = GetDocument();
    ASSERT_VALID(pDoc);
    RECT rect;
    GetClientRect(&rect);
    //left 为窗口左上角 x 坐标；top 为窗口左上角 y 坐标，一般为（0，0）
    //right 为窗口右下角 x 坐标；bottom 为窗口右下角 y 坐标
    pDC->SetWindowOrg(rect.left,rect.top);
    pDC->SetViewportOrg(rect.left,rect.top);
    pDC->SetViewportExt(rect.right,rect.bottom);
    pDC->SetWindowExt(rect.right/2,rect.bottom/2);
    CPen pen1(PS_SOLID,1,RGB(0,0,0));
    CBrush brush1(RGB(255,251,240));
    CBrush brush2(RGB(255,0,0));
    CBrush brush3(RGB(160,160,164));
    CPen*oldpen=pDC->SelectObject(&pen1);
    pDC->SelectObject(&brush3);
    pDC->Ellipse(115,250,336,285);              //雪人影子
    pDC->SelectObject(&brush1);
    pDC->Ellipse(27,99,233,280);                //雪人身子
    pDC->Ellipse(81,22,177,118);
    pDC->SelectObject(&brush2);
    pDC->Ellipse(113,54,129,70);                //雪人眼睛
    pDC->Ellipse(145,54,161,70);
    CPoint points[3];                           //雪人鼻子
    points[0].x = 139;
    points[0].y = 79;
    points[1].x = 171;
    points[1].y = 75;
    points[2].x = 139;
    points[2].y = 94;
    pDC->Polygon(points,3);
}
```

【例 10-8】绘制一条由点连起的折线。

第 1 步：新建一个单文档应用程序。

第 2 步：在 Viwe.cpp 的 OnDraw(CDC *pDC)函数里添加如下代码。

```cpp
int data[20]={19,21,32,40,41,39,42,35,33,23,21,20,24,11,9,19,22,32,40,42}; CRect rc;
GetClientRect(rc);
```

```
rc.DeflateRect(50,50);
int gridXnums=10,gridYnums=8;
int dx=rc.Width()/gridXnums;
int dy=rc.Height()/gridYnums;
CRect gridRect(rc.left,rc.top,rc.left+dx*gridXnums,rc.top+dy*gridYnums);
CPen gridPen(0,0,RGB(0,100,200));
CPen *oldPen=pDC->SelectObject(&gridPen);
for(int i=0;i<=gridXnums;i++){
    pDC->MoveTo(gridRect.left+i *dx,gridRect.bottom);
    pDC->LineTo(gridRect.left+i *dx,gridRect.top);
}
for(int j=0;j<=gridYnums;j++){
    pDC->MoveTo(gridRect.left,gridRect.top+j *dy);
    pDC->LineTo(gridRect.right,gridRect.top+j *dy);
}
pDC->SelectObject(oldPen);
gridPen.Detach();
gridPen.CreatePen(0,0,RGB(0,0,200));
pDC->SelectObject(&gridPen);
CBrush gridBrush(RGB(255,0,0));
CBrush *oldBrush=pDC->SelectObject(&gridBrush);
POINT ptRect[4]={{-3,-3},{-3,3},{3,3},{3,-3}},ptDraw[4];
int deta;
POINT pt[256];
int nCount=20;
deta=gridRect.Width()/nCount;
for(i=0;i<nCount;i++){
    pt[i].x=gridRect.left+i *deta;
    pt[i].y=gridRect.bottom-(int)(data[i]/60.0 *gridRect.Height());
    for(j=0;j<4;j++){
        ptDraw[j].x=ptRect[j].x+pt[i].x;
        ptDraw[j].y=ptRect[j].y+pt[i].y;
    }
    pDC->Polygon(ptDraw,4);
}
pDC->Polyline(pt,nCount);
pDC->SelectObject(oldPen);
pDC->SelectObject(oldBrush);
```

第 3 步：编译、运行，结果如图 10.7 所示。

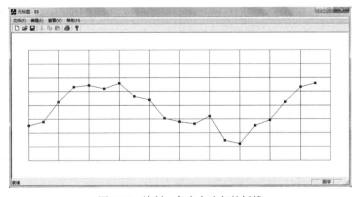

图 10.7 绘制一条由点连起的折线

【例 10-9】绘制课程成绩分布直方图。

统计一个班级某门课程的成绩,用一个直方图来反映 < 60、60~69、70~79、80~89 以及 > 90 这 5 个分数段的人数,需要绘制 5 个矩形,相邻矩形的填充样式还要有所区别,并且还需要显示各分数段的人数。

第 1 步:新建一个单文档的应用程序。

第 2 步:为视图类添加一个成员函数 DrawScore(CDC *pDC, float *fScore, int nNum),代码如下。

```cpp
void CMyView::DrawScore(CDC *pDC, float *fScore, int nNum){
    //fScore 是成绩数组指针, nNum 是学生人数
    int nScoreNum[]={0,0,0,0,0};                //各分数段的人数的初始值
    //下面是统计各分数段的人数
    for(int i=0;i<nNum;i++){
        int nSeg=(int)(fScore[i]/10);           //取数的十位上的值
        if(nSeg<6)nSeg=5;                        // < 60 分
        if(nSeg==10) nSeg=9;                     //如为 100 分, 即算为 > 90 分数段
        nScoreNum[nSeg-5]++;                     //各分数段计算
    }
    int nSegNum=sizeof(nScoreNum)/sizeof(int);   //计算有多少个分
    //数段
    int nNumMax=nScoreNum[0];
    for(i=1;i<nSegNum;i++){                       //求分数段上最大的人数
        if(nNumMax<nScoreNum[i])
        nNumMax=nScoreNum[i];
    }
    CRect rc;                                    //矩形对象
    GetClientRect(rc);                           //获得当前窗口的客户区大小
    rc.DeflateRect(40,40);                       //缩小矩形
    int nSegWidth=rc.Width()/nSegNum;            //计算每段的宽度
    int nSegHeight=rc.Height()/nNumMax;          //计算每段的单位高度
    COLORREF crSeg=RGB(0,0,192);                 //定义一个颜色变量
    CBrush brush1(HS_FDIAGONAL,crSeg);           //画刷样式
    CBrush brush2(HS_BDIAGONAL,crSeg);
    CPen pen(PS_INSIDEFRAME,2,crSeg);            //画笔样式内框线
    CBrush *oldBrush=pDC->SelectObject(&brush1);     //将 brush1 选入设备环境
    CPen *oldPen=pDC->SelectObject(&pen);            //将 pen 选入设备环境
    CRect rcSeg(rc);
    rcSeg.right=rcSeg.left+nSegWidth;            //使每段的矩形宽度等于 nSegWidth
    CString strSeg[]={"<60","60-70","70-80","80-90",">=90"};
    CRect rcStr;
    for(i=0;i<nSegNum;i++){                       //保证相邻的矩形填充样式不相同
        if(i%2) pDC->SelectObject(&brush2);
        else pDC->SelectObject(&brush1);
        rcSeg.top=rcSeg.bottom-nScoreNum[i]*nSegHeight-2;//计算每段矩形高度
        pDC->Rectangle(rcSeg);
        if(nScoreNum[i]>0){
            CString str;
            str.Format("%d 人",nScoreNum[i]);
```

```
        pDC->DrawText(str,rcSeg,DT_CENTER|DT_VCENTER|DT_SINGLELINE);
    }
    rcStr=rcSeg;
    rcStr.top=rcStr.bottom+2;
    rcStr.bottom+=20;
    pDC->DrawText(strSeg[i],rcStr,DT_CENTER|DT_VCENTER|DT_SINGLELINE);
    rcSeg.OffsetRect(nSegWidth,0);        //右移矩形
}
    pDC->SelectObject(oldBrush);           //恢复原来的画刷属性
    pDC->SelectObject(oldPen);             //恢复原来的画笔属性
}
```

第 3 步：在 OnDraw(CDC *pDC)函数中添加如下代码。

```
void CMyView::OnDraw(CDC* pDC){
    CMyDoc* pDoc = GetDocument();
    ASSERT_VALID(pDoc);
    float fScore[]={72,82,79,74,86,82,67,75,45,44,77,98,77,90,66,76,66,76,83,84,97,
92,67,57,88,60,71,74,60,72,81,69,79,91,69,71,81};
    DrawScore(pDC,fScore,sizeof(fScore)/sizeof(float));
    // TODO: add draw code for native data here
}
```

第 4 步：编译、运行，结果如图 10.8 所示。

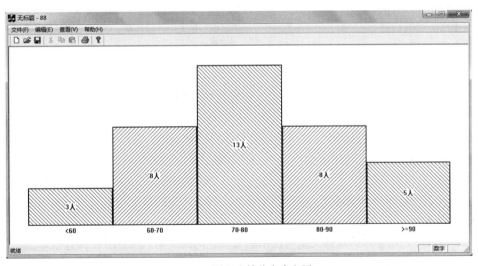

图 10.8　课程成绩分布直方图

10.4.4　CFont 类

字体是 Windows GDI 必要的组成部分，这意味与其他 GDI 对象一样，它们可以缩放和剪切，可以选取设备环境。所有关于撤销选中和删除的 GDI 规则都适用于字体。

CFont 对象封装了一种 Windows GDI 字体，并且提供了用于操作 CFont 对象的若干方法。使用 CFont 对象分两步进行：第一步，定义一个 CFont 类的对象，应用程序框架会调用构造函数，CFont 类只有一个构造函数；第二步，调用 CFont 对象的成员函数 CreateFont()、CreateFontIndirect()、CreatePointFont()或 CreatePointFontIndirect()初始化 CFont 对象的参数，使一个 Windows 字体与此 CFont 对象关联，然后使用此 CFont 对象的成员函数就可以操作字体了。

一般使用 CreatePointFont()或 CreatePointFontIndirect()比使用 CreateFont()或 CreateFontIndirect()要更简便，因为前两者会自动把字体高度的单位由点转换为逻辑单位。"点"是计量字大小的传统单位，来自英文 point，一般用小写 p 表示，俗称"磅"。其换算关系为：1p=0.35146mm≈0.35mm。

1. LOGFONT 结构

为了方便用户创建字体，系统定义了一种"逻辑字体"，它是应用程序对理想字体的一种描述方式。在使用逻辑字体绘制文字时，系统会采用一种特定的算法把逻辑字体映射为最匹配的物理字体（实际安装在操作系统中的字体）。逻辑字体的具体属性可由 LOGFONT 结构来描述，下面仅列出最常用到的结构成员。

```
typedef struct tagLOGFONT{
    LONG lfHeight;                    //字符的逻辑高度
    LONG lfWidth;                     //字符的平均逻辑高度
    LONG lfEscapement;                //倾角
    LONG lfOrientation;               //书写方向
    LONG lfWeight;                    //笔画的粗细程度
    BYTE lfItalic;                    //斜体标志
    BYTE lfUnderline;                 //下画线标志
    BYTE lfStrikeOut;                 //删除线标志
    BYTE lfCharSet;                   //字符集，汉字必须为 GB2312_CHARSET
    BYTE lfOutPrecision;              //指定输出精度
    BYTE lfClipPrecision;             //指定剪辑精度
    BYTE lfQuality;                   //定义输出质量
    BYTE lfPitchAndFamily;            //指定字体的字符间距和族
    TCHAR lfFaceName[LF_FACESIZE];    //指定所用的字体名，为 NULL 使用默认字体名
}LOGFONT;
```

lfHeight 表示字符的逻辑高度，这里的高度是字符的纯高度，当此值 > 0 时，系统将此值映射为实际字体单元格的高度；当此值=0 时，系统使用默认值；当此值 < 0 时，系统将此值映射为实际的字体高度。

lfWeight 表示笔画的粗细程度，取值范围是 0～1000（笔画从细到粗）。例如：400 为常规情况，700 为粗体。

lfEscapement 表示字体的倾斜矢量与设备的 x 轴之间的夹角（以 1/10 度为计量单位），该倾斜矢量与文本的书写方向平行。

lfOrientation 表示字符基线与设备的 x 轴之间的夹角（以 1/10 度为计量单位）。

lfItalic：当 lfItalic 为 TRUE 时使用斜体。

lfUnderline：当 lfUnderline 为 TRUE 时给字体添加下画线。

lfStrikeOut：当 lfStrikeOut 为 TRUE 时给字体添加删除线。

逻辑字体用和设备无关的方式来描述字体，它使用通用的术语来描述一个字符的宏观特性（如高度、宽度、旋转角度、是否有下画线等），但它不能描述微观特性，因为从应用角度来说，没有必要把字体的细微结构都描述出来，这会让使用变得烦琐。字体的细节由物理字体描述。用户用逻辑字体来描述需要的字体，GDI 根据逻辑字体的描述选配最接近的物理字体，然后由物理字体进行输出。

MFC 提供的 CFont 类封装了逻辑字体。创建自定义字体并不是创建一种新的字体，而是创建

一种逻辑字体。逻辑字体是字体属性的列表，包含高度、宽度、字符集和字样等。字体映射器按逻辑字体给出的字体特性选择与之匹配的物理字体。

根据定义的逻辑字体，用户可以调用 CFont 类的 CreateFontIndirect()函数创建文本输出所需的字体，代码如下。

```
LOGFONT lf;                          //定义逻辑字体的构造变量
Memset(&lf,0,sizeof(LOGFONT));       //将 lf 中的所有成员置 0
lf.lfHeight=-13;                     //实际字体高度 13
lf.lfCharSet = GB2312_CHARSET;
strcpy((LPSTR)&(lf.lfFaceName),"黑体");
//下面是用逻辑字体结构创建字体
CFont cf;
cf.CreateFontIndirect(&lf);
//在设备环境中使用字体
CFont * oldfont = pDC->SelectObject(&cf);
pDC->TextOut(100,100,"Hello");
pDC->SelectObject(oldfont);          //恢复设备环境原来的属性
cf.DeleteObject();                   //删除字体对象
```

 　　无论何时将一个非常备对象选入 DC，都最好记下前一个被选入 DC 的对象。当使用 SelectObject()函数时，会得到一个指向对象的指针。使用完非常备字体（或其他 GDI 对象）后，必须将旧字体选回 DC。如果新创建的 GDI 对象在开发人员试图删除它（或对象的析构函数试图删除它）之后，仍然在 DC 中，则删除失败，该 GDI 对象占用的内存被锁定，直至应用程序退出。

2. CreatePointFont()函数

（1）函数原型如下。

```
CFont::CreatPointFont(int nPointSize,LPCTSTR lpszFaceName,CDC *pDC = NULL);
```

（2）参数说明如下。

① nPointSize 表示新建字体的磅值的 10 倍，如果 nPointSize 值为 720，则真实字体大小为 72 磅。磅值与像素的换算关系为 1 像素=3/4 磅。

② lpszFaceName 表示一个 CString 对象或者指向以 NULL 结尾的字符串的指针，字符串长度不可以超过 30 个字符。它可以索引所有 Windows 字体，如常见英文字体_T("Arial")，中文字体_T("宋体")。如果该参数为 NULL，则 GDI 选用一种与设备无关的字体。

③ pDC 表示一个 CDC 对象，将 nPointSize 转换为逻辑单位。如果该参数为 NULL 则根据上下文决定。举例如下。

```
CClientDC dc(this);
CFont font;
font.CreatePointFont(120, _T("Arial"), &dc);    //创建 Arial 类型字体
CFont* def_font = dc.SelectObject(&font);        //选用该字体类型
dc.TextOut(5, 5, "Hello", 5);                    //输出文本
dc.SelectObject(def_font);                       //恢复原有字体类型
font.DeleteObject();                             //新建字体应用完后删除
```

3. CreatePointFontIndirect()函数

（1）函数原型如下。

```
BOOL CFont::CreatPointFontIndirect(const LOGFONT * lpLogFont,CDC* pDC = NULL);
```

（2）参数说明如下。

① lpLogFont 表示指向结构体 LOGFONT 的指针，决定新建字体的逻辑大小等，其中 lfHeight 表示字体磅值的 10 倍。

② pDC 表示 CDC 对象，如果为 NULL 则根据上下文决定。举例如下。

```
LOGFONT lf;
memset(&lf,0,sizeof(LOGFONT));
lf.lfHeight = 120;
strcpy_s(lf.lfFaceName,LF_FACESIZE,"Arial");
CClientDC dc(this);
CFont font;
font.CreatePointFontIndirect(&lf, &dc);
CFont * def_font = dc.SelectObject(&font);
dc.TextOut(5,5,"Hello",5);
dc.SelectObject(def_font);
font.DeleteObject();
```

4. CreateFont()函数

（1）函数原型如下。

```
BOOL CreatFont(int nHeight, int nWidth,int nEscapement,int nOrientation,int nWeight,BYTE bItalic,BYTE bUnderline,BYTE cStrikeOut,BYTE nCharSet,BYTE nOutPrecision,BYTE nClipPrecision,BYTE nQuality,BYTE nPitchAndFamily,LPCTSTR lpszFacename);
```

（2）参数说明如下。

① nHeight 表示字符的逻辑高度，其值在转换之后不能超过 16384 个设备单位。nWidth 表示字符的逻辑宽度，如果为 0，则根据设备的纵横比从可用字体的数字转换纵横比中选取最接近的匹配值。

② nEscapement 以 1/10 度为单位指定每一行文本输出时倾斜矢量与设备 x 轴的夹角。nOrientation 以 1/10 度为单位指定字符基线与 x 轴的夹角，在 y 轴向下的坐标系中，方向为 x 轴按逆时针方向转到基线，在 y 轴向上的坐标系中，方向为 x 轴按顺时针方向转到基线。

③ nWeight 表示笔画的粗细，见 LOGFONT 描述。bItalic 取 TRUE 表示斜体，取 FALSE 表示非斜体。bUnderline 取 TRUE 表示有下画线，取 FALSE 表示无下画线。bStrikeOut 指定是否有删除线。nCharSet 指定字符集。nClipPrecision 指定字符输出精度。nQuality 指定输出质量。nPitchAndFamily 指定字符间距和族。lpszFacename 指定字符的类型。举例如下。

```
CFont font;
VERIFY(font.CreateFont(12,0,0,0,FW_NORMAL,FALSE,FALSE,0,ANSI_CHARSET,OUT_DEFAULT_PRECIS,CLIP_DEFAULT_PRECIS,DEFAULT_QUALITY,DEFAULT_PITCH | FF_SWISS,"Arial"));
CClientDC dc(this);
CFont* def_font = dc.SelectObject(&font);
dc.TextOut(5, 5, "Hello", 5);
dc.SelectObject(def_font);
font.DeleteObject();
```

5. CreatFontIndirect()函数

函数原型如下。

```
BOOL CFont::CreatFontIndirect(const LOGFONT* lpLogFont);
```

函数执行成功返回非 0。举例如下。

```
CFont font;
LOGFONT lf;
memset(&lf, 0, sizeof(LOGFONT));
lf.lfHeight = 12;
strcpy(lf.lfFaceName, "Arial");
VERIFY(font.CreateFontIndirect(&lf));
CClientDC dc(this);
CFont* def_font = dc.SelectObject(&font);
dc.TextOut(5, 5, "Hello", 5);
dc.SelectObject(def_font);
font.DeleteObject();
```

【例 10-10】字体显示。

第 1 步：创建一个单文档应用程序。

第 2 步：在视图类的实现文件(View.cpp)的 OnDraw()函数中，添加如下代码。

```
void CMyView::OnDraw(CDC* pDC){
    CMyDoc* pDoc = GetDocument();
    ASSERT_VALID(pDoc);
    pDC->SetBkColor(RGB(240,240,250));          //设置背景颜色
    pDC->SetTextColor(RGB(255,0,0));            //设置文本颜色
    int ny=260;
    int ndl=40;
    for(int i=32;i>=20;i-=4){
        FontOut(pDC,ny,i,ndl);
        ndl+=300;
    }
}
```

第 3 步：添加自定义函数 FontOut()。

单击 ClassView 打开项目工作区，用鼠标右键单击 CmyView，选择 Add Member Function，添加一个自定义函数。

```
void FontOut(CDC *pDC,int &nHeight,int nPoints,int dline);
```

第 4 步：在 FontOut(CDC *pDC,int &nHeight,int nPoints,int dline)函数中添加代码。

```
void CMyView::FontOut(CDC *pDC, int &nHeight, int nPoints, int dline){
    TEXTMETRIC textM;            //定义文本结构 TEXTMETRIC 变量
    CFont font;                  //定义 CFont 类对象
    CString str;                 //创建字体
    font.CreateFont(-nPoints,0,dline,0,400,FALSE, FALSE,0,ANSI_CHARSET, OUT_DEFAUL
T_PRECIS,CLIP_DEFAULT_PRECIS, DEFAULT_QUALITY, DEFAULT_PITCH|FF_SWISS,"宋体");
        //将创建的字体选入内存 DC，并保存原字体
    CFont *poldfont=(CFont *)pDC->SelectObject(&font);
    pDC->GetTextMetrics(&textM);              //获取文本信息
    str.Format("这是%d 点阵宋体字",nPoints);
    pDC->TextOut(20,nHeight,str);
    nHeight -=textM.tmHeight + textM.tmExternalLeading;
    pDC->SelectObject(poldfont);             //恢复内存 DC 中原有的字体
}
```

第 5 步：编译、运行，结果如图 10.9 所示。

图 10.9　字体显示

【例 10-11】演示字体的空心效果。

```
void CMyView::OnPaint(){
    CPaintDC dc(this);                          //获得窗口的客户区 HDC
    LOGFONT lf;
    dc.GetCurrentFont()->GetLogFont(&lf);       //更改当前字体
    CFont font;
    CFont *pOldFont;                            //保存 DC 最初使用的字体对象
    lf.lfCharSet=134;
    lf.lfHeight=-150;
    lf.lfHeight=-150;
    lf.lfWidth=0;
    strcpy(lf.lfFaceName,"隶书");
    font.CreateFontIndirect( &lf);
    pOldFont=dc.SelectObject( &font);
    dc.SetBkMode(TRANSPARENT);                   //更改当前画笔
    CPen pen(PS_SOLID, 1, RGB(255, 0, 0));
    CPen *pOldPen;
    pOldPen=dc.SelectObject( &pen);
    dc.BeginPath();
    dc.TextOut(10, 10, "空心字");
    dc.EndPath();                               //绘制路径
    dc.StrokePath();
    //可以用 dc.StrokeAndFillPath()函数来代替，不过该函数会使用当前画刷填充路径的内部区域
    dc.SelectObject(pOldFont);
    dc.SelectObject(pOldPen);
}
```

编译、运行，结果如图 10.10 所示。

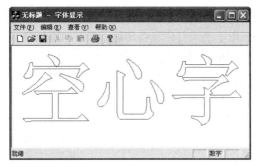

图 10.10 字体的空心效果

【例 10-12】演示字体加粗和添加下画线。

```
void CMyView::OnPaint(){
    CPaintDC dc(this);
    RECT rect;
    GetClientRect(&rect);
    LOGFONT lf;
    ::ZeroMemory(&lf, sizeof(lf));
    lf.lfHeight = 720;
    lf.lfWeight = FW_BOLD;
    lf.lfUnderline = TRUE;
    lf.lfItalic = TRUE;
    lf.lfStrikeOut = TRUE;
    ::lstrcpy(lf.lfFaceName, _T("微软雅黑"));
    CFont font;
    font.CreatePointFontIndirect(&lf);
    dc.SelectObject(&font);
    dc.SetTextColor(RGB(200,0,255));
    dc.DrawText("你好世界!\nHello MFC!", &rect, 0);
}
```

编译、运行，结果如图 10.11 所示。

图 10.11 字体加粗和添加下画线

6. 使用字体对话框

CFontDialog 类为我们提供了进行字体及其文本颜色选择的通用字体对话框。它的构造函数如下。

```
CFontDialog (LPLOGFONT lplfInitial=NULL,DWORD dwFlags=CF_EFFECTS|
CF_SCREENFONTS,CDC *pdcPrinter=NULL,CWnd *pParentWnd=NULL);
```

参数 lplfInitial 是一个 LOGFONT 结构指针，用于设置对话框最初的字体特性。dwFlags 指定选择字体的标志。pdcPrinter 用于表示打印设备环境指针。pParentWnd 用于表示窗口的父窗口指针。当字体对话框 DoModal 返回 IDOK 后，可使用下列成员函数。

```
void GetCurrentFont(LPLOGFONT lplf);            //返回用户选择的 LOGFONT 字体
CString GetFaceName()const;                     //返回用户选择的字体名称
CString GetStyleName()const;                    //返回用户选择的字体样式名称
int GetSize()const;                             //返回用户选择的字体大小
COLORREF GetColor()const;                       //返回用户选择的文本颜色
int GetWeight()const;                           //返回用户选择的字体粗细程度
BOOL IsStrikeOut()const;                        //判断是否有删除线
BOOL IsUnderline()const;                        //判断是否有下画线
BOOL IsBold()const;                             //判断是否是粗体
BOOL IsItalic();                                //判断是否是斜体
```

通过字体对话框可以创建一个字体，代码如下。

```
LOGFONT lf;
CFont cf;                                       //将 lf 中的所有成员置 0
CFontDialog dlg(&lf);
lf(dlg.Domodal()==IDOK){
    dlg.GetCurrentFont(&lf);
    pDC->SetTextColor(dlg.GetColor());
    cf.CreateFontIndirect(&lf);
    ...
}
```

【例 10-13】显示文档内容，并使用字体对话框改变显示的字体大小。

第 1 步：用 MFC AppWizard 创建单文档应用程序。

第 2 步：在文档类 CMyDoc.h 文件的 public 下，添加 CStringArray m_strContents;，用来保存读取的文档内容。

第 3 步：在 CMyDoc::Serialize()函数中添加读取文档内容的代码。

```
void CMyDoc::Serialize(CArchive& ar){
    if(ar.IsStoring()){ // TODO: add storing code here }
    else{
        CString str;
        m_strContents.RemoveAll();
        while(ar.ReadString(str)){ m_strContents.Add(str); }
    }
}
```

第 4 步：在视图类 CmyView 的 public 下添加成员变量 LOGFONT m_lfText;，用来保存当前所使用的逻辑字体。

第 5 步：在视图类的实现文件 CMyView.cpp 的构造函数中添加 m_lfText 的初始化代码。

```
CMyView::CMyView(){
    memset(&m_lfText,0,sizeof(LOGFONT));
    m_lfText.lfHeight=-12;
    m_lfText.lfCharSet=GB2312_CHARSET;
    strcpy(m_lfText.lfFaceName,"宋体");
}
```

第 6 步：用 MFC ClassWizard 为视图类 CMyView 添加 WM_LBUTTONDBLCLK（双击鼠标）的消息映射函数，并增加代码。

```
void CMyView::OnLButtonDblClk(UINT nFlags, CPoint point){
    CFontDialog dlg(&m_lfText);
    if(dlg.DoModal()==IDOK){
        dlg.GetCurrentFont(&m_lfText);
        Invalidate();
    }
    CScrollView::OnLButtonDblClk(nFlags, point); }
```

第 7 步：在视图类的实现文件 CMyView.cpp 的 OnDraw()函数中添加如下代码。

```
void CMyView::OnDraw(CDC* pDC){
    CMyDoc* pDoc = GetDocument();
    ASSERT_VALID(pDoc);
    //创建字体
    CFont cf;
    cf.CreateFontIndirect(&m_lfText);
    CFont *oldFont = pDC->SelectObject(&cf);
    //计算每行的高度
    TEXTMETRIC tm;
    pDC->GetTextMetrics(&tm);
    int lineHeight=tm.tmHeight+tm.tmExternalLeading;
    int y=0;
    int tab=tm.tmAveCharWidth*4;                    //一个 Tab 设置 4 个字符
    //输出并计算行的最大长度
    int lineMaxWidth=0;
    CString str;
    CSize lineSize(0,0);
    for(int i=0;i<pDoc->m_strContents.GetSize();i++){
        str=pDoc->m_strContents.GetAt(i);
        pDC->TabbedTextOut(0,y,str,1,&tab,0);
        str=str + "A";                             //多计算一个字符宽度
        lineSize=pDC->GetTabbedTextExtent(str,1,&tab);
        if(lineMaxWidth<lineSize.cx)
        lineMaxWidth=lineSize.cx;
        y+=lineHeight;
    }
    pDC->SelectObject(oldFont);
    //下面一条语句是多算一行，以便滚动窗口能显示全部文档内容
    int nLines=pDoc->m_strContents.GetSize()+1;
    CSize sizeTotal;
    sizeTotal.cx=lineMaxWidth;
    sizeTotal.cy=lineHeight*nLines;
    SetScrollSizes(MM_TEXT,sizeTotal);             //设置滚动逻辑窗口大小
}
```

第 8 步：编译、运行，打开任意一个文本文件，双击文档窗口任意位置，出现字体对话框，可从中设置被显示的字体大小，如图 10.12 所示。

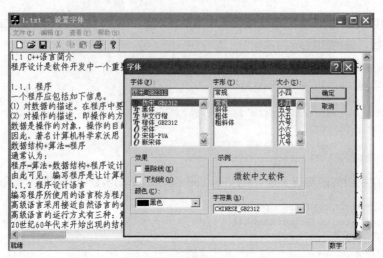

图 10.12 使用字体对话框改变显示的字体大小

7. 文本格式属性

可以通过调用 CDC 类成员函数重新设置字体颜色、背景颜色和文本对齐方式等文本显示属性。默认情况下，字体颜色是黑色，背景颜色为白色，背景模式是不透明（OPAQUE）。

设置字体颜色：COLORREF SetTextColor（COLORREF crColor）;。

设置背景颜色：COLORREF SetBkColor（COLORREF crColor）;。

设置背景模式：int SetBkMode（int nBkMode）;。nBkMode 指定文本背景模式，可以是 OPAQUE（不透明）或 TRANSPARENT（透明）。

获取字体颜色：COLORREF GetTextColor()const;。

获取背景颜色：COLORREF GetBkColor()const;。

获取背景模式：int GetBkMode()const;。

设置文本对齐方式：UINT SetTextAlign（UINT nFlags）;。

获取文本对齐方式：UINT GetTextAlign()const;。默认的对齐方式是 TA_LEFT|TA_TOP。

设置文本字符间距：int SetTextCharacterExtra(HDC hdc, int nCharExtra);。

获取文本字符间距：int GetTextCharacterExtra(HDC hdc);。

举例如下。

```
pDC->SetTextAlign(TA_RIGHT|TA_BOTTOM);
pDC->SetTextCharacterExtra(space);
```

其中，space 表示文本字符之间的额外空间的像素数，指定加到每个字符上的额外空间。

```
int space=pDC->GetTextCharacterExtra();
```

文本对齐标志如表 10.6 所示。

表 10.6 文本对齐标志

对齐标志	含　　义	对齐方向
TA_CENTER	字符串居中对齐	影响文本在水平方向上的对齐方式
TA_LEFT	字符串左对齐（默认设置）	
TA_RIGHT	字符串右对齐	

续表

对齐标志	含 义	对齐方向
TA_BASELINE	将点同所选字符的基线对齐	影响文本在垂直方向上的对齐方式
TA_BOTTOM	字符串下对齐	
TA_TOP	字符串上对齐（默认设置）	
TA_NOUPDATECP	每次调用文本输出函数后当前位置不更新（默认设置）	决定显示字符后当前位置是否更新
TA_UPDATECP	每次调用文本输出函数后更新当前位置的 x 坐标值	

一次可以指定两组以上的值，各个值间使用按位与符号|。

【例 10-14】字体颜色、字符间距及对齐方式的应用。

第 1 步：创建一个单文档应用程序框架。

第 2 步：在视图类的 OnDraw() 函数中输入如下代码。

```
void CMyView::OnDraw(CDC *pDC){
    CMyDoc  *pDoc=GetDocument();
    ASSERT_VALID(pDoc);
    pDC->SetTextAlign(TA_LEFT);                    //左对齐
    pDC->SetTextColor(RGB(255,0,0));
    pDC->SetBkColor(RGB(0,0,255));
    pDC->TextOut(220,20," Visual C++面向对象程序设计");
    pDC->TextOut(220,40," Visual C++面向对象程序设计");
    pDC->TextOut(220,60," Visual C++面向对象程序设计");
    pDC->SetTextAlign(TA_CENTER);                  //居中对齐
    pDC->SetTextCharacterExtra(4);                 //字符间距为 4
    pDC->TextOut(220,80," Visual C++面向对象程序设计");
    pDC->TextOut(220,100," Visual C++面向对象程序设计");
    pDC->TextOut(220,120," Visual C++面向对象程序设计");
    pDC->SetTextAlign(TA_RIGHT);                   //右对齐
    pDC->SetTextColor(RGB(0,255,0));
    pDC->SetBkColor(RGB(255,0,255));
    pDC->TextOut(220,140," Visual C++面向对象程序设计");
    pDC->TextOut(220,160," Visual C++面向对象程序设计");
    pDC->TextOut(220,180," Visual C++面向对象程序设计");
}
```

8. 常用文本输出函数

文本的最终输出不仅依赖于文本的字体，而且和文本的颜色、对齐方式等有很大关系。CDC 类提供了 4 个输出文本的成员函数。

（1）TextOut() 成员函数

函数原型如下。

```
virtual BOOL TextOut(int x,int y,LPCTSTR lpszString,int nCount);
BOOL TextOut(int x,int y,const CString &str);
```

参数 lpszString 和 str 指定即将显示的文本，nCount 表示文本的字节长度。

用当前字体、颜色、对齐方式在指定位置（x,y）处显示一个文本。若输出成功，函数返回 TRUE，否则返回 FALSE。该函数一般没有特殊要求。

（2）DrawText()成员函数

函数原型如下。

```
virtual int DrawText(LPCTSTR lpszString,int nCount,LPRECT lpRect,UINT nFormat);
int DrawText(const CString &str,LPRECT lpRect,UINT nFormat);
```

参数 lpRect 用于指定文本绘制时的参考矩形，矩形本身并不显示。nFormat 表示文本的格式，其可选值如表 10.7 所示。

表 10.7　　　　　　　　　　　　　　　　文本的格式

对齐标志	含　义
DT_BOTTON	下对齐文本，该值必须与 DT_SINGLELINE 组合
DT_CENTER	水平居中
DT_END_ELLIPSIS	使用省略号取代文本末尾的字符
DT_PATH_ELLIPSIS	使用省略号取代文本中间的字符
DT_EXPANDTABS	使用制表位，默认的制表长度为 8 个字符
DT_LEFT	左对齐
DT_MODIFYSTRING	将文本调整为能显示的字符
DT_NOCLIP	不裁剪
DT_NOPREFIX	不支持&字符转义
DT_RIGHT	右对齐
DT_SINGLELINE	指定文本的基线为参考线
DT_TABSTOP	设置制表停止位
DT_TOP	上对齐
DT_VCENTER	垂直居中
DT_WORDBREAK	自动换行

　　　　DT_TABSTOP 与 DT_CALCRECT、DT_EXTERNALLEADING、DT_NOCLIP 及 DT_NOPREFIX 不能组合。

　　　　默认情况下，上述文本输出函数既不使用也不更新"当前位置"。若要使用和更新"当前位置"，则必须调用 SetTextAlign()，并将参数 nFlags 设置为 TA_UPDATECP。使用时，最好在文本输出前用 MoveTo()将当前位置移动至指定位置后，再调用文本输出函数。这样，文本输出函数参数中 x、y 或矩形的左边才会被忽略。

（3）ExtTextOut()成员函数

函数原型如下。

```
virtual BOOL ExtTextOut(int x,int y,UINT nOptions,LPCRECT lpRect,LPCTSTR lpszString,UINT nCount,LPINT lpDxWidths);
BOOL ExtTextOut(int x,int y,UINT nOptions,LPCRECT lpRect,const CString &str,LPINT lpDxWidths);
```

参数 nOptions 指定裁减类型，ETO_CLIPPED 裁减文本以适应矩形。lpDxWidths 为字符间距数组，NULL 表示使用默认间距。

 该函数的功能与 TextOut()相似，但可以根据指定的矩形区域裁减文本，并调整字符间距。

（4）TabbedTextOut()成员函数

函数原型如下。

```
virtual CSize TabbedTextOut(int x,int y,LPCTSTR lpszString,int nCount, int nTabPos
itions,LPINT lpnTabStopPositions,int nTabOrigin);
    CSize TabbedTextOut(int x,int y,const CString &str,int nTabPositions, LPINT lpnTab
StopPositions,int nTabOrigin);
```

参数 nTabPositions 表示 lpnTabStopPositions 数组的大小。lpnTabStopPositions 表示多个递增的制表位（逻辑坐标）的数组。nTabOrigin 表示制表位水平方向的起始点（逻辑坐标），如果 nTabPositions 为 0，且 lpnTabStopPositions 为 NULL，则使用默认的制表位，即一个 Tab 相当于 8 个字符。

 TabbedTextOut()函数也是用当前字体在指定位置显示一个文本，绘制的文本是一个多列的列表形式，启用制表位，可以使绘制出来的文本效果更佳。执行成功时返回输出文本的大小。

10.4.5　CBitmap 类

1. 位图

位图实际是指形成某类图像的位的数组，位数一定的各数组元素代表不同的颜色。Windows 中位图分为两大类：设备相关位图和设备无关位图。

根据位图数组元素存储颜色的位数不同，位图图像可分为如下几种。

1 位图像：也称单显，数组元素为 0 或 1，只能显示两种颜色（默认为黑白）。

4 位图像：也称 16 色，可以显示 16 种颜色，需要调色板描述它的颜色。

8 位图像：也称 256 色，最多可显示 256 种颜色，需要调色板描述它的颜色。

16 位图像：也称增强色，可显示 32768 种颜色，不需要调色板描述它的颜色。

24 位图像：也称真彩色，可显示 1680 多万种颜色，提供了人眼可视的全部颜色。

Windows 中用 BITMAP 结构保存位图的数据，其格式如下。

```
typedef struct tagBITMAP{
int bmType;                  //位图类型，总为 0
int bmWidth;                 //位图宽度（像素数）
int bmHeight;                //位图高度（像素数）
int bmWidthBytes;            //每条扫描线的字节数，必须能被 2 除尽
BYTE bmPlanes;               //位图的颜色数
BYTE bmBitsPixel;            //描述像素颜色所需的位数
LPVOID bmBits;               //指向字符数组的指针，该数组的值构成位图
}BITMAP;
```

位图是程序的资源之一，可以通过图形编辑器设计所需的位图，也可以通过单击 Import 按钮

调用已有的位图。如果要在程序中使用位图，可以从资源装载位图到 CBitmap 对象中。

2. CBitmap 初始化函数

类 CBitmap 封装了 Windows GDI 中的位图，并且提供了对位图进行操作的成员函数。使用 CBitmap 对象之前要先构造 CBitmap 对象，调用其中的一个初始化成员函数设置位图对象的句柄。初始化函数如下。

LoadBitmap()：从应用的可执行文件中加载一个已命名的位图资源来初始化位图对象。

LoadOEMBitmap()：加载一个预定义的 Windows 位图来初始化位图对象。

LoadMappedBitmap()：加载一个位图并把它的颜色映射为系统颜色。

CreateBitmap()：用一个指定宽度、高度和位图模式的依赖于设备的内存位图初始化位图对象。

CreateBitmapIndirect()：用 BITMAP 结构中给出宽度、高度和模式（可以不指定）的位图初始化位图对象。

CreateCompatibleBitmap()：用一个位图初始化对象使之与指定设备兼容。

CreateDiscardableBitmap()：用一个可丢弃的、与指定设备兼容的位图初始化对象。

（1）LoadBitmap()函数原型如下。

```
BOOL LoadBitmap(LPCTSTR lpszResourceName);
BOOL LoadBitmap(UINT nIDResource);
```

参数 lpszResourceName 指向一个包含了位图资源名字的字符串（该字符串以空字符结尾）；nIDResource 指定位图资源中资源的 ID。

本函数从应用的可执行文件中加载由 lpszResourceName 指定名字或者由 nIDResource 指定 ID 的位图资源。加载的位图被附在 CBitmap 对象上。

（2）若用户直接创建一个位图对象，可使用 CBitmap 类中的 CreateBitmap()、CreateBitmapIndirect() 以及 CreateCompatibleBitmap() 函数。

```
BOOL CreateBitmap(int nWidth,int nHeight,UINT nPlanes,UINT nBitcount,Const void *l
pBits);
```

参数 nWidth 指定位图的宽度（以像素数为单位）；nHeight 指定位图的高度（以像素数为单位）；nPlanes 指定位图中的彩色位面数；nBitCount 指定位图中每个像素颜色的位数；lpBits 指向一个短整型数组，数组中记录了位图的初始化值，如果为 NULL，则新的位图没有被初始化。对彩色位图来说，参数 nPlanes 和 nBitcount 要有一个被设置为 1。如果二者都被设置为 1，则建立一个黑白位图。若要终止用 CreateBitmap() 建立的 CBitmap 对象，先要从 DC 中移出该位图，然后删除该对象。

```
BOOL CreateBitmapIndirect(LPBITMAP lpBitmap);
```

此函数直接用 BITMAP 结构来创建一个位图对象。

```
BOOL CreateCompatibleBitmap(CDC *Pdc,int nWidth,int nHeight);
```

此函数为某 DC 创建一个指定宽度（nWidth）和高度（nHeight）的位图对象。

10.4.6 显示位图

显示位图是通过位块传送实现的。位块不能直接送到显示设备，而要经过 DC 的缓冲。把位图数据（位块）从一个 DC 传送到另一个 DC 的操作叫作位块传送。

CDC 类提供了位块传送的成员函数，包括 CDC::BitBlt() 和 CDC::StretchBlt()。

1. BitBlt()函数

函数原型如下。

```
BOOL BitBlt(int x,int y,int nWidth,int nHeight,CDC* pSrcDC,int xSrc,int ySrc, DWOR
D dwRop);
```

如果位块传送成功，返回值为非 0，否则为 0。

参数 x、y 是目标矩形左上角的逻辑坐标；nWidth、int nHeight 是目标矩形和源位图的逻辑宽度和高度；pSrcDC 是一个 CDC 对象的指针，指向源位图所经由的 DC，如无源位图，则该参数必须为 NULL；xSrc、ySrc 是源位图左上角的逻辑坐标；dwRop 指明源位图的光栅位操作方式（为源位图、当前图案和目标位图的逻辑操作），其可取值如表 10.8 所示。

表 10.8   位操作方式取值

位操作	说　　明
BLACKNESS	将所有输出转为黑色（位为 0）
DSTINVERT	反置目标位图
MERGECOPY	当前图案与源位图进行 AND 运算，结果复制到目标位图
MERGEPAINT	反置源位图和目标位图后，进行 OR 运算
NOTSRCCOPY	将反置源位图复制到目标位图
NOTSRCERASE	目标位图与源位图进行 OR 运算，再反置
PATCOPY	将当前图案复制到目标位图
PATINVERT	目标位图与当前图案进行 XOR 运算
PATPAINT	反置源位图和目标位图再进行 OR 运算，结果再与当前图案进行 OR 运算
SRCAND	利用 AND 组合源位图和目标位图
SRCCOPY	复制源位图到目标位图
SRCERASE	反置目标位图，再利用 AND 与源位图组合
SRCINVERT	利用 XOR 组合源位图和目标位图
SRCPAINT	利用 OR 组合源位图和目标位图
WHITENESS	将所有输出转为白色（位为 1）

由于位图不能直接显示在实际设备中，因此对 GDI 位图的显示必须遵循下列步骤。

（1）调用 CBitmap 类的 CreateBitmap()、CreateCompatibleBitmap()或 CreateBitmapIndirect()函数创建一个适当的位图对象。

（2）调用 CDC::CreateCompatibleDC()函数创建一个内存设备环境，以便位图在内存中保存下来，并与指定设备（窗口设备）环境相兼容。

（3）调用 CDC::SelectObject()函数将位图对象选入内存设备环境。

（4）调用 CDC::BitBlt()或 CDC::StretchBlt()函数将位图复制到实际设备环境中。

（5）使用完毕，恢复原来的内存设备环境。

【例 10-15】调用一个位图并在窗口中显示。

第 1 步：创建一个单文档应用程序。

第 2 步：创建文件 Insert\Resource\Bitmap\Import*.**.bmp，将其插到程序中。

第 3 步：在 OnDraw(CDC *pDC)函数里添加以下代码。

```
void CMyView::OnDraw(CDC* pDC){
```

```
    CMyDoc* pDoc = GetDocument();
    ASSERT_VALID(pDoc);
    CBitmap m_bmp;                        //位图类对象
    m_bmp.LoadBitmap(IDB_BITMAP1);        //加载位图资源，就是插到程序中的图形
    BITMAP bm;                            //位图结构体变量
    m_bmp.GetObject(sizeof(BITMAP),&bm);
    CDC dcMem;                //创建一个与pDC指定的只支持光栅操作的设备兼容的内存设备环境
    dcMem.CreateCompatibleDC(pDC);
    CBitmap *pOldbmp=dcMem.SelectObject(&m_bmp);
    pDC->BitBlt(60,60,bm.bmWidth,bm.bmHeight,&dcMem,0,0,SRCCOPY);
    dcMem.SelectObject(pOldbmp);
}
```

第4步：编译、运行，在窗口中显示位图，结果如图 10.13 所示。

图 10.13　在窗口中显示位图

【例 10-16】装载位图：当鼠标指针移动到显示的位图上或离开时，会更替位图显示，类似于按钮或图形的弹出效果。

第1步：用 AppWizard 生成单文档应用程序。

第2步：生成或载入两个位图资源，它们的 ID 分别为 IDB_BITMAP1 和 IDB_BITMAP2。

第3步：在视窗类 CTestView 中，增添三个私有成员变量。

```
    CBitmap m_bmp;              //鼠标指针不在其上时显示的位图
    CBitmap m_overbmp;          //鼠标指针在其上时显示的位图
    CRect m_bmp_rect;           //存放显示区域的矩形
```

第4步：在视窗类 CTestView 的构造函数中，对 CBitmap 对象初始化。

```
CTestView::CTestView(){
    // TODO: add construction code here
    m_bmp.LoadBitmap(IDB_BITMAP1);
    m_overbmp.LoadBitmap(IDB_BITMAP2);
}
```

第5步：在视窗类 CTestView 中，增添成员函数 CTestView::showbmp()，用于在指定的矩形区域 rc 内显示位图 bmp。该函数的代码如下。

```
void CTestView::showbmp(CRect &rc, CBitmap &bmp){
```

```
    CClientDC dc(this);
    CDC dcmem;
    dcmem.CreateCompatibleDC(&dc);          //创建兼容的内存设备对象
    dcmem.SelectObject(bmp);
    //传送位图到 rc 表示的矩形区域
    dc.BitBlt(rc.left,rc.top,rc.Width(),rc.Height(),&dcmem,0,0,SRCCOPY);
}
```

第 6 步：添加鼠标移动消息响应函数 OnMouseMove()。

```
void CTestView::OnMouseMove(UINT nFlags, CPoint point){
    // TODO: Add your message handler code here and/or call default
    if(m_bmp_rect.PtInRect(point))  showbmp(m_bmp_rect, m_overbmp);
    else showbmp(m_bmp_rect, m_bmp);
    CView::OnMouseMove(nFlags, point);
}
```

其中使用了 CRect 类的 PtInRect()函数来判断鼠标指针是否在显示位图的矩形内。

第 7 步：在 OnDraw()函数中添加代码，以便窗口刷新时显示第一个位图。

```
void CTestView::OnDraw(CDC* pDC){
    // TODO: add draw code for native data here
    CRect r;
    GetClientRect(&r);                          //获得用户区矩形
    CRect rcCenter(r.Width()/2-24,r.Height()/2-24, r.Width()/2+24,r.Height()/2+24 );
    m_bmp_rect=rcCenter;                         //显示第一个位图
    showbmp(m_bmp_rect,m_bmp);                   //显示第一个位图
}
```

通过上述代码可以看出：位图的最终显示是通过调用 CDC::BitBlt()函数来完成的。

除此之外，也可以使用 CDC::StretchBlt()函数。这两个函数的区别在于：StretchBlt()函数可以对位图进行缩小或放大操作，而 BitBlt()放大不能，但 BitBlt()的显示更新速度较快。

2. StretchBlt()函数

当目标 DC 与源位图的尺寸不匹配时，就要放大或缩小位块以适应目标矩形的大小。这可以通过 CDC::StretchBlt()函数实现，其原型如下。

```
BOOL StretchBlt(int x,int y,int nWidth,int nHeight,CDC * pSrcDC,int xSrc, int ySrc
,int nSrcWidth,int nSrcHeight,DWORD dwRop);
```

参数 x、y 表示位图目标矩形左上角的逻辑坐标；nWidth、nHeight 表示位图目标矩形的逻辑宽度和高度；pSrcDC 表示源设备环境 CDC 指针；xSrc、ySrc 表示位图源矩形左上角的逻辑坐标；dwRop 表示显示位图的光栅操作方式，光栅操作有很多种，但经常使用的是 SRCCOPY，用于直接将位图复制到目标环境中；nSrcWidth、nSrcHeight 表示源矩形的逻辑宽度和高度。

如果位块传送成功，返回值为非 0，否则为 0。

CDC::StretchBlt()函数在缩放位块时，是通过一定的缩放模式来对增加或减少的像素点进行处理的，缩放模式通过 CDC::SetStretchBltMode()函数来设置，举例如下。

```
pDC->SetStretchBltMode(COLORONCOLOR);           //删除像素点
pDC->SetStretchBltMode(HALFTONE);               //像素点采用半色调
```

10.4.7 动画图形的制作

在屏幕上动态显示图形，能获得生动的画面，因此，在 CAD、CAI 等领域中动画都得到了广

泛的应用。下面通过例题介绍在 Visual C++中编写简单动画程序的方法。

【例 10-17】六瓣花和蕨类植物。

第1步：建立工程文件 Shiyan，在 CShiyanView.cpp 中增加头文件：#include "math.h"。

第2步：在视图类 OnDraw()函数中添加以下代码。

```cpp
void CShiyanView::OnDraw(CDC* pDC){
    CShiyanDoc * pDoc = GetDocument();
    ASSERT_VALID(pDoc);
    CPen PenRed(PS_SOLID,1,RGB(255,0,0));      //定义红色笔
    CPen PenBlue(PS_SOLID,1,RGB(0,0,255));     //定义蓝色笔
    CPen PenGreen(PS_SOLID,1,RGB(0,255,0));    //定义绿色笔
    int x1,x2,y1,y2,m,n,d=50;
    float a,e,f,pi=3.14159;
    //绘制六瓣花
    for(a=0;a<=2*pi;a+=pi/300){
        e=d*(1+0.25*cos(3*a));
        f=e*(1+sin(6*a));
        x1=200+f*cos(a);
        x2=200+f*cos(a+pi/16);
        y1=100-f*sin(a);
        y2=100-f*sin(a+pi/16);
        for(n=0;n<=200;n++){
            srand(15);
            m=rand();
            pDC->MoveTo(x1,y1);
            pDC->LineTo(x2,y2);
            pDC->SelectObject(&PenBlue);
        }
    }
    //绘制蕨类植物
    pDC=GetDC();
    Fern(pDC,RGB(0,255,110));
}
```

第3步：在视图类中添加自定义成员函数。

```cpp
void CShiyanView::Fern(CDC *pDC, COLORREF color){
    double a[4]={0,0.85,0.2,-0.18};
    double b[4]={0,0.04,-0.25,0.28};
    double c[4]={0,-0.04,0.22,0.24};
    double d[4]={0.16,0.85,0.22,0.24};
    double e[4]={0,0,0,0};
    double f[4]={0,1.6,1.6,0.4};
    double x[25000];
    double y[25000];
    x[0]=10;
    y[0]=10;
    int r,m;
    int p;
    for(int k=0;k<25000;k++){
        r=rand();
        m=r%101;
        if(m<1) p=0;
        else if(m>=1&&m<8) p=3;
```

```
        else if(m>=8&&m<15) p=2;
                    else p=1;
        x[k+1]=a[p]*x[k]+b[p]*y[k]+e[p];
        y[k+1]=c[p]*x[k]+d[p]*y[k]+f[p];
        int xt,yt;
        xt=(int)(x[k]*20+360);
        yt=(int)(y[k]*20+70);
        if(k>=200)
        pDC->SetPixel(xt,yt,color); //将指定坐标处的像素设为指定的颜色
    }
}
```

第 4 步：编译、运行，结果如图 10.14 所示。

图 10.14　动态显示六瓣花和蕨类植物

【例 10-18】采用鼠标"橡皮筋"技术画圆。

采用鼠标"橡皮筋"技术画圆就是用鼠标单击圆心位置，然后移动鼠标，圆随鼠标移动而放大或缩小，当再次单击鼠标左键时，确定圆周上的一点，从而画出相应的圆。直线、矩形等基本图形都可以采用"橡皮筋"技术绘制。

第 1 步：建工程文件立 MouseSpring。

第 2 步：在视图类中添加自定义成员变量。

```
protected:
CPoint m_bO;          //圆心
CPoint m_bR;          //圆上的点
int m_ist;//圆心与圆周上点的区别，m_ist=0 表示鼠标单击点为圆心，m_ist=1 表示鼠标单击点为圆周上
```
的点

第 3 步：在视图类中添加自定义成员函数。

```
void DrawCircle(CDC * pDC,CPoint cenp,CPoint ardp);     //画圆
int ComputeRadius(CPoint cenp,CPoint ardp);            //计算圆的半径
```

第 4 步：在视图类的构造函数中初始化成员变量。

```
CMouseSpringView::CMouseSpringView(){
    m_bO.x=0;m_bO.y=0;          //圆心
    m_bR.x=0;m_bR.y=0;          //圆周上的点
```

```
        m_ist=0;                                //圆心与圆周上的点区别
    }
```

第 5 步：在视图类 OnDraw()函数中添加以下代码。

```
void CMouseSpringView::OnDraw(CDC * pDC){
    CMouseSpringDoc * pDoc = GetDocument();
    ASSERT_VALID(pDoc);
    pDC->SelectStockObject(NULL_BRUSH);
    DrawCircle(pDC,m_bO,m_bR);
}
```

第 6 步：在视图类中添加两个鼠标消息响应函数。

```
void CMouseSpringView::OnLButtonDown(UINT nFlags, CPoint point){
    CDC * pDC=GetDC();
    pDC->SelectStockObject(NULL_BRUSH);
    if(!m_ist){                             //绘制圆
        m_bO=m_bR=point;                    //记录第一次单击鼠标位置，定圆心
        m_ist++;}
    else{
        m_bR=point;                         //记录第二次单击鼠标位置，定圆周上的点
        m_ist--;                            //为新绘图做准备
        DrawCircle(pDC,m_bO,m_bR);          //绘制新图
    }
    ReleaseDC(pDC);                         //释放设备环境
    CView::OnLButtonDown(nFlags, point);
}
void CMouseSpringView::OnMouseMove(UINT nFlags, CPoint point){
    CDC * pDC=GetDC();
    int nDrawmode=pDC->SetROP2(R2_NOT);     //设置异或绘图模式，并保存原绘图模式
    pDC->SelectStockObject(NULL_BRUSH);
    if(m_ist==1){
        CPoint prePnt,curPnt;
        prePnt=m_bR;                        //获得鼠标所在的前一位置
        curPnt=point;
        //绘制橡皮筋线
        DrawCircle(pDC,m_bO,prePnt);        //用异或模式重复画圆，擦除所画的圆
        DrawCircle(pDC,m_bO,curPnt);        //用当前位置作为圆周上的点画圆
        m_bR=point;
    }
    pDC->SetROP2(nDrawmode);                //恢复原绘图模式
    ReleaseDC(pDC);                         //释放设备环境
    CView::OnMouseMove(nFlags, point);
}
```

第 7 步：添加成员函数 DrawCircle()和 ComputeRadius()的程序代码。

```
void CMouseSpringView::DrawCircle(CDC * pDC, CPoint cenp, CPoint ardp){
    int radius=ComputeRadius(cenp,ardp);
    //由圆心确定所画圆的外切区域
    CRect rc(cenp.x-radius,cenp.y-radius,cenp.x+radius,cenp.y+radius);
    pDC->Ellipse(rc);                       //画出一个整圆
}
int CMouseSpringView::ComputeRadius(CPoint cenp, CPoint ardp){
```

```
        int dx=cenp.x-ardp.x;
        int dy=cenp.y-ardp.y;
        return (int)sqrt(dx*dx+dy*dy);
}
```

第 8 步：在头文件中添加：#include "math.h"。编译、运行，结果如图 10.15 所示。

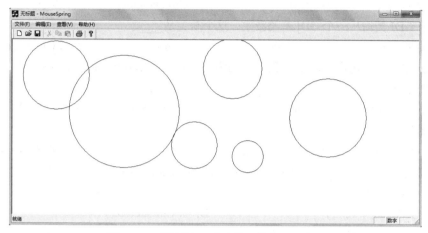

图 10.15　采用鼠标"橡皮筋"技术画圆效果

本 章 小 结

通过本章学习，应了解 DC 和 GDI 的基本概念，能够利用设备环境类 CDC 对文本进行操作，实现简单图形的绘制（点、线、椭圆、矩形和弧等），掌握各种绘图工具（画笔、画刷）的使用方法。

Windows 的 GDI 提供了绘图的基本工具。Visual C++ 6.0 的 CDC 类是 MFC 中最重要的类之一，它封装了全部的绘图函数。

MFC 把不同的绘图工具封装到不同的类中，它们都是 CGdiObject 类的派生类：CPen 类，CBrush 类，CFont 类，CRgn 类，CBitmap 类，CPalette 类。

习　题　10

一、单选题

1. 设备环境类 CDC 提供了绘制和打印的全部函数。为了能让用户使用一些特殊的设备环境，CDC 还派生了一些类。以下正确的是____。

    A．CPaintDC、CClientDC、CWindowDC 和 CMetaFileDC

    B．CClientZoneDC、CWindowDC、CMetaFileDC、CPaintDC

    C．CClientDC、CWindowsDC、CMetaFileDC、CPaintDC

    D．CPaintDC、CClientDC、CWindowDC 和 CDrawDC

2. 在 Windows 环境下，为了方便绘图，系统定义了几种坐标映射模式，其中 y 轴正向垂直向下的映射模式是____。

    A. MM_LOMETRIC   B. MM_TEXT

    C. MM_HIENGLISH   D. MM_TWIPS

3. 用于描述矩形的类是____。

    A. CPoint   B. CSize   C. CRectangle   D. CRect

4. 所有 GDI 类均从一个 GDI 基类派生，这个基类是____。

    A. CBrush   B. CPalette   C. CRgn   D. CGdiObject

5. 现创建一个黑色虚线画笔对象，语句为 pen.CreatePen(nPenStyle,1,RGB(0,0,0))，则参数 nPenStyle 取值为_____。

    A. PS_SOLID   B. PS_NULL   C. PS_DASH   D. PS_DOT

6. 视图类中支持绘图的成员函数是____。

    A. OnDraw()   B. OnInitUpdate()   C. OnSize()   D. OnLButtonDown()

7. 窗口类 CWnd 的____函数可以取得窗口客户区尺寸，用于绘图时精确定位。

    A. GetClientRect()   B. GetWindowRect()

    C. GetWindowText()   D. InvalidateRec()

8. 使用 GetWindowDC()和 GetDC()获取的 DC 在退出时必须调用____释放。

    A. DeleteDC()   B. delete()   C. ReleaseDC()   D. Detach()

9. 在屏幕上的绘制通常使用（ ）对象，而在打印机上绘制，则使用（ ）对象来完成。____

    A. CDC，CWindowsDC   B. CWindowsDC, CDC

    C. CWindowsDC，CPaintDC   D. CDC，CPaintDC

10. （ ）对象表示一个点的位置，（ ）对象表示距离，（ ）对象表示一个矩形区域。___

    A. CPoint 类，CRect 类，CSize 类   B. CSize 类，CPoint 类，CRect 类

    C. CRect 类，CSize 类，CPoint 类   D. CPoint 类，CSize 类，CRect 类

二、填空题

1. CGdiObject 及其派生类封装了 Windows 提供的绘图工具____、____、____和____。

2. VC++中进行图形绘制和文本输出的类是____。

3. MFC 类库中绝大多数的类都是从____类直接或间接派生的。

4. 要获取设备环境中正在使用的字体信息,应先定义一个字体信息结构体 TEXTMETRIC tm, 然后调用 CDC 类的____函数把设备环境中正在使用的字体信息放到 tm 中。

5. 定时器会发出____消息，设置定时器的函数是____函数。

6. ____代表窗口客户区的设备环境，____代表整个窗口的设备环境。

7. 在进行绘图时，____用于指定图形的填充样式，____用于指定图形的边框样式。

三、简答题

1. MFC 提供了哪几种设备环境类？它们各有什么用途？

2. CRect、CPoint 和 CSize 类的数据成员分别是什么?

四、编程题

1. 编写一个画直线的单文档绘图程序 MyLine，具体功能：在利用鼠标画线时，按住鼠标左键并拖曳，可以随鼠标移动动态地画出当前直线，释放左键后固定直线。要求实现窗口重绘功能，绘图需采用标准的十字型鼠标指针。

2. 编写在屏幕上绘制桁架示意图（如下图所示）的程序，不注尺寸，大致安放在屏幕中央。

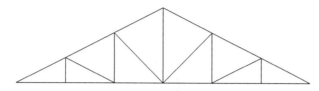

3. 绘制下图所示图形。图形由同心的半圆和椭圆弧组成，设圆半径为 70，椭圆长半径为 140，短半径为 50。

4. 编程绘制球面及其上均匀分布的经线和纬线的正面投影，如下图所示。

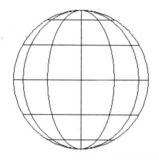

5. 利用常用文本输出函数 CDC::TextOut() 编程实现下图所示的各种文本输出。

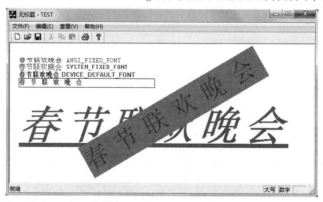

6. 使用"橡皮筋"技术，编写曲柄滑块机构运动的动画程序，运动过程如下图所示。

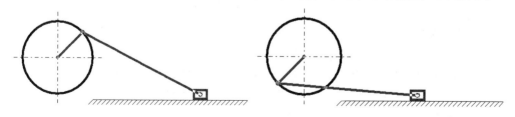

第 **11** 章　综合实训

【学习目标】

（1）利用 C++的有关概念，综合解决实际问题。

（2）掌握利用 MFC 向导和数据库编程技术综合开发 Windows 应用程序的方法。

（3）进一步熟悉 MFC 绘图的基本知识和方法。

11.1　控制台应用程序：商品信息管理系统

1. 项目要求

（1）实现描述超市的类 Supermarket，记录系统中现有商品（用链表实现）。

类定义归入头文件 supermarket.h，类的实现归入程序文件 supermarket.cpp，并要求完成以下操作。

```
void appendGoods ( char * name,float price,int number);    //添加新商品
void queryAllGoods();                                      //查询所有商品
void deleteGoods(char * name);                             //删除指定商品
void saleGoods(char * name,int number);                    //销售指定商品
void addGoods(char * name,int number);    //商品上架，系统中已有商品数量增加
void queryGoods(char * name);                              //查询指定商品
```

（2）定义商品类 Goods，记录商品信息。

类定义归入头文件 goods.h，类的实现归入程序文件 goods.cpp。private 数据成员有商品名称 name、商品价格 price、商品数量 number 等属性，并要求完成以下操作。

```
void sale(char * name,int number);        //商品销售,余额不足时给予提示
void add(char * name,int number);         //商品上架
void showMe();                            //商品信息显示
```

重载输出<<运算符。

（3）编写 main()函数，测试以上所要求的各种功能。

输入 0 退出系统，输入 1 增加商品，输入 2 删除商品，输入 3 查询商品，输入 4 商品销售，输入 5 商品上架，输入 6 查询所有商品。主程序文件归入 pmain.cpp。

2. 代码实现

```
//goods.h
```

```cpp
class Goods{                        //商品类
private:
    char name[20];              //商品名称
    float price;                //商品价格
    int number;                 //商品数量
    Goods * next;               //下一种商品
public:
    friend ostream & operator <<(ostream & out,Goods & goods);
    Goods(char * name,float price,int number);      //构造函数
    Goods * getNext();
    char * getName();
    void setNext(Goods * next);
    void sale(char * name,int number);      //商品销售
    void add(char * name,int number);       //商品上架
    void showMe();                          //商品信息显示
};
ostream & operator <<(ostream & out,Goods & goods);
//goods.cpp
#include <iostream.h>
#include <string.h>
#include "goods.h"
Goods::Goods(char * name,float price,int number){
    strcpy(this->name,name);
    this->price = price;
    this->number = number;
    next = NULL;
}
Goods * Goods::getNext(){ return next; }
char * Goods::getName(){ return name; }
void Goods::setNext(Goods * next){ this->next = next; }
void Goods::sale(char * name,int number){
    if (this->number<number)
        cout<<"名称为"<<name<<"的商品库存不足!"<<endl;
    else{
        this->number -= number;
        cout<<"名称为"<<name<<"的商品销售数量"<<number<<endl;
        cout<<"名称为"<<name<<"的商品库存数量"<<this->number<<endl;
    }
}
void Goods::add(char * name,int number){
    this->number += number;
    cout<<"名称为"<<name<<"的商品上架数量"<<number<<endl;
    cout<<"名称为"<<name<<"的商品库存数量"<<this->number<<endl;
}
void Goods::showMe(){ cout<<(*this)<<endl; }
ostream & operator <<(ostream & out,Goods & goods){
    out<<"商品名称:"<<goods.name<<" "<<"商品价格:"<<goods.price<<" "<<"商品数量:"
<<goods.number<<endl;
    return out;
}
//Supermarket.h
#include "goods.h"
```

```
class Supermarket{                                      //超市类
private:
    Goods * head;
public:
    Supermarket();
    ~Supermarket();
    void appendGoods(char * name,float price,int number);  //商品添加
    void queryAllGoods();                           //查询所有商品
    void deleteGoods(char * name);                  //商品删除
    void saleGoods(char * name,int number);         //商品销售
    void addGoods(char * name,int number);          //商品上架
    void queryGoods(char * name);                   //查询指定商品
};
//Supermarket.cpp
#include <iostream.h>
#include <string.h>
#include "supermarket.h"
Supermarket::Supermarket(){     head = NULL;}
Supermarket::~Supermarket(){
    Goods * p;
    while(head!=NULL){
        p = head;
        head = head->getNext();
        delete p;
    }
}
void Supermarket::appendGoods(char * name,float price,int number){
    Goods* pNew = new Goods(name,price,number);
    Goods * p;
    if (head==NULL)    head = pNew;
    else{
        p = head;
        while(p->getNext()!=NULL) p = p->getNext();
        p->setNext(pNew);
    }
}
void Supermarket::queryAllGoods(){
    Goods * p = head;
    while(p!=NULL){
        p->showMe();
        p = p->getNext();
    }
}
void Supermarket::deleteGoods(char * name){
    Goods * p = head;
    Goods * q = head;
    if (p==NULL) cout<<"无任何商品,无法删除!"<<endl;
    else if(strcmp(p->getName(),name)==0)       {
        p = p->getNext();
        head = p;
        delete q;
        cout<<"已删除商品"<<name<<endl;
    }
    else{
```

```
        p = p->getNext();
        while((p!=NULL) && (strcmp(p->getName(),name)!=0)){
            q = p;
            p = p->getNext();
        }
        if(p==NULL)
            cout<<"待删除商品"<<name<<"不存在"<<endl;
        else{
            q->setNext(p->getNext());
            cout<<"已删除商品"<<name<<endl;
            delete p;
        }
    }
}
void Supermarket::saleGoods(char * name,int number){
    Goods * p = head;
    if (p==NULL)
        cout<<"无任何商品,无法销售!"<<endl;
    else if(strcmp(p->getName(),name)==0)
        p->sale(name,number);
    else{
        p = p->getNext();
        while((p!=NULL) && (strcmp(p->getName(),name)!=0))
            p = p->getNext();
        if(p==NULL)
            cout<<"待销售商品"<<name<<"不存在"<<endl;
        else
            p->sale(name,number);
    }
}
void Supermarket::addGoods(char * name,int number){
    Goods * p = head;
    if (p==NULL)
        cout<<"无任何商品,无法上架!"<<endl;
    else if(strcmp(p->getName(),name)==0)
            p->add(name,number);
    else{
        p = p->getNext();
        while((p!=NULL) && (strcmp(p->getName(),name)!=0))
            p = p->getNext();
        if(p==NULL)
            cout<<"待上架商品"<<name<<"不存在"<<endl;
        else
            p->add(name,number);
    }
}
void Supermarket::queryGoods(char * name){
    Goods * p = head;
    if (p==NULL) cout<<"无任何商品,无法查询!"<<endl;
    else if(strcmp(p->getName(),name)==0) p->showMe();
        else{
                p = p->getNext();
                while((p!=NULL) && (strcmp(p->getName(),name)!=0))
                p = p->getNext();
```

```
                if(p==NULL)    cout<<"待查询商品"<<name<<"不存在"<<endl;
                else p->showMe();
            }
    }
//pmain.h
void Append();
void Query();
void Sale();
void Add();
void QueryAll();
void Delete();
//pmain.cpp
#include <iostream>
#include <string.h>
#include "pmain.h"
#include "supermarket.h"
using namespace std;
Supermarket s;
void main(){
    int num;
    while(1){
        cout<<"\t商 品 管 理 系 统"<<endl;
        cout<<endl;
        cout<<"   1-增加商品,\t,4-商品销售"<<endl<<endl;
        cout<<"   2-删除商品,\t,5-商品上架"<<endl<<endl;
        cout<<"   3-查询商品,\t,6-查询所有商品"<<endl<<endl;
        cout<<"   0-退出系统"<<endl<<endl;
        cout<<"   请选择:";
        cin>>num;
        switch(num){
            case 0:break;
            case 1:Append();break;
            case 2:Delete();break;
            case 3:Query();break;
            case 4:Sale();break;
            case 5:Add();break;
            case 6:QueryAll();break;
        }
        if (num==0) break;
    }
}
void Append(){
    char name[20];
    float price;
    int number;
    cout<<endl;
    cout<<"请输入商品名称,价格,数量:";
    cin>>name>>price>>number;
    s.appendGoods(name,price,number);
    cout<<endl;
}
void Add(){
    char name[20];
    int number;
```

```
        cout<<endl;
        cout<<"请输入待上架商品名称,数量:";
        cin>>name>>number;
        s.addGoods(name,number);
        cout<<endl;
}
void Sale(){
        char name[20];
        int number;
        cout<<endl;
        cout<<"请输入待销售商品名称,数量:";
        cin>>name>>number;
        s.saleGoods(name,number);
        cout<<endl;
}
void QueryAll(){
        cout<<endl;
        s.queryAllGoods();
        cout<<endl;
}
void Query(){
        cout<<endl;
        char name[20];
        cout<<"请输入待查询商品名称:";
        cin>>name;
        s.queryGoods(name);
        cout<<endl;
}
void Delete(){
        cout<<endl;
        char name[20];
        cout<<"请输入待删除商品名称:";
        cin>>name;
        s.deleteGoods(name);
        cout<<endl;
}
```

程序运行界面如图 11.1 所示。

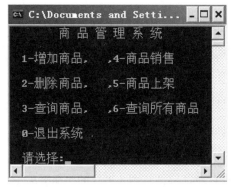

图 11.1　运行界面

11.2 MFC编程：班级信息管理系统

1. 项目要求

在一般视图中显示班级信息内容，可根据院系或专业来查询班级信息，将结果显示在视图中。具体要完成的任务或要实现的功能如下。

（1）用 Access 创建一个用于班级信息管理系统的数据库 student.mdb。添加数据表 classinfo，用来描述班级信息，其字段有 classno（班级号）、depart（所在院系）、special（专业名称）、studyyear（学制）、entertime（入学时间）。

（2）在主菜单中添加"信息输入（&I）"菜单，在该菜单中添加"班级信息输入（&C）"菜单项。选择该菜单项后，弹出"班级信息输入"对话框，输入一条信息，单击"确定"按钮，在 classinfo 表中添加一条班级信息记录，并自动更新视图显示的内容。

（3）在主菜单中添加"信息查询（&Q）"菜单，在该菜单中添加"查询班级信息（&S）"菜单项。选择该菜单项后，弹出"查询班级信息"对话框，输入要查询的内容，单击"确定"按钮后，结果显示在视图中。

2. 实现步骤

第 1 步：创建数据库和数据表。

（1）启动 Microsoft Access 2003。

（2）选择"文件→新建"，在右边任务窗口中单击"空数据库"，弹出"文件新建数据库"对话框，将文件保存为 c:\student.mdb，单击"创建"按钮，出现图 11.2 所示的数据库设计窗口。

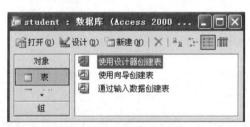

图 11.2 数据库设计窗口

（3）双击"使用设计器创建表"项，添加字段和数据类型，结果如图 11.3 所示。

字段名称	数据类型	说明
classno	文本	班级号
depart	文本	所在院系
special	文本	专业名称
studyyear	数字	学制
entertime	日期/时间	入学时间

图 11.3 添加字段和数据类型

（4）关闭该窗口，弹出保存对话框，将刚才设计的表命名为 classinfo，单击"确定"按钮，出现一个消息对话框，询问是否要创建一个主键，单击"否"按钮。

（5）双击数据库设计窗口中的 classinfo 表，在 classinfo 表中输入图 11.4 所列记录，以便稍后测试。

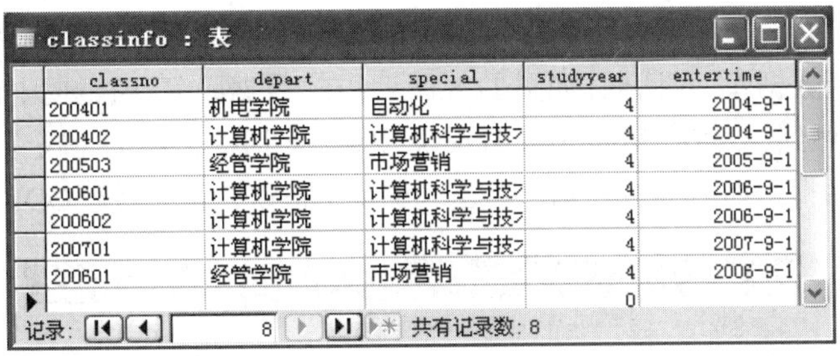

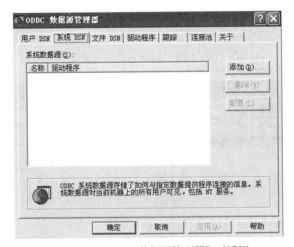

图 11.4 在 classinfo 表中添加的记录

（6）关闭 Microsoft Access 2003。

第 2 步：创建 ODBC 数据源。

（1）选择"控制面板→管理工具→数据源（ODBC）"，出现"ODBC 数据源管理器"对话框，如图 11.5 所示。

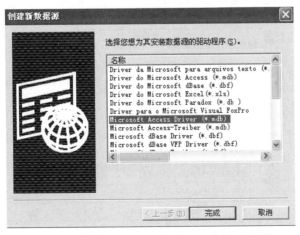

图 11.5 "ODBC 数据源管理器"对话框

（2）选择"系统 DSN"标签，单击"添加"按钮，选择 Microsoft Access Driver（*.mdb）项，单击"完成"按钮，如图 11.6 所示。

图 11.6 选择 Microsoft Access Driver（*.mdb）项

（3）在图 11.7 中的"数据源名"编辑框中输入"用于学生信息管理系统的数据库"，单击"选择"按钮，出现"选择数据库"对话框，如图 11.8 所示；在"数据库名"编辑框中输入 c:\student.mdb，单击"确定"按钮，回到"ODBC Microsoft Access 安装"对话框，单击"确定"按钮，回到"ODBC 数据源管理器"对话框，如图 11.9 所示，单击"确定"按钮，完成创建 ODBC 数据源的工作。

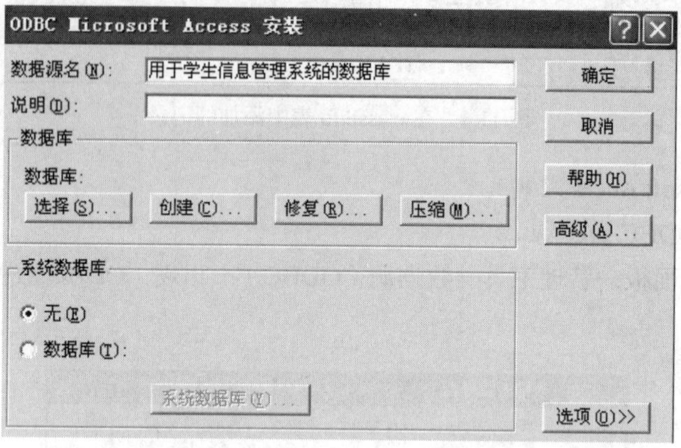

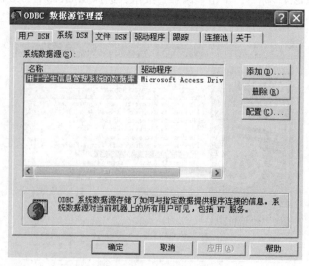

图 11.7　ODBC Microsoft Access 安装

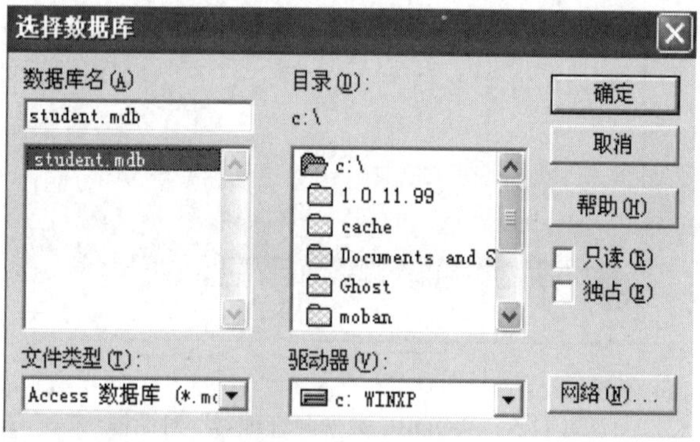

图 11.8　选择数据库

图 11.9　完成 ODBC 数据源的创建工作

第 3 步：创建 MFC 工程。

（1）启动 Visual C++ 6.0，选择 File 菜单下的 New 项，选择 Projects 标签，选择 MFC AppWizard(exe)项目类型，在 Project name 中输入项目名 STUDXINXI，定位于 C:\目录下，单击 OK 按钮，如图 11.10 所示。

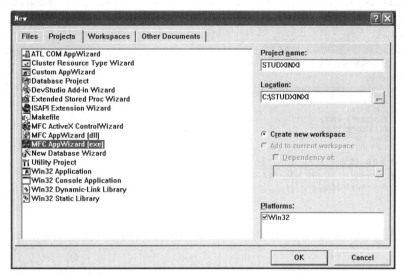

图 11.10　工程 STUDXINXI

（2）在弹出的对话框中选择 Single document 应用类型，即单文档应用程序，其他属性使用默认值，单击 Next 按钮。

（3）在 MFC AppWizard-Step 6 of 6 对话框中将 CSTUDXINXIView 的基类改为 CScrollView，如图 11.11 所示，单击 Finish 按钮。

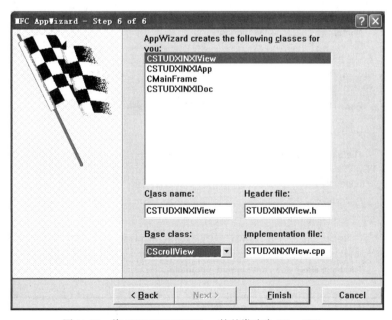

图 11.11　将 CSTUDXINXIView 的基类改为 CScrollView

第4步：为数据表创建用户类 CRecordSet。

（1）按 Ctrl+W 组合键，打开 MFC ClassWizard 对话框。单击 Add Class 按钮，如图 11.12 所示，选择 New，打开 New Class 对话框。

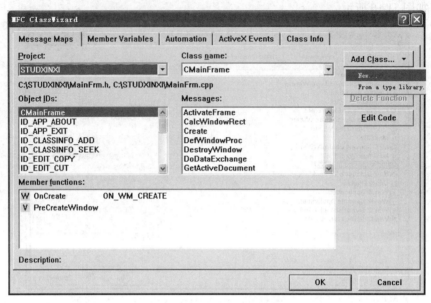

图 11.12　增加新类的操作界面

（2）在 Name 编辑框中输入 CClassInfoSet，在 Base class 下拉列表中选择 CRecordset，如图 11.13 所示。单击 OK 按钮，打开 Database Options 对话框。

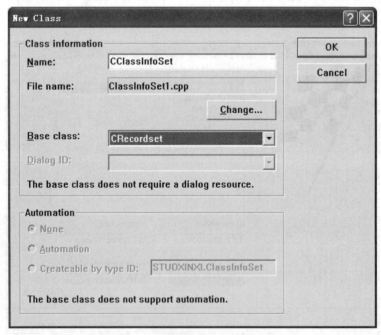

图 11.13　新类的基类选择 CRecordSet

（3）从 ODBC 中选择数据源"用于学生信息管理系统的数据库"，如图 11.14 所示。单击 OK

按钮,打开 Select Database Tables 对话框,从中选择要使用的表 classinfo,如图 11.15 所示。

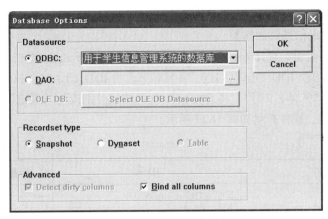

图 11.14 选择 ODBC 的数据源

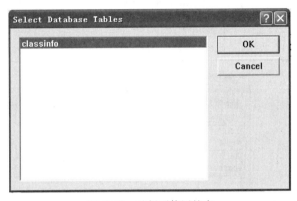

图 11.15 选择要使用的表

(4)单击 OK 按钮,回到 MFC ClassWizard 界面,再单击 OK 按钮后,系统自动为用户生成
CClassInfoSet 类所需要的代码,如图 11.16 所示。

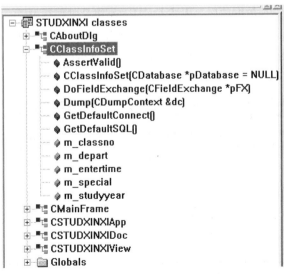

图 11.16 生成的 CClassInfoSet 类

（5）编译程序，此时会出现许多错误。需要在 stdafx.h 文件中添加 CRecordSet 包含语句如下。

```
#include <afxdb.h>
```

第 5 步：构造班级信息对话框类。

（1）按 Ctrl+R 组合键，打开 Insert Resource 对话框。选择 Dialog，单击 New 按钮，向应用程序添加一个对话框资源（IDD_DIALOG1），将其名字改为 IDD_CLASSINFO，标题定为"班级信息输入"，字体设为"宋体，9 号"，将 OK 和 Cancel 按钮分别改为"确定"和"取消"，然后按表 11.1 所示添加控件，控件布局如图 11.17 所示。

表 11.1　　　　　　　　　　　　　　　控件说明

添加的控件	ID 号	标题	其他属性
编辑框（班级号）	IDC_EDIT_CLASSNO	—	默认
编辑框（所在院系）	IDC_EDIT_DEPART	—	默认
编辑框（专业）	IDC_EDIT_SPECIAL	—	默认
组合框（学制）	IDC_COMBO_YEAR	—	默认
日期/时间控件（入学时间）	IDC_DATETIMEPICKER1	—	默认

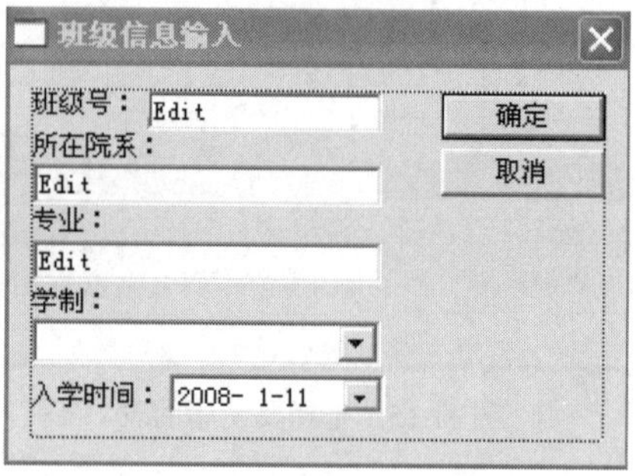

图 11.17　班级信息输入对话框

"学制"组合框可以通过编程添加选项，也可以直接通过此控件属性对话框中的 Data 页面添加选项。注意，每输入一个数据项后，要按 Ctrl+Enter 组合键换行。

（2）界面设计完成后，将鼠标放在对话框的空白处，单击右键，选择 ClassWizard，出现 Adding a Class 对话框，询问是否创建一个新的类，如图 11.18 所示；单击 OK 按钮，在 New Class 对话框的 Name 编辑中输入 CClassInfoDlg，单击 OK 按钮。

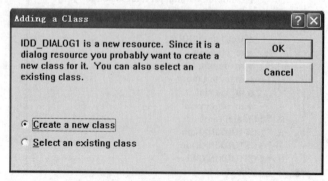

图 11.18　询问是否创建一个新的类

（3）选择 View 菜单下的 ClassWizard 项，打开 MFC ClassWizard 的 Member Variables 页面，在 Class name 中选择 CClassInfoDlg，选中所需的 ID，在其上双击或单击 Add Variables 按钮，为表 11.2 所列控件添加成员变量，结果如图 11.19 所示。

表 11.2   控件变量说明

控件 ID 号	变量类别	变量类型	变量名
IDC_EDIT_CLASSNO	Value	CString	m_strClassNO
IDC_EDIT_DEPART	Value	CString	m_strDepart
IDC_EDIT_SPECIAL	Value	CString	m_strSpecial
IDC_COMBO_YEAR	Value	CString	m_strYear
IDC_DATETIMEPICKER1	Value	CTime	m_tEnter

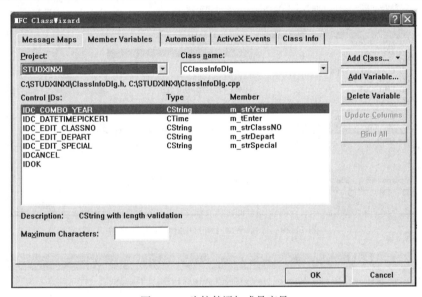

图 11.19　为控件添加成员变量

（4）用 MFC ClassWizard 为 CClassInfoDlg 类添加 WM_INITDIALOG 消息映射，如图 11.20 所示，并添加初始化代码。

```
BOOL CClassInfoDlg::OnInitDialog(){
    CDialog::OnInitDialog();
    m_strYear="4";
    UpdateData(FALSE);
    return TRUE;
}
```

（5）用 MFC ClassWizard 为 CClassInfoDlg 类添加 IDOK 按钮的 BN_CLICKED 消息映射，如图 11.21 所示，并添加代码如下。

```
void CClassInfoDlg::OnOK(){
    UpdateData();
    m_strClassNO.TrimLeft();
    m_strDepart.TrimLeft();
    m_strSpecial.TrimLeft();
    if(m_strDepart.IsEmpty())
```

```
        MessageBox("必须要有所在院系! ");
    else if(m_strSpecial.IsEmpty())
        MessageBox("必须要有专业! ");
        else
            if(m_strClassNO.IsEmpty())
                MessageBox("必须要有班级号! ");
            else
                CDialog::OnOK();
}
```

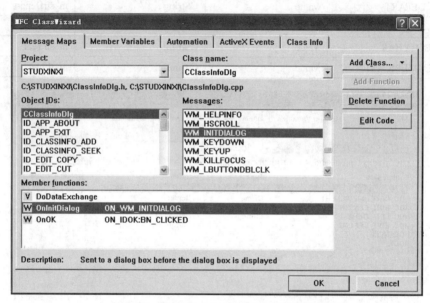

图 11.20 添加 WM_INITDIALOG 消息映射

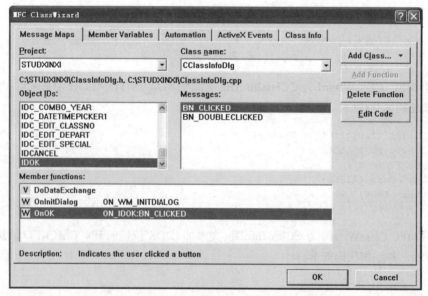

图 11.21 添加 IDOK 按钮的 BN_CLICKED 消息映射

（6）编译、运行。

第 6 步：实现班级基本信息添加和显示功能。

（1）为 CSTUDXINXIView 类添加一个 LOGFONT 型成员变量 m_lfFont，方法如图 11.22 所示，用来确定视图信息显示的字体。为 CSTUDXINXIView 类添加两个 CString 型成员变量 m_strClassNO 和 m_strSQL，用来分别指定要强调显示的班级号和数据表的查询条件。

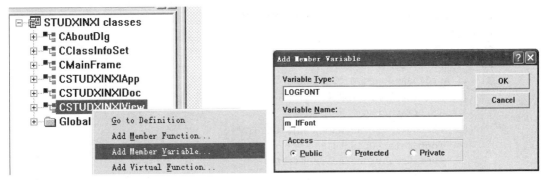

图 11.22　为 CSTUDXINXIView 类添加成员变量

（2）在 CSTUDXINXIView 类构造函数中添加上述变量的初始化代码。

```
CSTUDXINXIView::CSTUDXINXIView(){
    memset(&m_lfFont,0,sizeof(LOGFONT));
    m_lfFont.lfHeight=12;
    m_lfFont.lfCharSet=GB2312_CHARSET;
    strcpy(m_lfFont.lfFaceName,"宋体");
    m_strClassNO=m_strSQL="";
}
```

（3）为 CSTUDXINXIView 类添加一个成员函数 void DispClassInfo(CDC * pDC, CString strClass, CString strSQL)，用来在视图中显示 classinfo 数据表的内容，如图 11.23 所示。

其中，pDC 是设备环境指针；strClass 用来指定要强调显示的班级号，这样就可以将刚添加的班级信息记录强调显示；strSQL 用来指定数据表的查询条件。添加代码如下。

```
void CSTUDXINXIView::DispClassInfo(CDC *pDC, CString strClass, CString strSQL)
{
    CFont font;
    LOGFONT lf=m_lfFont;
    lf.lfWeight=700;          //加粗显示
    strcpy(lf.lfFaceName,"幼圆");
    font.CreateFontIndirect(&lf);
    TEXTMETRIC tm;
    pDC->GetTextMetrics(&tm);
    int nLineHeight=(int)((tm.tmHeight+tm.tmExternalLeading)*1.5);
    //行高为 1.5 倍字符高度
    int x=0,y=0,nWidth;
    CFont *oldFont=pDC->SelectObject(&font);     //使用新字体
    //输出表头
    CString strHeader[]={"班级号","所在院系","专业名称","学制","入学时间"};
    int nStrWidth[]={10,25,25,8,10};
    CClassInfoSet cSet;
    cSet.m_strFilter=strSQL;
    cSet.Open();
    for(UINT i=0;i<cSet.m_nFields;i++){
```

```
            //计算每一个字段所需的长度
            nWidth=tm.tmAveCharWidth*nStrWidth[i];
            pDC->TextOut(x,y,strHeader[i]);
            x+=nWidth;
    }
    pDC->SelectObject(oldFont);//恢复原来的字体
    //显示具体内容
    CString str;
    while(!cSet.IsEOF()){
        if(strClass==cSet.m_classno)
        {   //这是要强调显示的班级
            lf.lfWeight=0;
            strcpy(lf.lfFaceName,"楷体_GB2312");
            font.DeleteObject();
            font.CreateFontIndirect(&lf);
            pDC->SelectObject(&font);
        }
        else
            pDC->SelectObject(oldFont);      //使用原来的字体
        x=0;y+=nLineHeight;
        for(UINT i=0;i<cSet.m_nFields;i++){
            cSet.GetFieldValue(i,str);
            //计算每一个字段所需的长度
            nWidth=tm.tmAveCharWidth*nStrWidth[i];
            pDC->TextOut(x,y,str);
            x+=nWidth;
        }
        cSet.MoveNext();
    }
    cSet.Close();
    //设置视图滚动
    CSize sizeTotal;
    sizeTotal.cx=x+nWidth;sizeTotal.cy=y+nLineHeight;
    SetScrollSizes(MM_TEXT,sizeTotal);
}
```

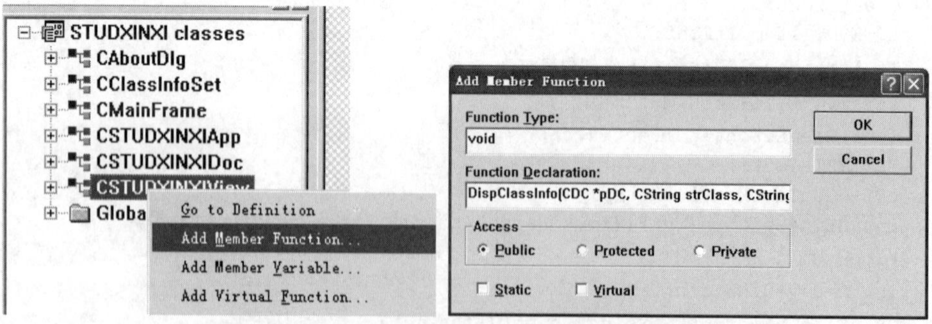

图 11.23　为 CSTUDXINXIView 类添加成员函数

（4）在 **STUDXINXIView.cpp** 文件的前面添加 ClassInfoSet 类的包含语句。

```
#include "STUDXINXIDoc.h"
#include "STUDXINXIView.h"
#include "ClassInfoSet.h"
```

（5）打开菜单资源，添加一个菜单"信息输入（&I）"，在该菜单中添加"班级信息输入（&C）"菜单项,并将该菜单项 ID 设为 ID_CLASSINFO_ADD,如图 11.24 所示。用 MFC ClassWizard 为 CSTUDXINXIView 类添加该菜单项的 COMMAND 消息映射,并添加代码如下。

```
void CSTUDXINXIView::OnClassinfoAdd(){
    CClassInfoDlg dlg;
    if(dlg.DoModal()!=IDOK) return;
    //向 classinfo 表添加新的记录，为了防止添加相同的记录，这里先来判断
    CClassInfoSet infoSet;
    infoSet.m_strFilter.Format("classno='%s' AND depart='%s' AND special='%s'",dlg
.m_strClassNO,dlg.m_strDepart,dlg.m_strSpecial);
    infoSet.Open();
    if(!infoSet.IsEOF()){
        MessageBox(dlg.m_strClassNO+"班级记录已添加过! ");
        if(infoSet.IsOpen())infoSet.Close();
        return;
    }
    if(infoSet.IsOpen())
        infoSet.Close();
    CClassInfoSet addSet;
    if(addSet.Open()){
        //添加一个新记录
        addSet.AddNew();
        addSet.m_classno=dlg.m_strClassNO;
        addSet.m_depart=dlg.m_strDepart;
        addSet.m_special=dlg.m_strSpecial;
        addSet.m_studyyear=(float)atof(dlg.m_strYear);
        addSet.m_entertime=dlg.m_tEnter;
        addSet.Update();
        addSet.Requery();
    }
    if(addSet.IsOpen()) addSet.Close();
    //更新视图
    m_strClassNO=dlg.m_strClassNO;m_strSQL="";
    MessageBox("稍等几秒钟后，单击[确定]按钮! ","特别提示",MB_OK|MB_ICONINFORMATION);
    Invalidate();      //重新调用 OnDraw()
}
```

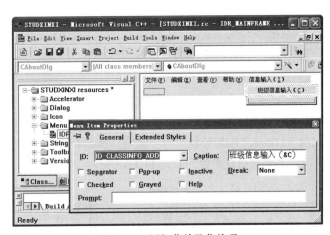

图 11.24　添加菜单及菜单项

需要说明的是，添加的记录有时并没有及时显示在视图中，这是快照集方式的不足。因此要在 CSTUDXINXIView::OnClassinfoAdd() 函数最后一句的前面加上 MessageBox() 函数的调用。

（6）在 CSTUDXINXIView::OnDraw() 函数中添加代码如下。

```
void CSTUDXINXIView::OnDraw(CDC* pDC){
    CSTUDXINXIDoc * pDoc = GetDocument();
    ASSERT_VALID(pDoc);
    CFont font;
    font.CreateFontIndirect(&m_lfFont);
    CFont *oldFont=pDC->SelectObject(&font);
    DispClassInfo(pDC,m_strClassNO,m_strSQL);
    pDC->SelectObject(oldFont);
}
```

（7）在 STUDXINXIView.cpp 文件的前面添加 ClassInfoDlg 类的包含语句。

```
#include "ClassInfoSet.h"
#include "ClassInfoDlg.h"
```

（8）编译、运行并测试，结果如图 11.25 所示。

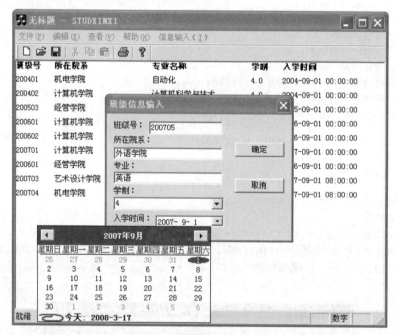

图 11.25　班级信息输入及显示

第 7 步：查询班级信息。

（1）按 Ctrl+R 组合键，打开 Insert Resource 对话框。选择 Dialog，单击 New 按钮，向应用程序添加一个对话框资源，将其名字改为 IDD_SEEKCLASS，标题定为"查询班级信息"，字体设为"宋体，9 号"，将 OK 和 Cancel 按钮分别改为"确定"和"取消"。按表 11.3 所示添加控件，控件布局如图 11.26 所示，将此对话框类设为 CSeekClassDlg。

表 11.3　　　　　　　　　　　　　　　　控件说明

添加的控件	ID 号	标题	其他属性
单选框（按所在的院系）	IDC_RADIO1	—	默认

续表

添加的控件	ID 号	标题	其他属性
单选框（按专业）	IDC_RADIO2	—	默认
编辑框	IDC_EDIT1	—	默认

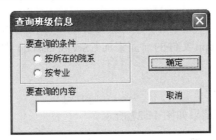

图 11.26　"查询班级信息"对话框设计

（2）选择 View 菜单下的 ClassWizard 项，打开 MFC ClassWizard 的 Member Variables 页面，在 Class name 中选择 CSeekClassDlg，在 Contrl IDs 中选择 IDC_EDIT1，在其上双击或单击 Add Variables 按钮，为其添加一个 CString 型变量 m_strSeek。

（3）用 MFC ClassWizard 为 CSeekClassDlg 类添加 WM_INITDIALOG 消息映射，并添加初始化代码。

```
BOOL CSeekClassDlg::OnInitDialog(){
    CDialog::OnInitDialog();
    CheckRadioButton(IDC_RADIO1,IDC_RADIO2,IDC_RADIO1);
    return TRUE;
}
```

（4）为 CSeekClassDlg 类添加 CString 型成员变量 m_strSQL。

（5）用 MFC ClassWizard 为 CSeekClassDlg 类添加 IDOK 按钮的 BN_CLICKED 消息映射，并添加代码如下。

```
void CSeekClassDlg::OnOK(){
    UpdateData();
    m_strSeek.TrimLeft();
    if(m_strSeek.IsEmpty()){
        MessageBox("查询内容不能为空！");
        return;
    }
    int nID=GetCheckedRadioButton(IDC_RADIO1,IDC_RADIO2);
    if(nID==IDC_RADIO1)
        m_strSQL.Format("depart='%s'",m_strSeek);
    else
        m_strSQL.Format("special='%s'",m_strSeek);
    CDialog::OnOK();
}
```

（6）打开菜单资源，添加一个菜单"信息查询（&Q）"，在该菜单中添加"查询班级信息（&S）"菜单项，并将该菜单项 ID 设为 ID_CLASSINFO_SEEK。用 MFC ClassWizard 为 CSTUDXINXIView 类添加该菜单项的 COMMAND 消息映射，并添加代码如下。

```
void CSTUDXINXIView::OnClassinfoSeek()
```

```
    {
        CSeekClassDlg dlg;
        if(dlg.DoModal()==IDOK){
            m_strClassNO="";
            m_strSQL=dlg.m_strSQL;
            Invalidate();
        }
    }
```

（7）在 STUDXINXIView.cpp 文件的前面添加 CSeekClassDlg 类的包含语句。

```
#include "ClassInfoSet.h"
#include "SeekClassDlg.h"
```

（8）编译、运行并测试，结果如图 11.27 所示。

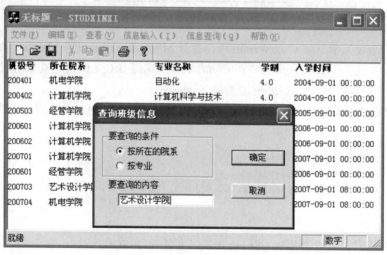

图 11.27　班级信息查询及显示

11.3　图形绘制：图像局部放大实现

1. 项目要求

运用 CDC 类的 StretchBlt()函数完成对鼠标的消息映射，实现图像局部放大功能。

（1）移动鼠标，放大显示图像的不同部位。

（2）左键单击鼠标提高倍率。

（3）右键单击鼠标降低倍率。

图 11.28 为原图像，图 11.29 为程序运行效果图。

2. 实现步骤

第 1 步：建立一个单文档应用程序。

第 2 步：在视图类的 View.h 的 public 下添加以下数据成员。

```
CSize m_sizeDest;
CSize m_sizeSource;
CBitmap *m_pBitmap;                              //位图类指针
```

```
CDC *m_pdcMem;
int oldx,oldy,s,d;
bool recover;
long mana;
```

图 11.28 原图像

图 11.29 程序运行效果图

第 3 步：在资源中加入位图（Insert\Resource\BITMAP\Import->*.bmp），并设 ID 为 IDB_
BITMAP1。

第 4 步：在视图类 View.cpp 构造函数中，初始化数据成员。

```
CMyView::CMyView(){
    // TODO: add construction code here
    m_pdcMem=new CDC;                      //CDC 类
    m_pBitmap=new CBitmap;                 //位图类
    recover=true;                          //给布尔类型变量赋值 true
    s=30; d=45;
    mana=SRCCOPY;
}
```

第 5 步：在视图类 View.cpp 析构函数中，释放数据成员。

```
CMyView::~CMyView(){
    delete m_pdcMem;
    delete m_pBitmap;
}
```

第 6 步：将主框架类 MainFrm.h 中 protected 下的 CStatusBar m_wndStatusBar;语句移至 public
下；在文件 CMyView.cpp 中，增加头文件：#include "MainFrm.h"。

第 7 步：在视图类 OnDraw()函数中增加代码如下。

```
void CMyView::OnDraw(CDC* pDC){
    CMyDoc* pDoc = GetDocument();
    ASSERT_VALID(pDoc);
    static bool load;
    if(!load){
        BITMAP bm;
        load = !load;
```

```
        m_pBitmap->LoadBitmap(IDB_BITMAP1);        //加载位图资源
        m_pdcMem->CreateCompatibleDC(pDC);
        m_pdcMem->SelectObject(m_pBitmap);
        m_pBitmap->GetObject(sizeof(bm),&bm);
        m_sizeSource.cx=bm.bmWidth;
        m_sizeSource.cy=bm.bmHeight;
        m_sizeDest=m_sizeSource;
        pDC->StretchBlt(0,0,m_sizeSource.cx,m_sizeSource.cy,
        m_pdcMem,0,0,m_sizeSource.cx,m_sizeSource.cy,mana);
    }
    else{
        pDC->StretchBlt(0,0,m_sizeSource.cx,m_sizeSource.cy,
        m_pdcMem,0,0,m_sizeSource.cx,m_sizeSource.cy,mana);
    }
    // TODO: add draw code for native data here
}
```

第 8 步：增加鼠标移动消息（WM_MOUSEMOVE）响应函数。

```
void CMyView::OnMouseMove(UINT nFlags, CPoint point) {
    // TODO: Add your message handler code here and/or call default
    CString cord;
    int dd;
    CRect srect,drect,mrect;
    CMainFrame *pFrame=(CMainFrame *)AfxGetApp()->m_pMainWnd;
    CStatusBar *pStatus=&pFrame->m_wndStatusBar;
    if(pStatus){
        cord.Format("X=%d,Y=%d",point.x,point.y);
        pStatus->SetPaneText(1,cord);
        srect.left=point.x-s;
        srect.top=point.y-s;
        srect.right=point.x+s;
        srect.bottom=point.y+s;
        drect.left=point.x-d;
        drect.top=point.y-d;
        drect.right=point.x+d;
        drect.bottom=point.y+d;
        mrect.left=oldx-d;
        mrect.top=oldy-d;
        mrect.right=oldx+d;
        mrect.bottom=oldy+d;
        dd=2*d;
        CDC *pDC=GetDC();
        OnPrepareDC(pDC);
        if(recover){
            pDC->BitBlt(mrect.left,mrect.top,dd,dd,
            m_pdcMem,mrect.left,mrect.top,mana);
        }
    //将位图从源矩形移进目的矩形，为适应目的矩形，可压缩或放大位图
    pDC->StretchBlt(drect.left,drect.top,drect.Width(),drect.Height(),m_pdcMem,
    srect.left,srect.top,srect.Width(),srect.Height(),SRCCOPY);
        oldx=point.x;
        oldy=point.y;
        ReleaseDC(pDC);
    }
    recover=true;
```

```
        CView::OnMouseMove(nFlags, point);
}
```

第 9 步：增加鼠标右键按下消息（**WM_RBUTTONDOWN**）响应函数。

```
void CMyView::OnRButtonDown(UINT nFlags, CPoint point){
    // TODO: Add your message handler code here and/or call default
    if(d>5){
        CDC *pDC=GetDC();
        pDC->StretchBlt(oldx-d,oldy-d,2*d,2*d,m_pdcMem,oldx-d,
        oldy-d,2*d,2*d,mana);
        d-=10;
        ReleaseDC(pDC);
        CMyView::OnMouseMove(nFlags, point);
    }
    CView::OnRButtonDown(nFlags, point);
}
```

第 10 步：增加鼠标左键按下消息（**WM_LBUTTONDOWN**）响应函数。

```
void CMyView::OnLButtonDown(UINT nFlags, CPoint point){
    // TODO: Add your message handler code here and/or call default
    if(d<150){
        d+=10;
        CMyView::OnMouseMove(nFlags, point);
    }
    CView::OnLButtonDown(nFlags, point);
}
```

第 11 步：编译并运行，将鼠标放在图像某处，见该处有放大，再反复按鼠标左键，见逐渐放大，反复按鼠标右键，见逐渐缩小。

　　CDC 类的 StretchBlt()函数有拉伸与压缩位图的独特功能。它将位图从源矩形复制到目标矩形中，并按需要拉伸或压缩位图，使其适应目标矩形的大小。StretchBlt()函数原型如下。

```
    BOOL StretchBlt(int x,int y,int nWidth,int nHeight,CDC *pSrcDC,int xSrc,int
ySrc,int nSrcWidth,int nSrcHeight,DWORD dwRop);
```

　　参数 x 是目标矩形左上角的逻辑 x 坐标,y 是目标矩形左上角的逻辑 y 坐标,nWidth 是目标矩形的逻辑宽度,nHeight 是目标矩形的逻辑高度,pSrcDC 指定源设备环境,xSrc 是源矩形左上角的逻辑 x 坐标, ySrc 是源矩形左上角的逻辑 y 坐标,nSrcWidth 是源矩形的逻辑宽度, nSrcHeight 是源矩形的逻辑高度, dwRop 指定要执行的光栅操作。

本 章 小 结

　　本章通过三个具体的基于不同模式的系统设计项目，讲述了基于 C++控制台的应用程序、基于 MFC 的应用程序和图形绘制的实现过程，希望对提高读者综合运用能力有所帮助。

习 题 11

1. 完成一个简单的电话簿管理程序。

（1）电话簿由若干条通信录组成，每条通信录由姓名和电话号码两部分组成，姓名不超过 30 个字符，电话号码不超过 20 个字符，主菜单如下图所示。

```
**********************************************************
*                      模拟电话簿                        *
*                                                        *
*          1. 添加通信录                                  *
*          2. 删除通信录                                  *
*          3. 显示通信录                                  *
*          4. 电话簿存盘                                  *
*          5. 读出电话簿                                  *
*          0. 退出                                        *
**********************************************************
```

（2）通过键盘输入数字 1~5 后，程序能够执行相应的操作，执行完后回到上述主菜单继续等待用户输入；输入数字 0 后退出程序。

（3）选择"添加通信录"后，显示电话簿中已有的通信录数量。如果电话簿已经记满，则显示"电话簿已经记满"，按任意键返回主菜单；否则，依次提示"输入姓名"和"输入电话号码"，在电话簿中插入一条通信录。

（4）选择"删除通信录"后，显示电话簿中已有的通信录数量。如果电话簿已经为空，则显示"电话簿已空"，按任意键返回主菜单；否则，提示"输入姓名"，根据指定的名字删除一条通信录。如果该名字在通信录中不存在，则给出提示"该名字不存在"，按任意键返回主菜单。

（5）选择"显示通信录"后，列出电话簿中的全部通信录，包括姓名和电话号码，一条通信录占据一行，按姓名的字典顺序进行排列。

（6）选择"电话簿存盘"后，提示"输入保存的文件名："，输入文件名后，电话簿存盘。如果存盘失败，提示"保存文件失败"，按任意键返回主菜单。

（7）选择"读出电话簿"后，提示"输入读取的文件名："，输入文件名后，从文件中读取电话簿。如果读文件失败，提示"打开文件失败"，按任意键返回主菜单。

2. 利用 MFC 向导，完成一个学生信息管理系统。

（1）"信息输入"模块。

① 学生基本情况的输入。设计对话框界面，创建对话框类，输入的内容保存到数据表 student 中，该数据表的结构如表 11.4 所示。

表 11.4　　　　　　　　　　学生基本情况数据表结构

序号	字段名称	数据类型	字段大小	小数位	说明
1	stuname	文本	20		姓名
2	stuno	文本	20		学号
3	xb	文本	2		性别

续表

序号	字段名称	数据类型	字段大小	小数位	说明
4	birthday	日期/时间			出生日期
5	native	文本	30		籍贯
6	homeadd	文本	100		家庭住址
7	rewards	文本	200		获奖情况
8	punish	文本	200		处分情况

② 课程信息输入。设计对话框界面，创建对话框类，输入的内容保存到数据表 course 中，该数据表的结构如表 11.5 所示。

表 11.5 课程数据表结构

序号	字段名称	数据类型	字段大小	小数位	说明
1	courseno	文本	7		课程号
2	cname	文本	50		课程名
3	cclass	文本	10		课程类型
4	copen	数字	字节		开学学期
5	hours	数字	字节		课时数
6	credit	数字	单精度	1	学分

③ 课程成绩输入。设计对话框界面，创建对话框类，输入的内容保存到数据表 score 中，该数据表的结构如表 11.6 所示。

表 11.6 课程成绩数据表结构

序号	字段名称	数据类型	字段大小	小数位	说明
1	studentno	文本	8		学号
2	course	文本	7		课程号
3	score	数字	单精度	1	成绩
4	credit	数字	单精度	1	学分

④ 班级信息输入。设计对话框界面，创建对话框类，输入的内容保存到数据表 classinfo 中，该数据表的结构如表 11.7 所示。

表 11.7 班级信息数据表结构

序号	字段名称	数据类型	字段大小	小数位	说明
1	classno	文本	10		班级号
2	depart	文本	60		所在院系
3	special	文本	60		专业名称
4	studyyear	数字	单精度	1	学制
5	entertime	日期/时间			入学时间

（2）"信息显示"模块，用来在滚动视图中显示"班级信息""学生基本情况""课程信息"及"学生课程成绩"内容。

（3）"统计分析"模块。

① 统计班级单门课程的成绩分布：建议将成绩分布图在对话框的控件中绘制出来。

② 统计学生所学的课程数、学分数以及平均成绩，并显示结果。

（4）"查询"模块。

① 可按所在院系或专业查询学生基本情况，构造一个查询对话框，并显示结果。

② 可按班级、姓名或学号查询学生基本情况，构造一个查询对话框，并显示结果。

③ 可按学期、课程名或课程号查询课程信息，构造一个查询对话框，并显示结果。

④ 可按学号、课程名或课程号查询学生课程成绩，构造一个查询对话框，并显示结果。

（5）其他功能：修改和删除班级信息、学生基本情况、课程成绩及课程信息的功能。

十进制	八进制	十六进制	字符	十进制	八进制	十六进制	字符	十进制	八进制	十六进制	字符
0	000	00	NUL	43	03	2B	+	86	126	56	V
1	001	01	SOH	44	054	2C	,	87	127	57	W
2	002	02	STX	45	055	2D	-	88	130	58	X
3	003	03	ETX	46	056	2E	.	89	131	59	Y
4	004	04	EOT	47	057	2F	/	90	132	5A	Z
5	005	05	ENQ	48	060	30	0	91	133	5B	[
6	006	06	ACK	49	061	31	1	92	134	5C	\
7	007	07	BEL	50	062	32	2	93	135	5D	]
8	010	08	BS	51	063	33	3	94	136	5E	^
9	011	09	HT	52	064	34	4	95	137	5F	_
10	012	0A	LT	53	065	35	5	96	140	60	`
11	013	0B	VT	54	066	36	6	97	141	61	a
12	014	0C	FF	55	067	37	7	98	142	62	b
13	015	0D	CR	56	070	38	8	99	143	63	c
14	016	0E	SO	57	071	39	9	100	144	64	d
15	017	0F	SI	58	072	3A	:	101	145	65	e
16	020	10	DLE	59	073	3B	;	102	146	66	f
17	021	11	DC1	60	074	3C	<	103	147	67	g
18	022	12	DC2	61	075	3D	=	104	150	68	h
19	023	13	DC3	62	076	3E	>	105	151	69	i
20	024	14	DC4	63	077	3f	?	106	152	6A	j
21	025	15	NAK	64	100	40	@	107	153	6B	k
22	026	16	SYN	65	101	41	A	108	154	6C	l
23	027	17	ETB	66	102	42	B	109	155	6D	m
24	030	18	CAN	67	103	43	C	110	156	6E	n
25	031	19	EM	68	104	44	D	111	157	6F	o
26	032	1A	SUB	69	105	45	E	112	160	70	p
27	033	1B	ESC	70	106	46	F	113	161	71	q
28	034	1C	FS	71	107	47	G	114	162	72	r
29	035	1D	GS	72	110	48	H	115	163	73	s
30	036	1E	RS	73	111	49	I	116	164	74	t
31	037	1F	US	74	112	4A	J	117	165	75	u
32	040	20	SP	75	113	4B	K	118	166	76	v
33	041	21	!	76	114	4C	L	119	167	77	w
34	042	22	"	77	115	4D	M	120	170	78	x
35	043	23	#	78	116	4E	N	121	171	79	y
36	044	24	$	79	117	4F	O	122	172	7A	z
37	045	25	%	80	120	50	P	123	173	7B	{
38	046	26	&	81	121	51	Q	124	174	7C		
39	047	27	'	82	122	52	R	125	175	7D	}
40	050	28	(	83	123	53	S	126	176	7E	~
41	051	29	)	84	124	54	T	127	177	7F	del
42	052	2A	*	85	125	55	U				

参 考 文 献

1. 约翰逊鲍尔，卡林. 面向对象程序设计——C++语言描述［M］. 2 版. 蔡宇辉，李军义，译. 北京：机械工业出版社，2003.
2. 萨维奇. C++面向对象程序设计［M］. 7 版. 周靖，译. 北京：清华大学出版社，2011.
3. 钱能. C++程序设计教程（修订版）——设计思想与实现［M］. 北京：清华大学出版社，2009.
4. 王萍. C++面向对象程序设计［M］. 北京：清华大学出版社，2006.
5. 罗建军，朱丹军，顾刚，等. C++程序设计教程［M］. 2 版. 北京：高等教育出版社，2007.
6. 陈志泊. Visual C++程序设计［M］. 北京：中国铁道出版社，2008.
7. 郑莉，董渊. C++程序设计基础教程［M］. 北京：清华大学出版社，2010.
8. 冯博琴. Visual C++与面向对象程序设计教程［M］. 3 版. 北京：高等教育出版社，2010.
9. 杨喜林，杨亮，杨杨，等. 可视化程序设计 Visual C++［M］. 北京：北京理工大学出版社，2010.
10. 沈显军，杨进才，张勇. C++语言程序设计教程［M］. 2 版. 北京：清华大学出版社，2010.
11. 黄维通，贾续涵. Visual C++面向对象与可视化程序设计［M］. 3 版. 北京：清华大学出版社，2011.
12. 谭浩强. C++面向对象程序设计［M］. 2 版. 北京：清华大学出版社，2014.